U0320542

WILEY

COGNITIVE COMPUTING AND BIG DATA ANALYTICS

认知计算与大数据分析

【美】Judith S. Hurwitz、Marcia Kaufman、Adrian Bowles◎著
张鸿涛◎译

人 民 邮 电 出 版 社
北 京

图书在版编目（CIP）数据

认知计算与大数据分析 / （美）朱迪斯·S.赫尔维茨
(Judith S. Hurwitz)，（美）玛西亚·A.考夫曼
(Marcia A. Kaufman)，（美）阿德里安·鲍尔斯
(Adrian Bowles) 著；张鸿涛译. -- 北京：人民邮电
出版社，2017.1
ISBN 978-7-115-43693-1

Ⅰ. ①认… Ⅱ. ①朱… ②玛… ③阿… ④张… Ⅲ.
①数据处理 Ⅳ. ①TP274

中国版本图书馆CIP数据核字(2016)第232858号

版 权 声 明

◆ 著　[美] Judith S. Hurwitz　Marcia Kaufman
Adrian Bowles
译　张鸿涛
责任编辑　李　强
责任印制　彭志环
◆ 人民邮电出版社出版发行　北京市丰台区成寿寺路 11 号
邮编　100164　电子邮件　315@ptpress.com.cn
网址　http://www.ptpress.com.cn
大厂聚鑫印刷有限责任公司印刷
◆ 开本：700×1000　1/16
印张：17.5　2017 年 1 月第 1 版
字数：275 千字　2017 年 1 月河北第 1 次印刷
著作权合同登记号　图字：01-2015- 5767 号

定价：69.00 元

读者服务热线：(010) 81055488　印装质量热线：(010) 81055316
反盗版热线：(010) 81055315
广告经营许可证：京东工商广字第 8052 号

题献

我们想要将这本书归功于协作的力量。感谢在 Hurwitz & Associates 团队里其余的人的指导和帮助：Dan Kirsch、Vikki Kolbe 和 Tricia Gilligan。

——作者

致我的丈夫，以及我的两个孩子——Sara 和 David。我也将这本书献给我的父母 Elaine 和 David Shapiro。

——Judith Hurwitz

致我的丈夫 Matt，以及我的孩子们——Sara 和 Emily，感谢他们对我整个写作过程的支持。

——Marcia Kaufman

致 Jeanne、Andrew、Chris 和 James，他们无尽的爱和支持使得我能够长时间埋头写作。

——Adrian Bowles

关于技术编辑

Al Nugent 是就职于 Palladian Partners 有限责任公司的合伙人。他是一位经验丰富的技术领导者，同时也是一位从业 30 多年的资深人士。在 Palladian Partners，他领导了组织的技术评估和战略实施。他曾担任 CA 技术公司的执行副总裁、首席技术官、高级副总裁，以及企业系统与管理事业部的总经理。之前，他是 Novell 公司的高级副总裁和 CTO，并且曾在 BellSouth 和 Xerox 担任 CTO。他是 Telogis 和 Adaptive Computing 董事会的独立成员，并且是几个早中期技术和医疗创业公司的顾问。他也是《写给大家看的大数据》（Big Data For Dummies）这本书的合著者（John Wiley & Sons，2013）。

James Kobielus 是 IBM 的一位大数据专员，并且是产品市场和大数据分析解决方案的高级项目主管。他是一位行业资深人士，一位受欢迎的演讲家、社交媒体达人，在大数据、Hadoop、企业数据仓库、高级分析、商业智能、数据管理、下一最优行动技术领域，他是思想领导者。

Michael D. Kowolenko 博士现在是北卡罗来纳州普尔管理学院创新管理研究中心（CIMS）从事工业研究的研究员。他的研究关注于技术与商业决策制定的接口。在加入 CIMS 之前，他是惠氏生物科技技术执行与产品供应（TO&PS）的高级副总裁，为发展中的整合和跨功能全球商业决策提供了战略和执行上的领导意见。

关于作者

Judith S. Hurwitz 是 Hurwitz & Associates 有限责任公司的董事长兼 CEO。这是一家研究和咨询公司，关注大数据、认知计算、云计算、服务管理、软件开发以及安全与管理等新兴技术。她是一位技术战略家、思想领导者和作家。作为预测技术创新和采用的先行者，多年来，她曾担任许多产业领导者值得信赖的顾问。她帮助这些公司向新的商业模式转型，专注于新兴平台的商业价值。她是 CycleBridge 的创始人，这是一家生命科学软件咨询公司。同时她也是 Hurwitz Group 的创始人，这是一家研究和咨询公司。她在很多家公司工作过，包括 Apollo Computer 和 John Hancock。她在企业及分布式软件领域有大量著作。2011 年，她创作出版了《聪明还是幸运？技术领导者是怎样将机遇转化为成功的》（Jossey Bass，2011）一书。

Judith 是六册《达人迷》（*For Dummies*）书籍的合著者。这六册书包括 *Big Data for Dummies*、*Hybrid Cloud For Dummies*、*Cloud Computing For Dummies*、*Service Mangement For Dummies*，以及 *Service Oriented Architecture For Dummies*，第 1 版和第 2 版（John Wiley & Sons）。

Judith 拥有波士顿大学的本科和硕士学位。她在几家新兴公司的顾问委员会任职。她是波士顿大学校友委员会的成员。她在 2005 年被授予“波士顿大学艺术与科学学院杰出校友”的称号。她同时也是 2005 年曼彻斯特技术领导委员会奖金的获得者。

Marcia A. Kaufman 是 Hurwitz & Associates 有限责任公司的 COO 和原理分析师，这是一家关注包括大数据、认知计算、云计算、服务管理、软件开发及安全和管理等新兴技术的研究和咨询公司。她发起了许多关于高级分析的研究，并且写了大量关于云基础设施、大数据和安全的著作。Marcia 在商业战略、产业研究、分布式软件、软件质量、信息管理及分析方面有着超过 20 年的经验。Marcia 在金融服务、制造业及服务产业都工作过。她在 Data Resources 公司（DRI）任职期间，开发了计量经济学产业模型并进行预测。她拥有康涅狄格学院数学和经济学的文学学士学位，并且拥有波士顿大学的 MBA 学位。Marcia 也是上述六册《达人迷》（*For Dummies*）书籍的合著者。

Adrian Bowles 博士是 STORM Insights 公司的创始人，这是一家研究顾问公司，为新兴技术市场上的买方、卖方以及投资者提供服务。之前，Adrian 为 Object Management 集团、101 Communications 公司的 IT 合规研究所及 Atelier Research 公司组织了治理、风险管理与合规圆桌会议。他曾在 Ovum（Datamonitor）、Giga Information Group、New Science Associates 和 Yourdon 公司担任行政职务。Adrian 对于认知计算和分析的关注自然地延续了他在读硕士期间的研究。（他的第一个自然语言仿真应用发表于控制论和软件国际研讨会期间。）他也在德雷赛尔大学和纽约州立大学宾汉姆顿分校担任计算机科学方面的学术职务，并且是纽约大学商学院和波士顿学院的特约教授。他获得了纽约州立大学宾汉姆顿分校的心理学本科学位和计算机科学硕士学位，并且获得了西北大学的计算机科学博士学位。

致 谢

写一本话题复杂性类似认知计算的书籍是需要大量研究的。我们的团队阅读了几百篇关于这个领域技术基础多个方面的技术文章和书籍。此外，我们很幸运地找到了许多愿意慷慨地与我们交流的专家。我们希望能够兼收并蓄。因此，我们要感谢很多人。我们可能会遗漏一些我们在会议中遇到的人，他们提供了能够影响这本书主题的有见解的讨论。我们同样要感谢为完成这本书而在我们三人间建立的合作伙伴关系。我们也要感谢我们在 Wiley 的编辑们，包括卡罗尔 · 朗和汤姆 · 丁泽。我们感谢来自于三位技术编辑的见解和协助，他们是 Al Nugent、James Kobielus 和 Mike Kowolenko。

以下的各位慷慨地付出了他们的精力并提供了见解：Manny Aparicio 博士 ; Avron Barr, Aldo Ventures; Jeff Cohen, Welltok; Umesh Dayal 博士 , Hitachi Data Systems; Stephen DeAngelis, Enterra; Rich Y. Edwards, IBM; Jeff Eisen, IBM; Tim Estes, Digital Reasoning; Sara Gardner, Hitachi Data Systems; Murtaza Ghadyali, Reflexis; Stephen Gold, IBM; Manish Goyal, IBM; John Gunn, Memorial Sloan Kettering Cancer Center; Sue Feldman, Synthexis; Fern Halper 博士 , TDWI; Kris Hammond 博士 , Narrative Science; Ed Harbor, IBM; Martenden Haring, Digital Reasoning; C. Martin Harris 博士 , Cleveland Clinic; Larry Harris 博士 ; Erica Hauver 博士 , Hitachi Data Systems; Jeff Hawkins, Numenta and The Redwood Center for Theoretical

Neuroscience; Rob High, IBM; Holly T. Hilbrands, IBM; Paul Hofmann 博士, Space-Time Insight; Amir Husain, Sparkcognition, Inc.; Terry Jones, WayBlazer; Vikki Kolbe, Hurwitz & Associates; Michael Karasick, IBM; Niraj Katwala, Healthline Networks, Inc.; John Kelly 博士, IBM; Natsuko Kikutake, Hitachi Consulting Co., LTD; Daniel Kirsch, Hurwitz & Associates; Jeff Margolis, Welltok; D.J. McCloskey, IBM; Alex Niznik, Pfizer; Vincent Padua, IBM; Tapan Patel, SAS Institute; Santiago Quesada, Repsol; Kimberly Reheiser, IBM; Michael Rhoden, IBM; Shay Sabhikhi, Cognitive Scale; Matt Sanchez, Cognitive Scale; Chandran Saravana, SAP; Manoj Saxena, Saxena Foundation; Candy Sidner 博士, Worchester Polytechnic Institute; Dean Stephens, Healthline Networks, Inc.; Sridhar Sudarsan, IBM; David E. Sweenor, Dell; Wayne Thompson, SAS Institute; Joe Turk, Cleveland Clinic; Dave Wilson, Hitachi Data Systems.

——Judith Hurwitz

——Marcia Kaufman

——Adrian Bowles

译者序

随着人类的进步和发展，人类计算经历了从简单到复杂，从低级到高级的转变。IBM 将人类计算从历史上划分为三个时代。第一个时代是制表时代（Tabulating Computing），始于 19 世纪，主要标志是能够执行详细的人口普查和支持社会保障体系。第二个时代是可编程计算时代（Programming Computing），始于 20 世纪 40 年代，内容涵盖了从太空探索到互联网。第三个时代是认知计算时代（Cognitive Computing）。在过去几十年里，科学技术取得了巨大的进步。然而，人类的计算水平并没有获得明显的提高，仍然停留在可编程计算时代，即根据相应的逻辑编写代码以实现预期的目的和功能。如今，新一代的信息系统——认知计算正在兴起。认知计算源自模拟人脑的计算机系统的人工智能，认知系统能够从自身与数据以及与人的交互中学习，从而不断地实现自我提高。认知计算目前虽然还处于发展的初步阶段，但认知系统已经在各领域扩展了人类的认知，在实际生活的各方面为人类提供便利。因此，认知计算具有广阔的应用前景。

本书是专门介绍认知计算原理、发展及未来应用前景的著作。书中深入地探讨了认知计算的基本构成以及怎样使用它来解决问题，探究了在拥有充足文本信息的条件下，分析具有复杂数据和流程的系统时所涉及的人类行为，给出了各种用来使决策更加系统化的因素，包括数据、先前的知识和相互的关联，以及人类的假设和偏见对决策过程的影响。本书的主要功能是引导读者理解认知计算的各部分组成，以及通过详细探索每个主题，获得对认知计算更加深入的认识。

第1~2章主要涉及认知计算系统的基础以及设计原则。

第3~7章主要讨论的是现有人工智能方法在未来认知计算系统中扮演的角色和作用，包括认知系统如何使用自然语言处理技术以及这些技术是如何起作用的，大数据技术在认知系统中的支柱作用，如何利用分类学和本体论构建认知系统，认知计算系统对高级分析方法的要求，以及如何将云计算和分布式计算应用到认知计算系统中。

第8~9章分析了认知计算的商业意义，通过分析IBM沃森（Watson）认知系统，分析认知系统如何构建，以及如何应用到商业中。

第10~12章分析了构建认知应用过程中需要考虑的问题，通过认知医疗系统和智慧城市详细分析了这一过程。构建认知应用首先需要明确应用的对象和领域，之后再进行问题的探索和语料库的建立与更新。认知医疗系统主要通过认知应用来改善电子病历和临床教学，以区别于传统医疗系统的方案改善患者的健康状况。而智慧城市主要是指更智能的城市运作和交通基础设施。

第13~14章分析了认知计算出现的领域，并展望了认知计算的未来应用。目前认知计算已经逐渐渗透到零售业、旅游业、运输与物流以及通信业，未来的认知计算应用的突破点主要在于认知计算系统构建过程的优化和现有人工智能技术水平的提升。

本书是认知计算产业界工程师的理想读物，读者对象可以涵盖研究、开发、系统设计等认知计算领域的相关从业人员。认知计算及相关专业的高年级本科生、研究生和教师也可将本书作为参考书籍。

本书译者长期从事认知计算、未来网络研究工作，具有丰富的理论基础和实践经验。本书主要由北京邮电大学张鸿涛翻译，李榜旭、杨梓华、孟娜、陈莹、牛沐楚等参与了部分章节的翻译，全书由张鸿涛统稿和审校。本书得到了国家自然科学基金资助（61302090）。最后，还要感谢人民邮电出版社的大力支持和高效工作，使本书能尽早与读者见面。

由于认知计算技术演进日新月异，翻译时间比较仓促，疏漏错误之处在所难免，敬请读者原谅和指正。

译　者

于北京邮电大学

前言

在过去的30年里，科技取得了巨大的进步，但从数据中获得见解并采取行动的能力却并没有太大的改变。总的来说，应用程序仍然被设计用于执行预定的功能，或者使业务流程自动化，因此，它们的设计者必须为每一个应用场景做准备，并且按照相应的逻辑编写代码。它们不能使自己适应数据中的变化或者从经验中学习。如今的计算机速度更快、更便宜，但是并没有更智能。当然，人类也没有比他们30年前聪明多少。但人类和机器的这种情况将发生变化。新一代的信息系统正在兴起，这种系统脱离了旧的进程自动化的计算模型，将为我们提供一个探索的合作平台。这些系统的第一波已经在各种各样的领域扩展了人类认知，作为人类用户的伙伴或合作者，这些系统可能从大量的自然语言文本中获取意义，基于比人类一生能够吸收的还多的数据，在几秒内生成和评估假设。这就是认知计算的未来。

人工智能+机器智能

传统应用擅长自动执行定义明确的进程。从库存管理到天气预报，当速度是成功的关键因素而且进程是事先知道的时候，定义需求、编写逻辑、运行应用的传统方法是足够的。然而，当我们需要动态地寻找和利用数据元素之间模糊的关系时，尤其是在一些数据复杂度急速增加的领域，这种方法将会失效。改变、不确定性以及复杂度是传统系统的敌人。

认知计算——基于不需要改编程序的软硬件和自动认知任务，展现出一个具有吸引力的应用发展模型或范例。我们开始思考如何提高人脑在新的应用能力下能够达到的最好的表现，而不是使我们已经开展的业务形式自动化。我们开始了从企业的内部和外部摄取数据的进程，增加用于在大量或者非结构化数据集合中辨别、评估模式和复杂关系的函数，例如学术期刊、书籍、社会媒体、图片或音频中的自然语言文本。这样做的结果就是系统可以通过评估上下文的数据，支持人类的推理法，并且呈现与证明结果正确的证据相关的发现。像传统的应用一样，这个方法使用户更加有效率，而它也更有影响力——因为部分推理和学习的进程被自动分配给一个不知疲劳的、快速的协作者。

与传统计算的基础类似，智能机器背后的概念并不新鲜。甚至在数字计算机出现之前，工程师和科学家就推断学习型机器会发展到模仿人类解决问题和沟通的技巧。虽然一些基础技术之下的概念，包括机器智能、计算语言学、人工智能、神经网络以及专家系统，在10年前或者更早之前就已经被应用在传统的解决方案中，但我们看见的仅仅是开端。智能计算新纪元受到许多因素共同的驱动：

- 系统、智能设备、传感器、视频等产生的数据量的增长；
- 计算机存储器价格和计算能力的下降；
- 以数据产生的速度分析复杂数据的技术复杂度的增加；
- 全球新兴公司对调查并挑战人机合作成果的长期理念的深度研究。

碎片整合

在你把大数据技术、不断变化的计算经济同工商业智能化的需求结合起来时，你就开始了根本性的转变。这个模式的转变有很多名称：机器学习、认知计算、人工智能、知识管理和学习型机器。但随着新兴计算系统以前所未有的速度解释多种类型的海量数据，无论你怎么叫它，这种变化实际上是人类对世界认知的最好整合。但它依旧不足以解释或分析数据。认知计算的最新方法就是必须收集有关特定主题的大量数据，与主题专家进行互动，并了解这一主题的背景和语言。这种新的认知时代正处于起步阶段，但由于这个系统具有重要而直接的市场潜力，我们就开始了这本书的写作。认知计算并不玄妙。它是一种实在的方法，通过将改变市场和行业的学习型机器为人们解决问题提供支持。

本书重点

本书深入地探讨了认知计算的基本构成，以及怎样使用它来解决问题。本书同时探究了在改进一个拥有充足文本信息来分析复杂数据和流程的系统时，比如医疗、制造、交通、零售以及金融服务，所涉及的人类行为。这些系统是人类和机器合作的设计。本书调查了各种用来帮助决策更加系统化的项目。训练有素并且有丰富经验的专业人员如何利用数据、先前的知识以及相互的关联来做出明智的决策。由于知识的深度，有时这些决策是正确的。然而，在其他时候，由于学者也会将他们的假设和偏见带入决策过程，因此这些决策就有可能是不正确的。许多在实施他们第一个认知系统的组织在寻求能够将深度的经验和复杂的大数据分析机制结合利用的技术。虽然这个产业很年轻，但这里有许多东西可以从具有开拓性的认知计算工作中学习。

本书和技术概述

本书的作者 Judith Hurwitz、Marcia Kaufman、Adrian Bowles 都是计算机

产业的资深人士。我们都有自己的主张，并且是独立于产业的分析师和咨询师，以综合的观点看待不同技术之间的关系，以及它们怎么改变商业和产业。我们是作为真正的合作者来完成这本书的写作的。从软件开发、新兴技术评估到重要技术创新的深入研究，我们每个人都贡献了不同的经验。

就像许多新兴的技术一样，认知计算也不简单。首先，认知计算代表一种创造应用的新方式，以支持商业和研究目标。其次，它是不同技术的结合，而这些技术对于商业化应用已经足够成熟。因此，你可能会注意到，本书里详细介绍的大多数技术早已在研究中，介绍的产品已经出现了几年甚至数十年。被视为人工智能应用的一些技术或方法，比如机器学习算法和自然语言处理（Natural Language Processing，NLP）已经出现了数十年。其他的技术，例如高级分析，随着时间在不断演进并且变得更加精准。部署模型的巨大变化，比如云计算和分布式计算技术，已经提供了足够的能力和经济规模，将计算能力带入一个仅 10 年前都不可能达到的水平。

本书并非要取代众多出色的技术书籍，那些书籍具有独立主题，比如机器学习、NLP、高级分析、神经网络、物联网、分布式计算和云计算。事实上，我们认为明智的做法是，利用本书来理解这些部分是怎么组合的，之后通过详细探索每个主题获得更加深入的知识。

这本书是如何组织的

本书涵盖了对于构建认知系统十分重要的基本原理和基础技术，同时也涵盖了认知计算的商业驱动力和较早采用认知计算的一些产业。本书的最后一章提出了对于未来的一些思考。

第 1 章：认知计算的基础。这一章提出了从人工智能、机器学习向认知计算演进的观点。

第 2 章：认知系统的设计原则。这一章使你理解认知计算的架构以及各部分是如何组织在一起的。

第 3 章：自然语言处理支持下的认知系统。这一章解释了认知系统如何使用自然语言处理技术，以及这些技术如何产生理解力。

第 4 章：大数据和认知计算的关系。大数据是认知系统的支柱之一。这一章说明了大数据技术以及认知系统中基础的方法。

第 5 章：在分类学和本体论中表示知识。为了构建认知系统，对于内容，需要存在一个组织性的结构。这一章解释了本体论怎样为没有结构的内容提供含义。

第 6 章：应用于认知计算的高级分析方法。为了评估有结构和无结构内容的含义，这就要求使用大范围的分析技术和工具。这一章探讨需要什么技术工具。

第 7 章：认知计算中云和分布式计算的作用。没有分布式计算容量和资源的能力，衡量认知系统将会很困难。这一章解释了大数据、云服务和分布式分析服务之间的联系。

第 8 章：认知计算的商业意义。为什么商业需要构建认知计算的环境？这一章解释了一个组织或企业从认知计算获益的情况。

第 9 章：IBM 沃森（Watson）——一个认知系统。IBM 通过开启一个“巨大的挑战”开始构建认知系统。设计“巨大的挑战”是为了用来测试它能否对抗这个世界上最优秀的《危险边缘》（Jeopardy）游戏者。这个实验的成功使得 IBM 创造了一个叫做沃森的认知平台。

第 10 章：建立认知应用的过程。对于一个组织而言，构建自己的认知系统需要做些什么呢？这一章概述了这个过程以及组织需要考虑的问题。

第 11 章：建立认知医疗系统。每个认知应用根据所属的领域而有所不同。

医疗被选为构建认知解决方案的第一个领域。这一章关注产生的方案的类型。

第 12 章：智慧城市：政府管理中的认知计算。在大城市中，利用认知计算来帮助简化支撑服务具有巨大的潜力。这一章关注一些初始的工作以及需要采用什么技术来支持大都市区域。

第 13 章：新兴认知计算领域。通过认知计算的方法，许多不同的市场和产业可以得到帮助。这一章陈述了哪些市场会受益。

第 14 章：认知计算的未来应用。我们还处在认知计算演进的初期，这一点毋庸置疑。未来的 10 年将产生许多新的软件和硬件创新，来扩展可能的应用范围。

目 录

第1章 认知计算的基础

认知计算是一项使人类能够和机器合作的技术方法。如果你将认知计算视为是对人类大脑的模拟，你就需要结合上下文分析所有类型的数据，从数据库中的结构化的数据到文本、图片、语音、传感器和视频中的非结构化的数据。这些机器运行在一个不同于传统 IT 系统的层级上，因此它们能够分析和学习数据。认知系统有以下三个基本要素。

- **学习**——认知系统会学习。这个系统基于对数据的所有变化、数量和速度的训练和观察，利用数据对一个领域、话题、人物或问题做出判断。
- **建模**——为了学习，这个系统需要创建一个模型或一个领域的表示方法（包括内部和潜在的外部数据），并且做出使用何种学习方法的假定。理解数据如何融入模型的相关背景对于认知系统十分重要。
- **生成假设**——认知系统假定不存在单一正确的答案。最合适的答案是基于数据本身的。因此，认知系统是概率性的。假设是对已经理解的部分数据的候选解释。认知系统利用数据去训练、测试或者评判假设。

这一章探究造就认知系统的基础，以及这个方法是如何开始改变你使用数据的方式，从而创建会学习的系统的。随着更多数据被添加（被吸收）以及系统不断地学习，之后你可以利用这个方法创造灵活变化的解决方案。为了了解我们已经实现了多少技术，你需要先了解基础技术的演进。因此，这一章提供了人工智能、认知科学和计算机科学是如何引导认知计算发展的背景信息。最后，我们将提供一个认知计算系统元素的综述。

1.1 新一代的认知计算

认知计算是一项演进技术，它试图理解淹没于各种形式和形态的数据中的复杂世界。你将进入一个通过转变人类与机器合作方式来获得可执行见解的计算新纪元。很明显，几十年来技术革新已经改变了产业界及人们安排日常生活的方式。20 世纪 50 年代，交易操作处理应用为商业和政府的运作带来了巨大的效率。相较于手工方法，机构使商业流程标准化，并且在管理商业数据方面更加高效和精确。然而，随着数据的数量和种类指数倍的增长，许多机构不能将数据转化为可用的知识。人们为做出好的决策而需要理解或分析的新信息的数量是极大的。下一代解决方案将一些传统的技术方法和革新相结合，因此，这些机构可以解决令人烦恼的问题。认知计算还处在演进的早期阶段。在未来，本书中所讨论的技术将被纳入大多数的系统中。本书的关注点是这个新的计算方法，它能够创造提高问题解决能力的系统。

1.2 认知系统的使用

认知系统还处于演进的早期阶段。在未来的几十年里，你将会看到认知系统被嵌入许多不同的应用和系统中。这将出现新的使用场景，它们关注于横向问题（例如安全）或特定的工业问题（例如确定预计零售客户需求和提高销量最好的方式，或者是诊断疾病）。当前，最原始的使用案例包括一些新的尖端领域和一些困扰产业界数十年的问题。例如，确保城市管理者能够预测由于天气状况交通何时会中断、并且疏导交通以避免出现问题的系统正在研发中。在医疗行业，能够被用来与医院的电子医药记录合作来检测疏漏和提高精确度的认知系统正处于开发阶段。认知系统能够在教授新任医师有关医疗最佳实践及提高临床决策方面提供帮助。认知系统同样可以为其他行业在知识转化及最佳实践方面提供帮助。在这些使用案例中，认知系统被设计来建立人类和机器间的对话，从而使系统能够从最佳实践中学习，而不是作为一系列准则被编程。

认知计算方法潜在的用途将随着时间不断增加。认知计算发展的最初前沿是在医疗领域，因为这一领域有丰富的基于文本的数据源。此外，成功的治疗常常依赖于对病人问题有着完整、精确、即时了解的医疗服务人员。如果能够研发出使医生和护理者通过不断学习更好地了解治疗方案的医学认知应用，那么治疗病患的能力将获得极大地提高。许多其他产业也正在测试和开发认知应用。例如，结合大城市中能够使用的非结构化和半结构化的数据，可以极大地增强我们对于如何改善为市民提供服务的理解。“智慧城市”应用确保管理者能够计划下一步最有效的措施来控制污染，改善交通流量以及帮助对抗犯罪。如果系统能够学习并且帮助提供关于客户问题的快速解答，那么即使传统的客户服务和技术支持应用也可以得到极大的改善。

1.3　系统认知的组成

三个重要的概念构成了系统认知：来自于模型的上下文洞察力、假设的产生（关于一个现象提出的解释），以及跨越时间从数据中不断学习。实际上，一个认知计算保证了对于各种类型的大量数据的检测，以及对这些数据的理解，从而提供见解和推荐决策。认知计算的本质是在问题被解决的过程中询问和分析适量的信息。一个认知系统必须注意支持数据传送数值的上下文。当数据被获得、策划和分析时，认知系统必须识别和记住数据中的模式和联系。这个迭代的过程确保系统学习并且加深它的理解，从而随着时间的推移，它对数据的理解也会提高。认知系统的一个最重要的实际特征，就是具备提供给知识搜寻者一系列可选择的答案并附带基本原理的解释或支持每个答案的证据的能力。

认知计算系统由工具和技术组成，包括大数据和分析、机器学习、物联网（Internet of Things，IoT）、自然语言处理（Natural Language Processing，NLP）、因果归纳、概率推理及数据可视化。认知系统具有通过与机构或个人用户上下文关联的方式学习、记忆、激发、分析和解决的能力。一个极度复杂的问题的解决方法需要同化各种各样的数据和知识，这些内容可以从各种结构化、半结构化及非结构化的来源获取，包括但不限于期刊文章、工业数据、图片、传感器数据，以及来自于操作和交易数据库中的结构化的数据。认知系统是如何利用数据的呢？正如你在这一章的后面部分所看到的，这些认知系统利用精确的不断学习的技术来理解和组织信息。

认知系统典型的特征

虽然存在许多不同的方法来设计认知系统，但是认知系统存在一些普遍的特征。它们包括的能力有以下几点。

- 通过数据或证据从经验中学习，并且在没有重新编程的条件下提高自己的知识水平和性能。
- 基于自己目前的知识状态，产生和（或）评估冲突的假设。
- 以基于证据去证明结论的方式报告发现。
- 考虑模式的自然属性，在有（或没有）来自于用户明确的指导下发现数据中的模式。
- 效仿在自然学习系统中发现的过程或结构（即内存管理、知识结构处理，或模拟大脑结构和处理过程）。
- 利用 NLP 从文本数据中提取含义并利用深度学习工具从图像、视频、语音和传感器中提取特征。
- 利用大量的预测性的分析算法和统计技术。

1.4 从数据中获取信息

对于一个要有相关性并且有用的认知系统来说，随着新信息被加入和理解，它必须不断地学习和调整。为了获得见解和对这些信息的理解，无论数据的形式如何，都需要大量的工具来理解数据。当今，许多所需的数据是基于文本的。人们需要自然语言处理（NLP）技术从用户的文件或通信中获取非结构化文本的含义。NLP 是理解文本的主要工具。人们需要深度学习工具从非文本源中获取含义，比如视频和传感器数据。例如，用时间序列分析来分析传感器数据，用大量的图片分析工具来理解图片和视频。所有这些各种类型的数据需要进行转换，使得它们能够被机器理解和处理。在认知系统中，这些转换必须以一种能够使用户理解大量数据源之间关系的方式呈现。可视化工具和技术是对这种复杂类型数据访问和理解的重要工具。可视化是最有力的技术之一，它能够使在大量复杂数据中识别模式变得更容易。随着我们步入认知计算，我们可能会被要求将结构化、半结构化和非结构化的源结合在一起，从而从数据中不断地学习和获得见解。这些数据是如何与处理过程相结合从而获得结果的，这对于认知计算而言是十分关键的。因此，认知系统以它与数据和处理过程交互的方式，为它的用户提供不同的体验。

认知计算适用的领域

认知计算系统经常被应用于这样的领域，即一个单一的请求或数据集合就可能产生一个会带来多种可能结果的假设。有时，这些结果不是相互排斥的（例如，多个相关的诊断，即一个病患可能同时表现出一种或多种机能失调）。这种类型的系统是概率性的，而非确定性的。在一个概率系统中，可能存在大量的答案，这些答案取决于系统的条件或环境，以及由系统目前具备知识决定的可信度或概率。一个确定的系统基于证据，将返回一个单一的答案；或者如果存在不确定的条件，将没有答案。

当领域很复杂，并且结论依赖于谁提出问题及数据的复杂性时，认知解决方案是最适宜的。即使人类专家可能知道问题的一个答案，他们也可能没有注意到会改变询问结果的新的数据或新的情况。更高级的系统可以识别那些会改变一个答案可信度的遗漏的数据，并且能够交互地请求更深入的信息，在足够的置信度下聚焦到一个答案或一个答案集，从而帮助用户采取措施。例如，在医疗诊断例子中，认知系统可能会要求医生做额外的检测，来排除或确定某种疾病。

自然语言处理的定义

自然语言处理（NLP）是计算机系统处理以人类交流所使用的语言（例如英语或法语）书写或记录的文本的能力。人类的“自然语言”充满了歧义性。例如，一个词语依赖于它在句子中的使用方式可以有多种含义。此外，仅仅添加或移除一个词语，一个句子的含义就会发生极大的变化。NLP 确保计算机系统理解语言的含义并且产生自然语言的应答。

认知系统通常包括一个通过吸收各种结构化和非结构化数据源而创建

的知识库（语料库）。这些数据源中许多都是基于文本的文件。NLP被用来识别文件中的词语、短语、句子、段落和其他语言单元，以及在语料库中发现的其他非结构化的数据的语义。NLP在认知系统中的一个重要应用是识别统计模式，并且提供数据元素之间的联系，从而使非结构化数据的含义能够在上下文中被正确地理解。

关于自然语言处理的更多内容，请参看第3章“自然语言处理支持下的认知系统”。

1.5　作为认知计算基础的人工智能

虽然人工智能的起源可以追溯到至少300年前，但是过去50年的研究对于认知计算有着最重要的影响。现代人工智能（AI）包含了科学家和数学家的研究成果，这些学者致力于将大脑中神经元的工作转化为一系列逻辑指令和能够模仿人类大脑工作的模型。随着计算机科学的演进，计算机科学家假定将复杂的思考转化为二进制代码是可实现的，因此机器将能够像人类一样思考。

英国数学家艾伦·图灵在密码学方面的工作被温斯顿·丘吉尔评价为是第二次世界大战胜利的关键，他也是计算机科学方面的开拓者。图灵在20世纪40年代将他的注意力放在了机器学习上。在他的论文《计算机和智能》（写于1950年，发表于《Mind》杂志，它是一本英国同行评审的学术杂志）中，他提出了一个问题，“机器能思考吗？”他摒弃了“因为机器不具有人类的情感，因此不能够思考”的论证。他假定这将意味着“要知道一个人所思所想的唯一方式就是成为那个人……”他认为，随着数字计算的发展，拥有一个内部程序未知或者是个黑盒子的学习型机器是可能的。因此，“它（机器）的老师常常对内部的运转情况一无所知，虽然他仍旧能够在一定程度上预测他的学生的行为。”

他在后来的文章中提出了一个测试，来确定一台机器是否具有人类的智慧能力，或能否模仿与智能相关的行为。这个测试由两个人和一个通过打字机为两人输入问题的第三人组成。这个游戏的目标是判断出游戏的玩家能否判断出三个参与者哪一个是人，哪一个是“打字机”或计算机。换言之，这个游戏是由人类 / 机器的交互组成的。很明显，图灵超越了他的时代。他区分了人类在复杂世界中直觉地行动的能力和一台机器模仿这些属性的程度。

另一名重要的革新者是诺伯特 · 维纳，在他 1948 年出版的《控制论：或关于在动物和机器中控制和通信的科学》一书中，他定义了控制论的作用域。他在麻省理工学院参与第二次世界大战研究项目的同时，也研究导弹系统和它周围环境间的连续反馈。他认识到，在许多复杂系统，包括机器、动物、人类以及组织机构中都发生了这种连续反馈过程。控制论是研究这些反馈机理的。反馈的原理描述了复杂系统（例如导弹系统）如何针对它们的环境改变行为。维纳关于智能行为和反馈机理之间关系的理论使他确定，机器能够模仿人类的反馈机理。他的研究和理论对于 AI 领域的发展有重大的影响。

博弈论，特别是二人零和完全信息博弈（在这种场景中，双方能够看到所有的行为，并且在理论上能在行动之前产生和评估所有未来的行为），在 AI 产生初期就已经被用来测试有关学习行为的想法了。阿瑟 · 塞缪尔，一个后来去 IBM 工作的研究人员，研发了最早的案例之一。他因为象棋开发了第一个自学习程序而受到赞誉。他在于 1959 年发表在《IBM 研发》期刊（IBM Journal of Research and Development）的文章中，将他的研究做出如下总结。

“利用象棋游戏，我们对两个机器学习的步骤进行了细致的研究。大量的工作已经证实，可以对一台计算机进行编程，而使它的象棋游戏比写程序的人下得更好。更近一步，当仅仅给定游戏规则、方向感，以及丰富但不完全的参数列表等与游戏相关的参数，但它们的正确性和相对权重是未知或不确定时，它可以在极短的时间内（8 或 10 小时的机器游戏时间）学会。有这些实验证实的机器学习的原理当然也适用于其他许多的情况。”

塞缪尔的工作对于接下来几十年的工作起到了十分重要的引导作用。他的目标不是在象棋游戏中发现打败对手的方法，而是发现人类是如何学习的。起初，在他的象棋实验中，他所实现的最大成就是使计算机和人类对手打成平局。

1956 年，研究者们在新罕布什尔州的达特茅斯学院举行会议，帮助定义 AI 的研究领域。与会者包括未来 AI 领域最重要的研究者。参会人员有卡耐基工学院（卡耐基梅隆大学）的艾伦·纽维尔和赫伯特·西蒙、麻省理工学院的马文·闵斯基，以及约翰·麦卡锡（他在1962年离开麻省理工学院，前往斯坦福组建了一个新的实验室）。在他们为达特茅斯项目所做的提案中，麦卡锡等人概述了影响AI研究几十年的一个基本断言："学习或者智能的任何其他特性的每一个方面都应能被精确地加以描述，使得机器可以对其进行模拟。"（约翰·麦卡锡；马文·闵斯基；内森·罗彻斯特；克劳德·香农（1955），"达特茅斯夏季研究项目关于人工智能的提案"。）1956年，艾伦·纽维尔、赫伯特·西蒙以及柯利弗·肖开发了一个名为"逻辑理论家"的程序，这可能是第一个AI计算机程序。这个程序被设计为通过模仿某种人类解决问题的能力来证明数学的定理。

1978年获得诺贝尔经济学奖的赫伯特·西蒙一直对人类认知和决策制定感兴趣，因此他将这一因素注入了他全部的研究中。他系统地提出人们是理性的行动者，他们能够根据条件做出改变。他假定人类知识和人工智能系统间可能存在简单的接口。就像他的前人一样，他假定寻找一种方式将知识表现为一个信息系统是相对简单的。他主张基于不断改变的需求，通过简单地采取规则向AI的转换是可能实现的。西蒙和他的同事，比如艾伦·纽维尔，假定一个简单自适应机制可允许智能被捕获，从而创建一个智能机器。

西蒙对于这个新兴的领域重要的贡献之一，是他写的关于捕获智能的基础元素和未来的文章。西蒙展示了自然语言处理的概念和计算机模拟视觉的能力。他预测计算机将以大师级别的水平下象棋。（艾伦·纽维尔，柯利弗·肖，赫伯特·西蒙，"象棋游戏程序和复杂性问题"，IBM研发期刊，第4卷，第2期，1958。）

虽然许多早期的努力都盲目乐观，但它们确实为AI领域确定了正确的方向。许多计算机科学家假定在未来的20年内，计算机将能够模仿对于学习很重要的认知过程。当在20世纪80年代许多商业的AI新兴企业在创建持续的业务都失败时，很明显，需要新的研究和更多的时间来实现对于AI领域商业应用的期盼。科学家和研究者在一些领域继续进行创新，例如符号推理、专家系统、模式识别以及机器学习。此外，在相关和类似的领域也有广泛的研究成果，例如机器人和神经网络。

另一个对 AI 领域有重要贡献的人是爱德华·费根鲍姆。1965 年，在加入斯坦福大学计算机科学学院后，费根鲍姆和诺贝尔奖得主乔舒亚·莱德伯格开始了 DENDRAL 项目，之后这个项目被称为第一个专家系统。这个项目对于 AI 领域的重要性来自于它为其他专家系统的到来而创建的架构。费根鲍姆说 DENDRAL 项目很重要，因为它展示了“关于一台真正的智能机器的梦想是可能的，存在一个以世界一流水平解决只有博士才能解决的——大量光谱分析问题的程序”。今天，专业系统被用于军事和工业领域，例如制造业和医疗。

专家系统的定义

专家系统技术已经存在了数十年，并且流行于 20 世纪 80 年代。专家系统从知识或规则库的领域专家那里获得知识。专家系统的开发者需要提前确定规则。在一些情况下，在知识库中存在应用于数据的置信因数。当改变发生时，专家系统需要由一个主题专家更新。当一个领域的知识不随着时间动态改变时，专家系统是最有用的。当数据加入系统后，它能够被用来评估不同的假设并且确定一个断言的正确性。此外，专家系统可以使用模糊逻辑，作为评估一个系统中特定规则可能性的一种方式。通常，专家系统被作为一种分类技术使用，从而帮助确定如何管理非结构化的数据。

美国国防高级研究计划署（Defense Advanced Research Projects Agency，DARPA）资助了大量 AI 领域的基础研究。计划署负责能够在军事上使用的新技术的开发。在 1969 年前，数百万美金被投入到 AI 研究中，对于研究活动的类型有时有限制，有时又没有方向。然而，1969 年后，DARPA 的资助资金在法律上被严格地应用于专门的军事项目，例如自动坦克以及作战管理系统。设计专家系统是为这个领域的人事部门提供指导的。许多这种 AI 系统通过研究历史事件将最佳行动编纂分类。举个例子，在 20 世纪 80 年代后期，DARPA 资助了 FORCES 项目，这个项目是空地战役管理项目的一部分。这个专家系统被设计来帮助专业人员对基于历史的最佳行动做出决策。一名使用这个系统的指挥官可能会问："巴顿将军现在会怎么做？"这个系统实际上不会被部署，但是会为后来建立的基于知识的防御项目提供好的经验。

在20世纪70年代到80年代期间，存在一段困难的时期，科学家很难收到AI项目的资助资金。虽然基于军事的研究一直被DARPA资助，但基于商业的资助却几乎不存在。在一些情况下，为研究寻找拨款的计算机科学家将使用"专家系统"或"基于知识的系统"等术语，而非"AI"来帮助确保资助资金。然而，在这些年中，AI的子领域包括机器学习、本体论、规则管理、模式匹配，以及研究者一直在寻找的将NLP融入大量产品的途径。甚至自动柜员机（ATM）也已经演进到与许多这类技术融合的阶段。

早期使AI和机器学习成为重要技术的商业项目之一就是由美国运通发起的。这个项目被设计来寻找在信用卡交易中的诈骗模式。这个项目大获成功。一项曾被批判的技术突然之间显示出了商业价值。这个项目成功的秘密要素就是美国运通给这个系统提供了大量的数据。通常，公司会认为存储大量数据是很昂贵的，但美国运通打赌这项投资物有所值。这个结果是激动人心的。通过对可能引起诈骗的模式进行检测，美国运通节省了大量的资金。美国运通项目结合大量的数据，利用机器学习来确定将要发生的诈骗并阻止这些交易。这是早期的迹象之一，说明机器学习和基于模式的算法可以变成一个业务转型的引擎。这是新兴的机器学习领域再投资的开端，这个领域从AI的概念中确立了它的基础。

AI的关注点在于确定如何以一种数据能被操作的方式表示知识，从而使人们可以从知识中得到推论。这个领域已经发展了数十年。今天，对于机器学习大多数的关注点在于它提供了一种机制，允许计算机以一种系统的方式处理数据。但是，机器学习的许多关注点在于对歧义的处理，因为大多数的数据是非结构化的，并且对许多不同的解释是开放的。

1.6 理解认知

只有理解人类大脑是如何工作和处理信息的，才能为认知计算方法提供蓝图。然而，没有必要构建一个复制人类大脑所有能力的合作者来为人类服务的系统。通过理解认知，我们能够构建一个拥有许多特性来不断学习和适应新信息的系统。认知（cognition）这个词来源于拉丁语词根“真知”（gnosis），可以追溯到 15 世纪，意味着了解和学习。希腊哲学家对于演绎推理十分感兴趣。

伴随着认知计算，我们正在把两个学科结合起来：

- **认知科学**——思想的科学；
- **计算机科学**——在计算和应用中的一种科学和实际的方法。它是一项将这项理论转化为实际的系统技术。

认知科学的主要分支是心理学（主要是一门应用科学，帮助诊断和治疗精神或行为状况）和神经学（主要应用于神经系统条件的诊断和治疗）。然而，在这些年中，在人类大脑的工作方式和计算机工程之间显然存在很重要的联系。例如，认知科学家们在研究人类大脑的过程中，已经了解到人类认知是一个互联系统，这个系统允许从外界的输入获得信息。这些信息之后被存储、检索、转换并且传输。同样，计算机领域的成熟已经加速了认知科学领域的发展。这两个学科间的距离在逐渐缩小。

认知科学的基本原理是：一个智能系统包含大量彼此间交互的专业化流程和服务（在人类大脑中）。例如，一个声音发送了一个信号到大脑并且引起个体的反应。如果大的声音导致疼痛，大脑会学着用手盖住耳朵或走远来对这个声音做出反应。这并不是先天的反应，这是作为对于一种刺激的反应而学习到的。当然，依赖基因变异的差异性，认知中存在不同的变化。（一个耳聋的人相比于一个听力很好的人对于声音的反应是不同的。）然而，这些变异是例外，并不是规则。

为了理解大脑中不同过程之间是如何联系和相互影响的，认知科学家们对认知结构和处理过程建模。单一的认知结构是不存在的。相反，许多基于相互作用模型的不同方法是存在的。例如，可能存在一种与人类感觉，例如视觉、理解谈话、对味觉、嗅觉和触觉做出反应的相关结构。认知架构也直接依赖于大脑中的神经元是如何实施特定的任务、动态地吸收新的输入，以及理解上下文的。即使存在零散数据，这一切也都是可能的，因为大脑可以补充隐含的信息。人类大脑被设计来处理有关感知、记忆、判断以及学习的精神过程。人类可以快速地思考，并且基于他们推理或从给予的信息中进一步推论的能力得出结论。

人类拥有做出推测性猜想、建立虚构场景、使用直觉的能力，以及其他超越纯粹推理、推论和信息处理的认知方法。人类拥有通过零散数据进行推测的能力这一事实说明人类认知的卓越性。然而，这一推理也存在消极的结果。人们可能有倾向性，从而导致错误的结论。例如，一个人看到一项研究说明巧克力会带来一些医学上的益处，便得出吃很多糖果是一件好事的结论。相反地，认知结构不会犯这种错误，不会假定一个研究或一个结论有强相关性，除非存在事实依据来得出结论。不同于人类，机器不会有倾向性，除非这个倾向性通过程序被编入系统。

传统的结构依赖人类将理解过程化为代码，AI 则假定计算机可以代替人类思考的过程。伴随着认知计算，人类利用计算机独特的能力来处理、管理并组合数据，从而扩展可能的一切。

1.7 关于判断和选择的两个系统

将人类思考和行为的复杂性转变为系统是相当复杂的。在人类系统中，我们常常会被情感、本能、习惯，以及关于这个世界的潜意识假定所影响。认知是一种基础方法，它利用的不仅仅是我们如何思考，还包括我们如何反应和如何做出决定。针对相同的疾病，为什么一个医生推荐这种疗法，而另一个医生推荐一个完全不同的方法？为什么两个人在相同的家庭中长大，有着相似的成长经历，但却有着截然相反的世界观？如何解释我们是怎样得出结论的，这告诉了我们关于认知和认知计算的哪些信息？

关于这一话题最有影响力的思考者之一就是丹尼尔·卡尼曼博士，一位以色列裔美国心理学家，2002 年诺贝尔经济学奖的获得者。他因为在判断和决策心理学领域的研究及著作而闻名。他对于认知计算最大的贡献之一，就是对于认知基础关于由探试和偏差引起的普遍人类错误的研究。要理解如何将认知应用到计算机科学中，先理解卡尼曼关于我们是如何思考的理论是很有帮助的。2011 年，他出版了《思考快与慢》一书，这本书为认知计算提供了重要的见解。接下来的章节提供了关于卡尼曼思考的一些见解，以及它是如何与认知计算关联的。卡尼曼将他关于判断和推理的方法分为两种形式：系统 1——直觉的思考，以及系统 2——被控制的和以规则为中心的思考。

下一节描述了有关思考的这两个系统，以及它们是怎样与认知计算工作方式相关的。系统 1 的思考是直觉推理的一种，类似于一种能够被简单自动化处理的类型。相反地，系统 2 的思考是我们处理数据的一种方式，它基于我们的经验和许多数据源的输入。系统 2 的思考与认知计算的复杂度相关。

1.7.1 系统1——自动思考：直觉和偏向

系统 1 的思考是在我们大脑中无意识地发生的，它利用我们的直觉得出结论，因此相对来说不费力。系统 1 的思考几乎从我们出生起就开始了。我们学习、观察事物并且理解它们与我们自身间的关系。例如，我们将自己母亲的声音与安全相联系，将吵闹的噪声与危险相联系。这些联系形成了我们体验世界的基础。一个有着残忍母亲的孩子与一个有着善良母亲的孩子对于母亲声音的联系是不同的。当然，其他的事情也一样。有着善良母亲的孩子可能会有潜在的造成不理智行为的精神疾病。一个把吵闹的噪声与乐趣相联系的普通孩子可能感受不到危险。随着人们在一段时间内的学习，他们开始把无意识思考同化为他们在这个世界上的行为方式。一个成为大师的象棋棋手可以自动学会正确移动棋子。象棋大师不仅知道他的下一步该如何走，同时也能够预测他的对手下一步的动作。象棋大师甚至可以在不碰触棋盘的情况下，在他的大脑中下整盘棋。类似地，人们关于世界的情感和态度也是无意识的。如果一个人是在一个城市的危险区域长大，他会对于他周围的人有无意识的看法。那些态度甚至不曾被他思考过，并且不能被轻易地控制。这些态度仅仅是他的个性以及他如何理解他的环境和经历的一个组成部分。

系统 1 的思考的益处是我们可以从周围的世界中提取数据，并且发现事件间的联系。显而易见的是，系统 1 对于认知计算是很重要的，因为它允许我们作为人类来利用我们收集的关于事件和观察的零散信息，并且得到快速的结论。系统 1 可以通过匹配这些观察产生预测。然而，如果它没有被卡尼曼提出的系统 2 所检测和监督的话，这种直觉思考很可能是不精确且易错的。系统 2 是分析与亟待解决问题相关的大量数据并且以深思熟虑的方式推理的能力。系统 1

的直觉思考与系统 2 的深度分析的结合对于认知计算是十分重要的。图 1-1 展示了直觉思考和深度分析间的关系。

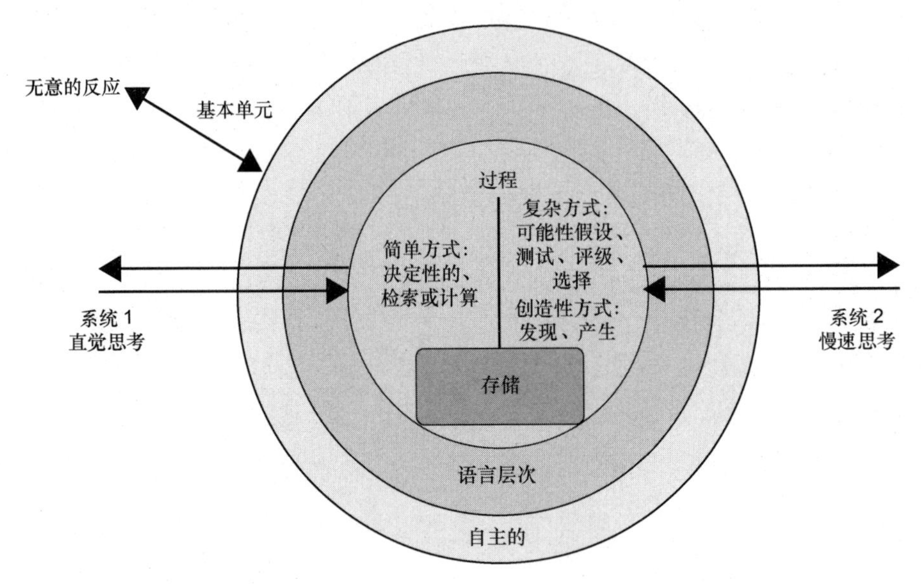

STORM insights 公司版权所有，2014 年。

图 1-1　直觉和深度分析之间的相互作用

1.7.2　系统2——被控制的，以规则为中心且专注的努力

不同于系统 1 的思考，系统 2 的思考是基于一个更深思熟虑过程的推理系统。系统 2 的思考对假设和意见进行观察和检验，而不是基于假设的内容直接跳到结论。系统 2 的思考利用模拟来做出假设，并且观察假设的含义。这种类型的系统要求我们收集大量的数据，并且建立检测系统 1 直觉的模型。这点尤其重要，因为系统 1 的思考通常建立在对于一个状况狭窄的视野之上：一个井式筒仓。即使一个想法从一个狭窄的视野中可能看起来很好并且可行，但是在联系其他数据的背景下，结论可能会发生改变。药物试验就是这种现象的绝佳例证。一个潜在的癌症治疗方法看起来似乎很有前景，然而，这个治疗方法毒性过高，以至于它也会破坏健康的细胞。系统 1 的思考将假定癌细胞被破坏的事实是充分的，从而确定这个药物应该立即推向市场。但是，系统 1 的思考常

常包含偏向性。虽然它可能显示一种方法是可行的，但是这个问题的定义可能就是不明确的。系统 2 的思考减慢了评估的过程，并且以全方位的角度看待问题，收集更多的数据，并且得到解决方法。因为系统 2 依靠的是数据和模型，因此它考虑了那些偏向性并且提供了一个更好的结果。预测结果是一个复杂的商业问题，因为很多因素都可以改变结果。这就是为什么将直觉思考和计算模型结合起来这么重要的原因。

1.8　理解系统间的复杂关系

由于认知计算的发展，我们开始不再将系统设计为一个统一的环境来解决一个特定的、有明确定义的问题。在这个新的世界中，复杂的系统不再必须是大量的程序。相反，它们可能作为执行特定功能的模块服务而被开发，并且试图根据来自特定事件中的行为和数据采取行动。通过这种设计，这些自适应的系统能够与其他元素在正确的时间相结合，从而确定一个复杂问题的答案。将来自于各种源的数据整合在一起的需求，使得这一过程变得困难。这个过程伴随着物理能力开始吸收数据源。然而，真正的复杂性是整合过程和发现数据源之间关系的过程。非结构化的、基于文本的信息源需要从语法上进行解析，从而明确哪些内容是适当的名词、动词和宾语。分类的过程是必需的，这样数据就能够被持续管理。来自于非结构化源的数据，比如图像、视频和语音，必须通过利用对模式和异常值的深度分析方法来分析。例如，人类脸部图像的识别可以通过分析图像边缘以及识别能够作为物体的图案（例如眼睛和鼻子）来完成。基于评估上下文环境中的所有数据，可以做出分析，从而得到一个主要的分类。成功实现这个复杂过程的关键是在这些分类中吸收充足的数据，这样应用可以持续改善数据的机器学习算法才是可能的。知识领域越广阔，这一过程也将越困难。

当数据是大量源的结合时，它必须被归入某种数据库结构中。最有帮助的方法是高度跨学科的、并且提供一个用于帮助个体通过不断改善最相关的信息源元素来为重要问题找到答案的架构。例如，如果一个系统能够解释一个待解释的名词，然后找到动词以及动词的宾语，那么为数据确定内容就会更容易，从而使用户可以理解数据并且将它应用到问题领域。

分析图像、视频和音频

人类大脑拥有自动将图像转换为意义的能力。一个经过读 X 光片信息训练的医生，能够近乎实时地理解几百个病人检查结果的差异性。没有经过训练的个体可能能够识别一幅他仅见过两次的陌生人的图片。能够从图像、视频和讲话中提取数据在理解所有类型数据方面是一个重要的问题。基于云的服务的发展对这种分析类型提供了极大的帮助。这些服务使得对来自机器视觉、语音辨识的一切高级分析进行量化以及具有了解有关实时图像和视频流的能力成为可能。在一个认知系统中，能够分析这些信息，从而了解不是基于文本的信息是十分重要的。例如，分析来自于数千张面孔的图像数据可能会识别出犯罪分子或恐怖分子。分析手势以及声音数据可能会提供一场地震严重程度的信息。利用精确的算法可以帮助确定这种非结构化或半结构化数据中的模式。

自适应系统的类型

认知系统试图以一种自适应的方式解决现实世界中的问题。这种自适应系统方法试图基于对数据的高级分析，将相关的由数据驱动的信息传送给决策制定者。知识库被按需管理和更新，以确保数据的全部语义内容在分析过程能够得以利用。例如，系统可能会观察股票市场及有关私人企业的信息、经济走势，以及竞争环境的统计分析的复杂集合。自适应系统的目标是将这些元素结合，从而使这个系统的消费者可以获得因素间关系的整体观。一个自适应系统方法能够被应用于医药领域，从而使医生可以结合已经学习到的知识及来自于临床试验、研究、期刊文章的大量知识，更好地理解如何治疗疾病。

计算机和人类交互的结合确保认知系统获得关于一个特定话题或领域动态且整体的看法。在实际中，许多元素需要同适当程度的上下文以及来自于正确源的适量信息相结合。这些元素需要基于自组织的原则进行协调，这些原则可以模拟人类大脑理解信息、得到结论以及检测那些结论的方式。这并不容易执行。这要求有充足的来自于大量源的信息。这个系统必须因此发现、吸收并且适应大量的数据。这个系统必须寻找模式和关系，而这些对于没有任何辅助的人类是不可见的。这些自适应系统选择的是尝试模仿人类大脑做出关联的方式——通常是零散数据间的关联。

1.9 认知系统的元素

一个认知系统由许多不同的元素组成，涵盖了从硬件及部署模型到机器学习及应用的全部范围。虽然创建认知系统有许多不同的方法，但是需要包括一些通用元素。图 1-2 展示了认知系统的整体架构，下一章会对其详细描述。第 2 章，“认知系统的设计原则”会更加深入地讨论每个元素。

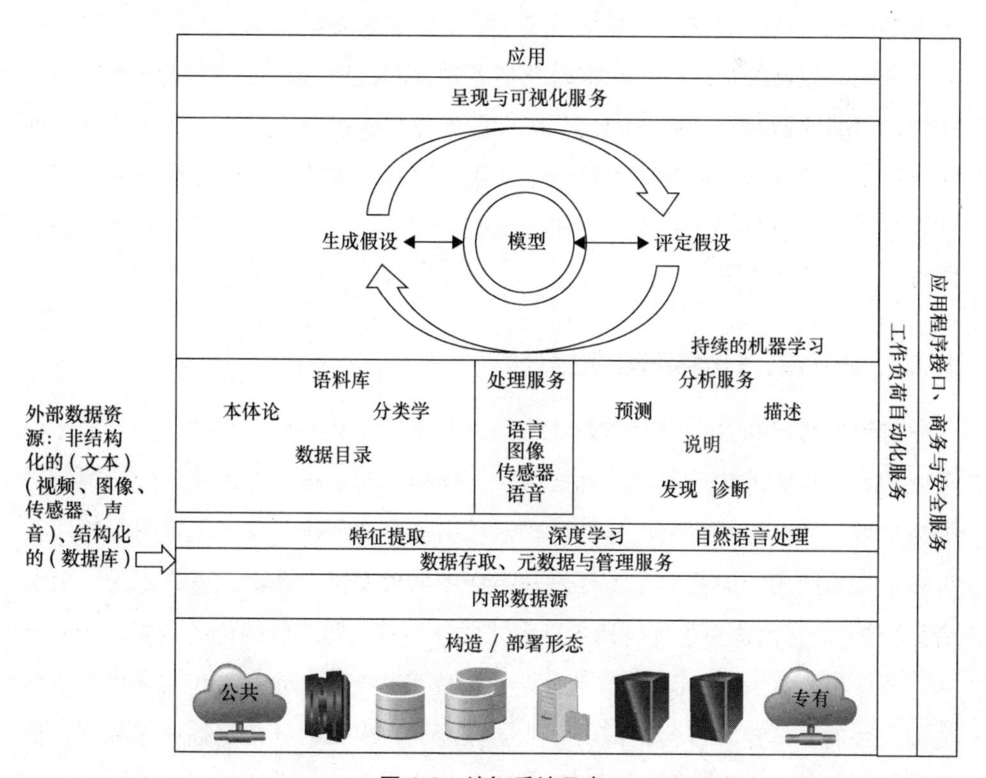

图 1-2 认知系统元素

1.9.1 基础设施和部署模式

在认知系统中，拥有灵活的基础设施来支持随着时间不断增加的应用是十分重要的。随着认知解决方案市场的成熟，大量公共和私密数据需要被管理和处理。此外，组织能够利用“软件即服务（SaaS）”应用以及服务来满足特定产业的需求。一个高度并行化和分布式的环境，包括计算和存储云服务，需要被支持。

1.9.2 数据访问、元数据和管理服务

因为认知计算是以数据为中心的，所以数据的来源、访问和管理自然扮演着核心的角色。因此，在添加和利用数据前，必须存在一定范围的底层服务。为了准备使用吸收的数据，系统必须了解数据的起源和发展。因此，需要一种方式来区分数据特征，例如文本或数据源是何时被何人创建的。在一个认知系统中，这些数据源不是静态的。存在大量被包括在语料库中的内部和外部数据源。为了理解这些数据源，需要一系列管理服务，这些管理服务准备数据并使其能在语料库中被使用。因此，在传统的系统中，为确保准确性，数据需要被审查、整理以及监控。

1.9.3 语料库、分类系统和数据分类

与数据访问和管理层紧密关联的是语料库以及数据分析服务。语料库是由吸收的数据构成的知识库，并且被用来管理编纂的知识。为系统划分范围所需的数据被包含在语料库中。各种形式的数据都会被系统吸收（参看图 1-2）。在许多认知系统中，这些数据主要是基于文本的（文档、课本、患者记录、消费者报告等）。其他认知系统包括各种形式的非结构化和半结构化的数据（例如视频、图像、传感器以及语音）。此外，语料库可能会包括定义特定实体以及它们之间关系的本体论。本体论常由行业团体定义，用来区分特定行业的元素，例如标准化合物、机器部件，或者医学疾病和治疗方法。在认知系统中，利用一个基于行业的本体论的子集来囊括认知系统关注的数据经常是必要的。分类系

统与本体论是并行的。分类系统提供了本体论中的上下文。

1.9.4　数据分析服务

数据分析服务是用来理解被语料库吸收和管理的数据的技术。通常，使用者可以利用已经被吸收的结构化、非结构化以及半结构化的数据，并且开始利用精确的算法来预测结构、发现模式或确定最好的下一行动。这些服务并不是孤立的，它们不断地获得来自于数据访问层的新数据，并且将数据从语料库中提取出来。大量高级的算法被用来为认知系统开发模型。

1.9.5　持续机器学习

机器学习是一项在没有明确程序的情况下为数据提供学习能力的技术。认知系统不是静态的。相反，模型基于新数据，分析以及交互在不断被更新。一个机器学习过程有两个关键的元素：假设的产生和假设的评估。机器学习将在第 2 章进行细致地讨论。

假设的产生和评估

假设是一个基于用来解释某种现象的证据提出的、可以被证实的断言。在一个认知计算系统中，你寻找证据来支持或反驳假设。你需要从各种源中获得数据，创建模型，之后检测这些模型工作得怎么样。这是通过一个用于训练数据的迭代过程实现的。训练可能是自动地基于系统数据分析发生的，或者训练可能包括人类最终用户。在训练之后，这个假设是否被数据支持就开始变得清楚了。如果这个假设不被数据支持，这个用户会有多个选择。例如，这个用户通过增加语料库或改变假设可能改善数据。评估假设需要一个使用认知系统的机构间的合作过程。正如随着假设的创建，结果的评估会改善那些结果并且再次训练。

1.9.6　学习的过程

为了从数据中学习，你需要工具来处理结构化和非结构化的数据。对于非结构化的文本数据，NLP 服务可以解释并且用检测模式来支持认知系统。非结构化的数据，例如图像、视频以及语音要求深度的学习工具。来自于传感器的数据在不断出现的认知系统中是很重要的。从交通运输到医疗的工业领域利用传感器数据来监视速度、性能、失败率以及其他的衡量指标，之后实时地捕获和分析数据，从而预测行为并且改变结果。第 2 章讨论了用来处理在认知系统中被分析的各种形式数据的工具。

1.9.7 呈现与可视化服务

为了理解复杂且通常数量庞大的数据，需要新的可视化接口。数据可视化是数据的视觉呈现，以及以可视的方式研究数据。例如，一幅柱状图或饼形图就是底层数据的视觉呈现。当用结构、颜色等视觉化呈现数据时，数据内的模式和关系更容易被识别和理解。数据可视化的两个基本类型是静态和动态。在两种兼有或只居其一的情况下，都可能存在对交互的需求。有时光看数据的可视化呈现是不够的。你需要深度探讨、重定位、扩展和压缩等。这种交互确保你可以以个人的视角理解数据，从而你可以追求不明显的数据表现、关系和供替代的选择。可视化可能依赖于颜色、位置及距离。其他影响可视化的重要因素包括形状、大小和动作。呈现服务为输出准备结果。可视化服务通过提供一种方式来阐述数据间的关系，从而帮助交流结果。

认知系统将文本或非结构化的数据与可视化数据结合起来从而获得见解。此外，图像、动作以及语音也是需要被分析和理解的元素。通过可视化接口使得数据间实现交互可以帮助一个认知系统更容易理解和使用。

1.9.8 认知应用

认知系统必须利用底层的服务来创建解决一个特定领域问题的应用。这些关注解决特定问题的应用必须向用户做出用户可以从这个系统中获得见解和知识的保证。此外，这些应用可能需要包含了解一个复杂的领域的过程，例如定期检修或对于复杂疾病的治疗。这些应用的最终目标是利用多年的经验将普通的雇员转变为最聪明的雇员。一个设计良好的认知系统基于角色、处理以及它们需要解决的消费者问题，为用户提供了对上下文的洞察力。解决方案应该为用户提供见解，从而使他们可以基于存在但并不易于访问的数据来做出更好的决策。

1.10 总结

认知计算系统试图提供一个平台，来解决基于数据中学习到的内容的假设。这些系统最适合用来解决数据丰富的领域中的问题。系统设计的概率性方法有助于创建新一代的系统，这个系统关注于帮助人们理解复杂的世界。

第2章 认知系统的设计原则

在认知计算系统中，模型是指用来生成和评定假设以回答问题、解决问题或者探索新见解的语料库以及假设和算法的集合。你如何建模将决定你能够进行什么样的预测、能够检测什么样的模式和异常，以及能够采取什么样的措施。最初的模型是由系统设计师开发的，但认知系统将更新模型，并且使用模型来回答问题或提供深入见解。语料库是知识的主体，机器学习算法基于经验使用语料库来持续更新模型，其中经验也可能包括用户的反馈。

认知系统使用某个领域内的模型以对可能的结果进行预测。设计一个认知系统涉及到多个步骤。它要求理解可用的数据、需要提问的问题类型，以及基于观测事实创建足够全面的语料库以支持域内相关的假设生成。因此，认知系统被设计来通过数据创造假设，分析可替代假设，评定用来解决问题的支撑证据的有效性。

通过利用机器学习算法、问题分析法和对结构化或非结构化的相关数据的高级分析，认知系统能够提供给终端用户一个学习和决策的强大方法。认知系统被设计为从它们处理数据的经验中学习。典型的认知系统使用机器学习算法来建模，从而回答问题或发表见解。认知系统的设计需要支持以下的差异化特征。

- 访问、管理和分析上下文数据。
- 基于系统的累积知识来产生和评定多种假设。对于每个要解决的问题，认知系统都产生多种可能的解决方案，同时认知系统还要提供具有相关置信水平的答案和见解。

- 根据用户的交互和新数据，系统不断更新模型。随着时间的推移，认知系统将能够自动地变得越来越智能。

本章介绍了认知系统的主要组成部分，它们使认知计算系统能够学习，指出了组成部分之间的依赖性，并且概述每个组成部分中的过程。

2.1 认知系统的组成

认知计算系统有一个内部的知识存储器（语料库），它能够与外部环境进行交互以捕获更多的数据，并有可能更新外部系统。如同在第一章中所讨论的，认知系统代表了一种从不同数据资源集中获得深入见解的新方法。认知系统可能使用自然语言处理来理解上下文，但它也需要进行其他处理，需要具备深度学习的能力以及用来理解图像、语音、视频和位置的工具，这些处理能力为认知系统理解上下文数据和特定领域的知识提供了一种新方式。认知系统生成假设，同时提供可替代的答案或者具有相关置信水平的深入见解。此外，认知系统还需要具有深度学习特定学科领域和产业的能力。认知系统的生命周期是一个迭代的过程，这一过程要求将人类的最佳实践与数据的训练相结合。

图 2-1 展示了认知计算系统的典型元素，这是认知计算结构的一个通用指导。在实践中，认知元件、应用程序编程接口和包装服务都将随着时间出现。然而，即使是服务被嵌入到了系统中，这些元素也依然会是基础。

现在，通过分析语料库来开始你对认知计算系统设计的探索。因为语料库是认知系统的知识库，所以你要通过定义语料库来建立特定的域模型。

2.2 建立语料库

语料库是一个特定领域或主题的完整记录的机读表示。各领域的专家使用语料库来完成各种任务，例如研究写作风格的语言学分析，甚至是确定特定作品的可靠性。例如，莎士比亚的作品可能是研究 16 和 17 世纪英国文艺复兴的人感兴趣的语料库，对于研究同一时期戏剧作品的研究人员，他们可能需要使用莎士比亚的文集再加上一些他的同代人的作品。但如果这些数据集有着不同的来源、不同的格式，尤其是当它们包含了大量与研究领域不相关的信息的时候，这样的一个语料库集合将很快变得难以处理。例如，研究戏剧作品的人可能对莎士比亚十四行诗并不感兴趣。决定排除什么与决定包含什么是同样重要的。

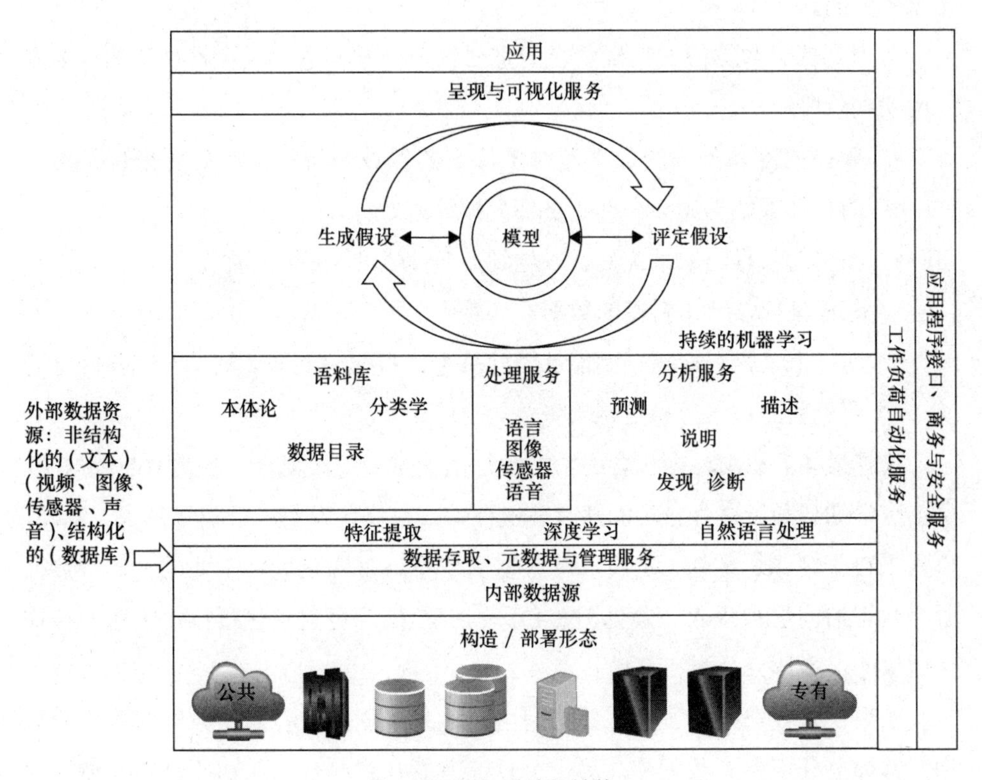

图 2-1 认知系统的结构

在一个认知计算应用中，语料库代表着知识库，系统使用它来回答问题，发现新模式或关系，以及发表新见解。然而，在系统发布之前，必须先建立一个基本的语料库并且摄入数据。这个基本的语料库的内容将会限制所能解决的问题类型，并且语料库内数据的组织整理对于系统的效率有着重要的影响。因此，在决定所需的数据源之前，你必须对你的认知系统所涉及的领域有一个良好的认识，你要了解你想解决什么类型的问题。如果语料库被定义得太过狭隘，你可能会错过新的意想不到的见解。如果数据在输入到语料库之前是由外部来源修整而成的，它们就不会被使用到生成和评定假设的过程中去，这是机器学习的关键点。语料库需要包含相关数据资源的正确组合，这些数据资源能够使认知系统在预期的时间内提供准确的反应。当开发一个认知系统时，宁可多收集一些数据和知识，因为你永远不知道什么时候一个意想不到的关联发现将会带来重要的新知识。

考虑到拥有数据源的正确组合的重要性，一些问题必须在设计认知计算系统的初期阶段解决。

- 哪些内部和外部的数据源对于特定的领域和待解决的问题来说是必需的？外部数据源会全部还是部分被导入？
- 如何使数据组织最优化，以达到高效搜索和分析的目的？
- 怎样集成多个语料库的数据？
- 怎样保证语料库扩展到能够填补基本语料库中的知识缺口？怎样确定需要更新的数据源和更新频率？

选择最初的语料库中包含的数据源是至关重要的。现今，各类型的数据源，例如医学期刊和维基百科等能够有效地被输入，以备发布一个认知系统。此外，摄入来自于视频、图像、语音和传感器的信息或许也是同样重要的，这些数据源在数据访问层被摄入（参见图 2-1）。其他数据源可能也包括特定主题的结构化数据库、本体、分类和编目。

如果认知计算应用程序需要访问由其他系统创建或存储的高度结构化的数据，例如公共或专有数据库，另一个设计考虑是这些数据在初始时需要被导入多少。当系统发现更多的数据能够帮助其提供更好的答案时，决定是周期性地、持续地还是根据系统要求来更新数据也是同样重要的。

在很多领域，分类被用来体现感兴趣的元素之间的层级关系。例如，美国公认会计原则的分类法代表了在一个结构层级中的会计准则，这些准则体现了它们之间的关系。本体论类似于分类，但它通常代表着更加复杂的关系，例如美国精神病学协会的诊断和统计手册中症状和诊断标准间的映射关系。当一个领域中存在了这样一个普遍接受的分类或本体，导入这一结构和它的全部或部分数据可能会有帮助，而不是为同一数据创造新的结构。第五章“在分类学和本体论中表示知识”将更加详细地讨论分类和本体的角色。

在认知系统的设计阶段，一个关键的考虑是，当某个域没有现有的分类或本体时，是否要为其构建一个。具有这样一个结构可能简化系统的操作并且使其更加高效。然而，如果需要设计者来确保分类或本体是完整的并且能够被更新，与之相比更有效的方法是使系统能够持续地评估域内元素间的关系，而不是由设计者来将其嵌入到硬编码结构中。

数据结构的选择会极大地影响系统执行重复任务的性能，例如生成和评定假设的知识检索。因此，建议在交付到具体结构之前，在设计阶段先对典型的工作进行建模或仿真。数据目录，包含诸如语义信息或指针之类的元数据，可能被用来更加有效地管理基础数据。数据目录是一个抽象概念，它更加简洁，并且操作它比操作它所表示的更大的数据库通常会更加快速。

在示例和图表中，当提到语料库时，应当注意，这些都可以被集成到一个单一的语料库中去，如果这样做能够帮助简化系统逻辑或者改善性能。类似于一个系统可以被定义为更小的集成系统的集合，累积来自于一个语料库的数据将带来一个单一的新语料库。维护单独的语料库通常是出于性能原因的考虑，就像在数据库中将表格进行标准化以方便查询，而不是试图将表格组合成一个单一的、更加复杂的结构。

语料库的管理和安全考虑

数据源和数据的流动将受到日益严格的监管，特别是个人身份信息。针对保护性、安全和合规性的数据政策的一些基本问题是所有应用所共有的，但是认知计算应用学习和获得的新数据或知识也可能受到逐渐发展的州、联邦和国际立法的影响。

当最初的语料库得到开发后，很有可能会出现大量的数据通过提取—转换—加载（ETL）工具导入到其中。这些工具可能具有风险管理、安全和监管的特性，以帮助用户防止数据滥用，或者在数据源包含敏感数据时提供指导。但这些工具的使用并不能免除开发者要确保数据和数据元符合适用的规则和条例的责任。当认知计算系统更新语料库时，受保护的数据也可能会被导入（例如个人识别码）或生成（例如医疗诊断）。设计良好的语料库管理需要包括设计一个计划来监测一些相关的政策，这些政策会影响到语料库中的数据。下一节中将介绍的数据访问层工具必须配合或嵌入合规的政策和程序，以确保输入或得到的数据和数据元合规。这包括各种部署模式的相关考虑，例如云计算，它能够跨越国界分发数据。

2.3 输入数据到认知系统

与众多传统的系统不同，导入到语料库的数据不是静态的。你可能需要建立一个知识库，它将充分地定义你的域空间。你开始用你认为重要的数据来填充这个知识库。当你逐渐开发认知系统中的模型时，你将细化语料库。因此，你将不断地添加和转换数据源，并且基于模型升级和不断学习来完善和清理这些数据源。下一节将讨论如何使用组织内部和外部的数据源来建立语料库。

2.3.1 利用内部与外部数据源

大多数的组织已经从他们的交易系统和业务应用中获得海量的结构化数据，同时从表格和注释的文本中获取了一些非结构化数据，并且还可能从文档或企业视频源中获得图像。虽然一些公司正在开发应用程序来监测外部数据源，例如新闻和社交媒体源，但许多 IT 组织还不具备精良的装备来利用这些数据源并将它们与内部数据源进行整合。大多数的认知计算系统将会为某些特定的域而开发，这些域要求不间断地访问来自外部的综合数据。

就像人类学习辨认正确的外部源——如报纸、网络新闻和网络上的社交媒体——来支持决策一样，认知计算系统通常需要访问各种各样经常性更新的数据源来保持对它所运作的域的了解。此外，如同专业人士需要将来自于这些外部数据源的新闻或数据与自身的经验进行平衡，认知系统必须学习权衡外部的证据，同时随着时间的推移逐渐发展对这些源和内容的信任。例如，有着心理学相关文章的流行杂志可能是一种宝贵的资源，但是如果它包含了一些与同一主题的期刊文章相冲突的内容，系统必须知道应当如何权衡这些对立的立场。所有可能有用的数据都应该被考虑和纳入。然而，这并不意味着所有的数据都具有相同的价值。

例如，在医疗领域，电子病历（EMR）能够提供有价值的源信息。虽然个人对自己的记忆并不总是准确的，但数据库整合了广泛的电子病历信息和病例资料，它可能包含一些关于将病症与疾病相对应起来的信息，如果医生或研究人员只能够接触到来自于自己的实践或机构的记录，这些疾病就有可能被忽视。在电信领域，公司可能想要使用认知系统来预测机器故障，这一预测基于一些内部因素，例如流量和使用模式；同时也基于一些外部因素，例如可能引起过载和物理伤害的恶劣天气。在第 12 章“智慧城市：政府管理中的认知计算”中，你将看到更多关于整合内部与外部数据源的例子。在设计阶段要记住的重要的事情是，根据经验，认知计算系统应该能够识别并要求外部源提供额外的数据，如果这些数据能够促使它做出更好的决定或建议。在适当的时间确定正确的数据来做出决定总是会有困难的，但是有了认知计算系统，获取更多数据的请求都将基于即时的需求。

2.3.2　数据访问和特征提取服务

图 2-1 所示的数据访问层描绘了认知计算系统和外界之间的主要接口，任何从外部源导入的数据都必须经过这一层的处理。认知计算系统可能使用各种各样形式的外部数据源，例如自然语言文本、视频图像、音频文件、传感器数据以及供机器处理的高度结构化的数据。与人类学习相对应，这一层代表了感官。特征提取层需要完成两个任务：第一，它必须识别需要分析的相关数据；第二，它必须将数据抽象以支持机器学习。

数据访问层是独立展示的，但它与特征提取层密切相关，一些数据在准备输入到适合某特定域的语料库中之前，必须先被捕获然后进行分析或精炼。任何被认为是非结构化的数据——从视频和图像到自然语言文本，都必须在这一层中进行处理以分析基础结构。特征提取和深度学习涉及到一个技术的集合——主要是统计算法，它被用来将数据转换为以一种更加抽象的形式来捕捉本质特征，这种形式能够被机器学习算法处理。例如图像数据通常使用的稀疏二进制表示法，它能够捕捉到单个像素的数据，但不能直接表示图像中的基本对象。在基本结构被确认并且以一种有意义的方式展示出来之前，一幅关于猫的数字图像或扫描图像对于兽医或放射认知计算系统来说都是没有用处的。同样地，只有当其含义被自然语言处理系统（NLP 在第 3 章“自然语言处理支持下的认知系统”中进行了详细介绍）挖掘之后，非结构化的文本才会变成认知系统的有用输入。

虽然这些层显示为一个简单的输入和提炼数据的过程，但需要注意的是，随着时间的推移，外部源依据其在假设生成和评定中的价值将可能被添加或删除。例如，医疗诊断系统可能会增加一个关于病例文件的新的外部源，也可能会删除一个日志，如果这个日志提供了不可靠的证据。对于那些在监管行业提供证据以支持假设的认知系统，数据访问层的进程或语料库的管理服务都必须维护一个日志或其他状态数据，以便审计人员在任何时间点都能了解到目前的情况，这是很重要的，例如在从业者采纳了认知系统给出的建议之后导致了损害的时候（损害可能是从医疗误诊到会计师的不良建议等多类型的）。

2.3.3 分析服务

分析是指一个技术的集合，这些技术被用来在一个数据集中查找和报告本质特征或关系。通常，使用分析技术能够提供关于数据的深入见解，以指导一些行动或决定。一些封装算法，例如回归分析，在解决方案中都被广泛地使用。在认知系统中，统计软件包和商业组件库中有着广泛的标准化分析组件，可用于描述、预测和规范任务。认知系统中有着各种支持不同任务的工具（见图 2-1）。认知计算系统通常都有嵌入在机器学习周期算法中的额外的分析组件。第 6 章“应用于认知计算的高级分析方法”将详细地介绍相关的分析方法。

2.4 机器学习

无重复编程的持续学习是所有认知计算解决方案的核心。虽然用于获取、管理和学习数据的技术差别很大，但在核心上，大多数的系统都应用了由机器学习领域的研究人员开发的算法。机器学习是一门结合了计算机科学、统计学和心理学的学科。

2.4.1 在数据中发现模式

一个典型的机器学习算法能够在数据中发现模式，然后基于已发现的内容采取或建议一些行动。一个模式可能表示类似的结构（例如表征脸部的图像元素）、类似的值（一个值的集合，这些值类似于在另一个数据集中所发现的）或者是接近度（表征一个项目的抽象表示与另一个的接近程度）。接近度在模式识别或匹配中是一个重要的概念，当其抽象二进制表示具有相似特征时，两个表征现实世界中的事物或概念的数据串就是接近的。

认知计算系统使用基于推论统计的机器学习算法来检测或发现模式，以指导自己的行为。选择要采用的基本学习方式——模式的检测与发现，需要基于现有的数据以及需要解决的问题的性质。机器学习通常使用推论统计（预测的基础，而不是描述性的分析）技术。

接下来，我们看看两种机器学习的互补方法，它们以不同的方式使用模式：监督学习和无监督学习。决定何时为一个特定系统使用这些方法中的一个或者两个取决于可用数据的属性以及系统目标。

为一个认知计算应用程序选择正确的机器学习算法从以下问题开始。

- 是否存在一个数据源以及数据元素间的关联来解决我的问题？
- 我是否了解我的数据中包含的模式类别？
- 我能否给出示例展示我将如何识别和利用这些模式？

当所有这些问题都有肯定的回答之后，你就有了一个很好的监督学习系统的候选。

2.4.2 监督学习

监督学习指的是一种教系统在数据中检测或匹配模式的方法，这种检测或匹配基于系统在使用样本数据进行训练的过程中遇到的示例。训练数据必须包括模式类型或系统将要处理的问题—答案对的示例。通过示例或建模来学习是一种强大教导技术，它可以被用于训练系统处理复杂的问题。在系统运行之后，监督学习系统还会使用自己的经验来改善其模式以匹配任务的性能。

监督学习可以和用来预测输出或结果的数据一起使用。监督学习需要一个外部系统——开发人员或用户，这个外部系统需要评估或创建一个数据集来表示系统运行中将遇到的数据域。

在监督学习中，算法的工作是建立输入与输出之间的映射关系。监督学习模型需要处理足够的数据以获得所需的验证水平，这通常被表示为测试数据集的准确性。训练数据和独立的测试数据都需要能够代表系统运行中将遇到的数据的类型。在开始时，起点通常包括有噪数据（含有大量无关细节的数据），但在训练的时候有噪数据能够被筛选。训练数据必须足够多，以便从假设类中选出周密的假设。使用监督数据实现这一目标要求有良好的优化方法来从训练数据中找到正确的假设。偏差和假设总是反映在一个可能影响到系统性能的训练数据集中。当话题或响应偏移了由原先的假设所创造的模型的时候，就可能需要重新训练系统了。

监督学习的主要应用是在解决分类或回归问题的系统中，人工解决这些问题需要人员依据经验或证据来识别模式，然后确认出一个或多个答案，这些答案要满足问题的所有约束条件（分类问题）或能够填写预期值（回归问题）。有经验的人员能够很好地处理这一工作，例如从一个旅行社为常客找到合适的假期安排，到一个房地产经纪人预测房子的售价。在认知计算中使用监督学习系统的好处是，它们可操作远大于人类可处理的数据集，因此它们不仅更加高效，还比有足够经验的人更加有效。学习过程开始于一个既定的数据集和对如何组织数据的理解，包括问题和答案的属性之间的关系，接着进行归纳学习，从具体的例子中进行概括。因此，对于监督学习，开发者需要从一个模型开始，这个模型的参数是从用于训练的数据集中获得的。

在分类系统中，目标是要找到一组对象和一个离散的解决方案之间的匹配关系。例如，在认知旅行应用程序中，了解旅客的愿望并且提供旅行的相关意见和建议是很有必要的，随后匹配算法将会逐渐将这些特点与来自许多其他旅行要求的数据进行比较。这一算法可能要考虑旅客是回头客还是第一次登录的顾客，通过一个提问和回答的过程，系统能够开始了解旅客是谁以及这名旅客将会对什么类型的产品感兴趣。因此，系统需要确认人员的相关属性，以便它缩小可能的响应集。

随着时间的推移，系统从庞大的用户群中增加越来越多的数据。学习过程能够处理更多的模式，并且建立起连接和语境。例如，算法能够洞察到不同类别或集群的旅客和其偏好之间的关系。语料库中所包含的数据源越多，学习系统就能够越好地提供满足旅客需求的选项建议。

与分类问题相反，回归问题需要系统确定一个连续变量的值，例如价格。系统必须依据具有已知答案的相似数据来确定值。例如，使用关于在一个地理区域内汽车销售的数据，包括制造商、型号、里程和条件，能够通过简单的回归分析找到近似匹配，以提供一个关于某特定汽车销售价格的估计，这是一个典型的预测分析问题。监督学习系统能够被设定，以寻找与价格相关的额外属性，并且当它从更多的数据经验中学习的时候，它将能够提供更加精确的答案。

2.4.3 强化学习

强化学习是监督学习的一种特殊实例。在强化学习中，认知计算系统接收关于自身性能的反馈，以指导自己达成目标或获得良好的输出结果。然而，与其他监督学习方式不同，强化学习不使用样本数据来明确地训练系统。在强化学习中，系统基于试验或错误来采取下一步行动。一些典型的强化学习应用程序包括机器人和游戏比赛。机器学习算法评定策略或行动的良好性或有效性，并且增强其中最有效的行动。一系列的成功决策带来强化的效果，这能够帮助系统产生一个策略来最佳匹配当前被处理的问题。

当系统必须执行一系列任务，并且其中的变量数目使得创建典型数据集难度过大的时候，在认知计算中采用强化学习是最佳的选择。例如，强化会使用在机器人技术或自动驾驶汽车中。学习算法必须发现增强和一系列导致增强的事件之间的关联。然后算法将尝试最优化未来的行动，以保持在一个增强的状态。虽然我们能够通过赞赏或者使用食物甚至是现金来对动物进行奖励，但在机器学习环境中，这一功能是数值型的或逻辑型的。

2.4.4 无监督学习

无监督学习是指使用推论统计建模算法来发现而不是检测数据模式或相似性的机器学习方式。一个无监督学习的系统可以识别新的模式，而不是试图匹配它在训练过程中遇到的模式集。不同于监督学习，无监督学习仅基于数据经验，不依赖于使用样本数据的训练。无监督学习要求系统通过分析一些属性，例如发生频率、上下文（如已经被了解的或者已经发生的）以及接近度，来发现哪些数据元素或结构之间的关系是重要的。

当专家或用户无法提供典型关系的示例或问题—答案对作为训练系统的指导时，无监督学习对认知计算系统来说是最好的方式。这可能是因为数据的复杂性，有过多的变量需要考虑，或者是数据的结构是未知的（例如从监视摄像机中评估图像以检测某个或某些人的行为与其他人群不同）。系统首先要确认活动者，然后确认他们的行为，之后发现异常。

当新模式出现的速度快于人类识别它们的速度时，定期的训练将无法实现，这时无监督学习也是一种合适的方式。例如，一个分析网络威胁的认知计算系统必须能够识别可能指示攻击或之前未出现过的漏洞的异常。通过比较网络的当前状态和历史数据，无监督学习的系统能够寻找变化或之前未出现过的状态，以及可疑活动的标志。如果这一活动是良性的，那么系统在将来再次遇到它的时候，就可以从经验中进行学习，而不是标记那种状态。

从本质上来说，在无监督学习中，你将从庞大的数据开始着手，并且不存在关于可能发现的模式、关系或关联的先入为主的概念。在无监督学习中，你预计数据将通过统计分析显示出模式或异常。因此，无监督学习的目标是在没有明确的训练模式的时候，在数据中发现模式。这种类型的学习要求复杂的数学运算，并且通常要求使用聚类（例如数据元素的聚集）以及隐马尔可夫模型（发现出现在一段时空的模式，例如语音）。无监督学习典型地运用于诸如视觉分析、成像以及基因或蛋白质测序的生物信息学领域。

不同于监督学习，在无监督学习中，训练数据和测试数据之间没有区别，并且也不存在包含一些能够在新测试数据中发现模式的特定训练数据。

利用无监督的发现来驱动监督学习

对于某些领域，同时使用监督和无监督学习元件的混合方法是最有效的方式。当一个无监督学习系统检测到感兴趣的模式时，关于模式内的关联或关系的知识就可以被用于为一个监督学习系统构建训练数据。例如，在零售系统中，可以检测到价格和利润之间的利益关系的元件也可以用来发现关系，这一关系将被用于训练向顾客推荐商品的监督学习系统。对于零售商来说，将这两个系统相结合能够形成一个关于零售知识的良性循环，其中每一个系统都能够逐渐地改善另一个的性能。

2.5 假设的生成与评定

科学中的假设是一个可测试的声明，它基于解释一些观察到的现象或域内元素间关系的证据。这里的关键概念是，一个假设要有一些支持证据或知识，以使得它成为一个关于某一因果关系的合理解释，它不是一个猜测。当科学家生成一个假设作为某一问题的答案时，它必须以一种能够被测试的方式完成。这一假设实际上要预测实验的结果。支持这一假设的某一实验或一系列实验增强了对使用这一假设解释现象的能力的信心。这在概念上类似于一个逻辑上的假设，通常被表示为“若 P 则 Q”，其中“P”是假设，“Q”是结论。

在自然科学中，我们进行实验以测试假设。使用形式逻辑，我们可以证明一个结论遵循（或者不遵循）某一假设。在认知计算系统中，我们寻找证据——经验和数据或数据元素间的关系，以支持或反驳假设。如果一个认知计算假设可以被表示为一个逻辑推理，那么它或许能用机器定理证明算法来进行测试。然而，通常认知计算应用程序解决域内问题时的支持数据并不是非常结构化的。这些领域，例如医药和金融，有着丰富的更加适合统计方法的支撑数据，就像在科学实验设计中使用的数据。

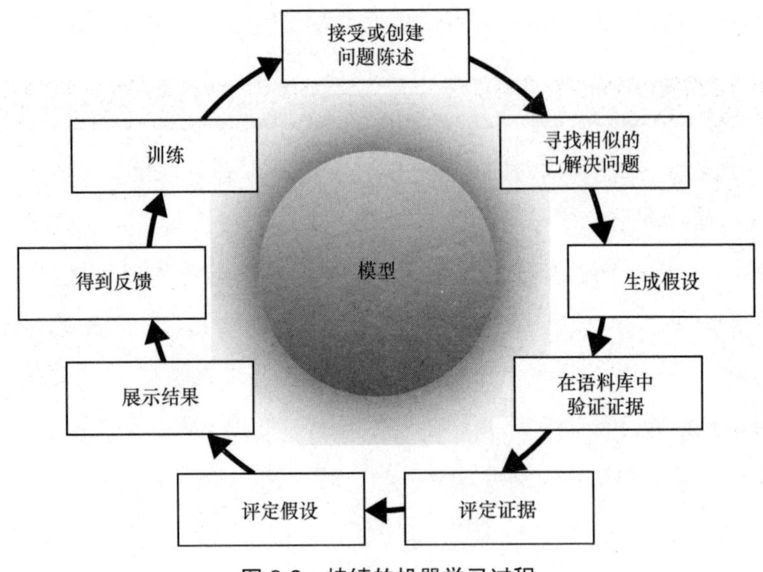

图 2-2　持续的机器学习过程

图 2-2 展示了一个假设生成和评定的良性循环过程，在这里，多元“假设”表示认知系统可在给定的时间，基于语料库中数据的状态来生成多个假设。通常，这些假设可以被并行评估和评定。例如，在一个如 IBM 沃森（Watson）的系统中，一个周期内可生成 100 个独立的假设，每一个假设可能被分配一个独立的线程或核心来进行评定。这使得系统能够使用并行硬件结构，并且优化并行工作负载。当然，从概念上说，系统能够相继地生成和评定所有假设。沃森系统的并行架构和工作负载设计将在第 9 章“IBM 沃森（Watson）——一个认知系统”进行详细介绍。

2.5.1　假设生成

关于科学方法的讨论表明，假设被用来回答一个关于某一现象的问题，它基于一些能够使自身合理化的证据。实验过程被设计来测试假设是否适用于一般的情况，而不是仅适用于生成该假设的证据情况。在一个典型的认知计算系统中，有两个生成假设的关键方式。第一种方式是，响应用户的明确问题，例如“什么会引起我高烧 102 ℉（约合 38.9℃）和咽喉疼痛？”

在这种情况下，认知计算应用程序必须寻找合理的解释。例如，它可以从展示所有可能的情况开始，在这些情况下你也许会有这些症状（每一个情况都是一个能够解释这些症状的候选假设）。或者，它可能会意识到存在太多有用的答案了，于是请求用户提供更多的信息来细化可能的原因集合。当目标是在一个有已知原因集和已知效果集的域内检测因果关系，但存在太多的组合以至于人类无法完成匹配所有的原因和效果时，这种生成假设的方法是经常被使用的。通常情况下，对这种类型的认知计算系统的训练是使用一系列广泛的问题—答案对。生成假设的过程是生成候选假设的过程之一，这些候选假设对于用户的问题来说，显示了一种类似于训练数据集中已知正确的问题—答案对之间的关系。

第二种类型的假设生成方式不依赖于用户的明确问题。相反地，系统持续地寻找异常的数据模式，这些数据模式可能表明威胁或者机会。检测新模式的方式是基于数据的性质来创建假设的。例如，如果系统正在监测用来检测威胁的网络传感器，一个新的模式可能会创建一个假设——这种新模式是一种威胁，随后系统必须找到证据来支持或反驳这一假设。如果系统监测实时的股票交易，一个关于购买行为的新模式就可能表明一个机会。在这些系统中，生成的假设的类型取决于系统设计者的假设，而不取决于用户的操作。在这两种类型的应用程序中，系统都基于事件来产生一个或多个假设，但在第一种情况下，该事件是用户的一个问题；而在第二种情况下，它是由数据本身的变化来驱动的。

2.5.2　假设评定

此时，你已经了解了认知计算系统如何为一个问题域建立相关数据的语料库。随后，为了响应一个用户的问题或者数据的变化，系统生成一个或多个假设来回答用户的问题或解释一个新的数据模式。

下一步是基于语料库中的证据来评估或评定这些假设，然后更新语料库，并且向用户或者另一个外部系统报告结果。在假设评定的过程中，假设的表示将会与语料库中的数据进行比较，以发现有什么存在的证据能够支持这一假设，以及有什么证据可能会反驳这一假设（或者排除它作为一个有效的可能解）。事实上，评定或评估假设是一个将统计方法应用到假设—证据对，以对假设分配一个置信水平的过程。分配到每一条支持证据上的实际权重都能够依据系统经验和训练以及操作阶段中的反馈来进行调整。如果没有任一假设的评分高于预定阈值，那么系统可能会要求更多的证据（例如一个新的验血诊断），这一信息将能够改变假设的置信水平。用于模式匹配目的的测量两个数据元素或结构之间接近度的技术，例如两个假设—证据对之间的配合度，通常依赖于一个二进制向量表示法（例如稀疏分布表示法［SDR］），这种表示能够通过使用矩阵和现成的工具来操作。

在用户对答案满意或系统已评估完所有选项之前，这一生成或评定的循环可能将持续进行。下一节将在实践中展示机器学习算法如何引导这一循环过程。需要记住的是，虽然系统是基于证据来生成和评定假设的，但在大多数情况下，用户实际上提供了关于答案的反馈，这可被视为是评定过程。这种用户和系统之间的持续交互为人类和机器提供了一个学习的良性循环过程。

2.6 呈现和可视化服务

当认知计算系统进入到假设生成和评定的循环时，它可能会为用户产生新的答案或候选答案。在一些情况下，用户可能需要提供额外的信息。系统如何呈现这些结果或问题将在两方面对系统的可用性产生重要的影响。第一，当提供数据支持一个诸如医疗诊断或推荐的假期计划这样的假设的时候，系统应当以一种能够传达最大意义、同时对用户来说最不费解的方式呈现结果，并且用相关证据来支持这一结果。第二，当系统要求额外的信息来改善其对一个或多个假设的置信水平的时候，用户必须以简洁和明确的方式呈现数据。可视化工具的一般优点是，它们能够图形化地描述数据元素之间的关系，使用集中注意趋势和抽象的方式，而不是迫使用户在原始数据中去寻找这些模式。

以下是可用于实现这些目标的三种主要类型的服务。

- 叙事性解决方案，它使用自然语言生成技术，用自然语言来讲述一个关于数据的故事或总结发现。这对于汇报有关证据的发现和解释来说是一种合适的方法，这些证据被用于得出一个结论或问题。
- 可视化服务以非文本的形式来呈现数据，包括：

-图形，从简单的图表和图形到呈现数据关系的多维表示法；
-图像，从要呈现的数据中挑选而来或从一个基本表示中产生（例如，如果特征提取检测到一个“脸部”对象，那么可视化服务可以从标准特征库中产生“脸”或者一个象形文字）；
-用手势或者设计来传达意思或情绪的数据动画。

- 报告服务，指的是产生结构化输出的函数，例如数据库记录，这些输出可能是适合人类和机器的。

一些数据可能自然地只会被这些选项中的一个所使用，但系统往往可能会以多种格式来传达同样的信息。使用哪一个工具或格式最终应该由用户来决定。但是，随着系统在持续的交互过程中基于用户的选择学习到用户偏好，它就可以将最常用的请求格式作为对各个用户的默认设置。

基础构造

图 2-1 中的基础构造及部署模式层代表了认知计算应用中的硬件、网络和存储基础。如同在第 14 章“认知计算的未来应用”中关于新兴的神经形态硬件结构的讨论所指出的那样，在未来 10 年中构建的大多数的认知计算系统都将主要使用传统的硬件。关于认知计算结构的两个主要的设计考虑如下。

- **分布式数据管理**——对于所有最小的应用程序，认知计算系统能够从工具中获益，以利用分布式外部数据资源，并且分散其业务工作负载。要想对持续地从外部源摄取数据的这一过程进行管理，要求有一个稳健的基础结构，它能够有效地输入大量的数据。基于不同的域，这可能是一个结构化数据与非结构化数据的结合，它可用于批处理或流摄取。现今，云端优先的数据管理方式是被推荐的可提供最大灵活性和可扩展性的方式。
- **并行**——假设生成和评定的基本认知计算周期可极大地受益于一个能够并行生成或评定多个假设的软件结构，但性能最终还是取决于合适的硬件。将每一个独立的假设分配到一个独立的线程或核心，在大多数情况下，要求在语料库扩展和假设数量增加的时候依然具有一个可接受的性能。虽然，在系统的学习过程中能够有性能的改善，但语料库中数据扩展的速率通常会超过这一性能改善的速率。这对选择利用额外处理器支持相对无缝扩展的硬件结构提出了强烈的要求。

2.7 总结

设计一个认知系统需要将很多不同的元素组合在一起，这要从建立数据的语料库开始。创建一个提供人机接口的系统意味着系统必须能够通过一个迭代的过程来从数据中学习并进行人机交互。系统必须使用户既能通过语言又能通过可视化接口来与系统进行交互。

第3章 自然语言处理支持下的认知系统

区分认知系统和其他数据驱动技术其中的一个方面就是根据所问问题的上下文管理、理解和分析非结构化数据的能力。在许多组织中，多达80%收集并存储的数据是非结构化的。为了做出正确的决定，这些文档、报告、电子邮件、语音录音或图像以及视频必须被理解和分析，以便做出好的决策。例如，在医学期刊上，每年有成千上万能提供新治疗方案的文章发表。在零售市场，数十亿的社交媒体对话是未来趋势的主要指标。能够在各种各样的领域产生影响的重要信息被埋没在语音和视频记录中。与依赖模式添加上下文数据和意义的结构化数据库数据不同，非结构化信息必须解析和标记以找到有意义的元素。识别单词含义过程的工具包括分类、主题词表（thesauri）、本体论、标签、目录、字典和语言模型。

在认知系统中，开发人员需要生成和测试假设，提供备选答案或相关置信水平的见解。通常情况下，应用在认知系统内的知识本身是基于文本的。在这种情况下，自然语言处理（Natural Language Processing，NLP）技术会解释大量自然语言元素之间的关系。

大量非结构化内容的可用性对创造一个有意义的信息模型来支持持续学习是至关重要的。记住，如第2章“认知系统的设计原则”讨论的，并不是所有的非结构化数据都是文本。在某些认知计算系统中支持图片、视频、演讲和传感器数据的是一个需求，这取决于数据将如何被使用。虽然本章的重点是使用NLP技术支持持续学习生命周期，但其他不基于文本管理和处理信息的方法亦正在兴起。

3.1 自然语言处理在认知系统中的角色

NLP 是一组从文本中提取意义的技术。这些技术通过识别语法规则——一种语言中可预测的模式，确定一个单词、短语、句子或文档的含义。它们和人一样，依赖字典、同时出现的单词（co-occurring words）的重复模式和其他上下文线索来确定意义可能是什么。NLP 使用相同的规则和模式来推断文本文档中的意义。更进一步地，这些技术可以识别和提取元素的意义，甚至在文档中也可以通过适当的名称、位置、动作或事件来找到它们之间的关系。这些技术还可以应用于文本数据库中，例如在大客户数据库中，这些技术已经使用了十多年，用于找到重复的名称和地址或者分析一个评论或成因。

3.1.1 上下文的重要性

NLP 的任务是将语料库的非结构化信息内容转化为有意义的知识库。语言分析分解文本以提供语意。文本必须转换，因此用户可以提出问题，并且从知识库得到有意义的答案。无论是结构化的数据库、查询引擎，还是知识库，任何系统都需要技术和工具使用户能够解释数据。数据理解的关键是信息的质量。有了 NLP，解释数据和文字之间的关系就成为可能。确定保存哪些信息和如何寻找结构信息的模式来提取意义和上下文是很重要的。

NLP 使认知系统能够从文本中提取意义。短语、句子或复杂的完整文档提供上下文，这样你就可以了解一个词或术语的含义。这种上下文对评估基于文本的数据的真正意义是至关重要的。模式和文本中的单词和短语之间的关系需要被确定，以便了解沟通的实际意义和意图。当人类阅读或听自然语言文本时，他们会自动找到这些模式，通过单词之间的联系来确定意义和理解情绪。语言中有大量的歧义，而且很多单词可以有多个含义，这取决于正在讨论的主题或一个词是如何结合其他单词、短语、句子或段落的。当人类交流信息时，就存在上下文的假设。

例如，假设一名卡车司机想用认知系统计划一次行程。他显然需要知道最好的行车路线。然而，如果他可以获知行车时的天气预报就更好了；他还需要预测应该避免的一切重大施工项目；如果能了解哪些路线禁止重量超过 10 吨的卡车通过也会有帮助。卡车司机可能会收集这些问题的答案。然而，这需要他访问多个系统，搜索不同的数据库，提出有针对性的问题。甚至当卡车司机找到所有问题的答案时，它们也不是关联在一起的，并不会根据他的要求在一个特定的时间点提供最佳的行车路线。同一名卡车司机在两周后会有完全不同的问题。这次卡车司机交付货物后可能要计划回程，他还想要在回程计划中安排一个假期。信息接收者（卡车司机）需要将他收集的碎片化信息带入上下文中理解。

现在看看肺癌专家查看核磁共振结果的例子。尽管一些核磁共振成像能够为问题提供精确的诊断信息，但仍然存在很多盲区。专家可能想要比较其他具有类似情况的病人的 MRI 结果。专家治疗肺癌患者多年，对最适当的治疗有一定的假设。然而，一名专家不可能了解所有技术期刊讨论的最新研究和新的治疗方法。专家需要查询认知系统寻找出现在几个核磁共振成像的异常。她可能想要深入提问，看看其他专家治疗相同类型肺癌的经验。她可能想寻找证据，并与认知系统进行一次对话，来理解上下文和关系。

这两个例子都指出从文本和语言获得见解的复杂性。书面文本通常不包括帮助读者理解文本上下文的历史、定义和其他背景信息。文本的读者利用自己的经验水平来帮助理解意义。因此，人类使用他们对世界的理解制造连接以填充上下文。当然，根据文本所需的知识和技能水平，一些文本在没有额外的信息或训练的情况下可能无法被理解。NLP 工具依靠语言规则来确定意义和提取元素。当在认知系统的背景下结合 NLP 工具，这些工具必须与一个数据定义为动态的系统一同工作。这意味着系统被设计用于从例子或模式中学习，因此，必须在上下文的基础上解读语言。

一个 NLP 系统开始于字母、单词和一些有助于定义单词是什么意思的预定义知识存储或字典。一个词本身缺乏上下文信息。NLP 通过先看这个词的左边和右边，识别动词短语、名词和其他词类，构建对上下文理解的层次。为了建立理解的层次，NLP 可以提取能够回答以下问题的元素的意义。

- 是否有一个日期？文本是什么时候生成的？
- 谁在说话？
- 文本里是否有代词？它们指的是谁或什么？
- 文本中有引用其他文件吗？
- 前一个段落是否有重要的信息？
- 有引用的时间和地点吗？
- 谁或什么在行动？对谁或什么起作用？

实体（人、地点以及物）彼此之间的关系是什么（通常用动词表明）？区分及物动词的发起者和接受者是很重要的（例如，是谁在打和是谁被打）。

理解上下文词义的过程有很多层。各种各样的技术可以用于理解上下文词义，比如从文档中提取的信息中构建特征向量。统计工具有助于信息检索和提取。这些工具可以帮助注释和标注适当引用的文本（也就是说，为文本中一个重要的人分配一个名称）。当你有足够的注释文本时，机器学习算法可以确保为新文档自动分配正确的注释。

3.1.2 根据含义关联词语

人类交流的本质是复杂的。人类总是通过转换语言的方式来传递信息。两个人可以使用相同的单词，甚至相同的句子，但却表达着不同的意思。我们通过夸大事实和处理字符来解释意义。因此，自己的话是什么意思，以及它们在句子中所表达的意思几乎不可能有绝对的规则。我们要理解语言，就必须了解单词在个别句子中以及在之前和之后的那些句子中如何使用。我们需要解析意义以得到明确的理解。建立上下文不是一项容易的任务，因此个体提问、寻找答案、获得见解是有意义的。

自然语言处理的历史

实现转换语言技术的需求已经存在了几十年。事实上，一些历史学家相信，第一次从一种语言自动翻译到另一种的尝试发生在17世纪。从20

世纪 40 年代到 20 世纪 60 年代末，NLP 领域大部分工作的目标是机器翻译，即人类语言之间的翻译。然而，这些成果发现了一系列不能被解决的复杂问题，包括语法和语义处理。那些年里，翻译的主要技术是通过使用字典查找单词，将文本翻译成另一种语言——这是一个缓慢而乏味的过程。这个问题引导计算机科学家设计新的注重发展语法和语法解析器的工具和技术。20 世纪 80 年代出现了更加实用的工具的革命，例如允许系统不仅更好地理解单词，而且理解这句话的背景和意义的语法解析器的诞生。在 20 世纪 80 年代期间发展起来的最重要的话题是语义消歧的概念、概率网络和统计算法的使用。本质上，这个时期见证了从一个自然语言的机械方法向计算和语义主题方法过渡的开始。在过去的二十年中，NLP 一直趋向于语言工程。这种变化与此时网络的发展和文本数量的扩张以及口头语言工具是一致的。

3.1.3 理解语言学

自然语言处理是一个将统计和自然语言规则建模应用于自动化解释语言意义的交叉学科领域。因此，重点是确定发现在一种语言或子语言（与特定的领域或市场相关）中潜在的语法和语义模式。例如，不同的专业领域，如医学或法律，以专业方式使用常用词汇。因此，一个词的上下文的确定不仅仅是通过了解它在一个句子中的意思，有时还通过理解它是否被使用在一个特定的领域中。例如，在旅游行业，“fall”这个词表示的是一年中的一个季节（秋季）；而在医学背景中，它指一个病人的死亡。NLP 不仅看领域，还看每个领域对应于我们的语言理解水平的意义。

3.1.4 语言识别和标记

在一切分析文本中，第一个过程都是确定文本是用哪种语言写的，然后将字符串分解成字符（断词）。很多语言的单词在空间上不是单独的，因此第一步是必要的。

3.1.5 音韵学

音韵学研究语言的物理声音及这些声音在特定的语言中是如何发出的。这个领域对语音辨识和语音分析合成非常重要，但对翻译书面文本并不重要。然而，举个例子，理解一个视频的音轨，或者客户服务中心的记录，不仅词语的发音是重要的（例如英式英语和美国南部的口音），语调类型也很重要。一个生气的人的用词可能跟一个困惑的人是一样的，然而，语调的不同会传达情感的差异。当在认知系统中使用语音识别时，理解词语表达的细微差别和清晰度或重点传达的意义是非常重要的。

3.1.6 词态学

词态学指的是一个词的结构。词态学给了我们一个词的词干及其附加元素的意义。它是单数还是复数？动词是第一人称的、未来时态的还是条件式的？这要求单词能够被分割成被称为语素的有助于理解意义的段。这在认知计算里尤其重要，因为人类的语言是确定问题答案的方法，而不是计算语言。语素在上下文中被识别和排列成类。语素包括前缀、后缀、中缀和环缀。举例来说，如果一个词以“non-”开头，它就有一个特定的否定意义。如果有人使用动词“come”，而不是与之对应的“came”，这在意义上就有很大的差异。前缀和后缀的不同组合可以产生意义千差万别的全新词汇。语态学同样广泛应用于演讲、语言翻译及图片诠释。尽管很多词典都被用于在各种各样的语言中为不同结构的单词提供解释，但使这些解释完全完整是永远不可能的事（每一种人类语言都有它自己独一无二的语境和细微差别）。例如在英语这门语言中，规则经常被违反，每天都有新的单词和表达被创造。

这个解释意义的过程借助于包含在词典或知识库里的单词，和基于一个特定语言的语法的规则。例如，通过一种被称为“词性标注”或“标记”的方法，压缩某些特定的具有确定意义的词是可能的。这在特定行业或学科里可能是特别重要的。例如，在医学上，“血压”这个术语有一个特定的意义。然而，当单独使用血和压力这两个词时，它们可能具有不同的意义。同样的，如果你看一个人脸的基本组成，当每个组件独立时，它们可能不能提供你所需的信息。

3.1.7　词法分析

语言处理的上下文中的词法分析是一种连接每个单词及其相应的词典意义的技术。然而，由于很多单词有多个意义，这是复杂的。分析来自一种自然语言的一连串字符的过程需要一系列的令牌（一连串文本根据符号规则分类，例如一个数字或逗号）。专业的标签在词法分析里很重要。举个例子，一个 n 元标签使用一个简单的统计算法，来确定参考语料库中最频繁出现的标签。分析者（有时候称为词法分析程序）根据字符串的类型将字符分类。当分类已经完成、词法分析程序与分析语言的语法解析器结合时，总体意义便可以被理解。

词汇语法通常是一种字母表包含源代码文本单个字符的正规语言。短语语法通常是一种字母表包含词法分析程序产生的令牌的没有上下文的语言。词法分析对于预测最初无法被识别的词法功能很有用。例如，一个单词可能有多个意义，能够作为动词或名词使用，比如“run”。

3.1.8　语法和句法分析

语法是应用于管理语言中句子结构的规则和方法。处理自然语言的句法学和语义学的能力对于一个认知系统至关重要，因为根据正在被应用的主题来进行关于语言意义的推断是必要的。因此，尽管单词可能在谈话或书面文件中使用时具有普遍意义，但当单词在一个特定行业的上下文中使用时，它的意义可能完全不同。举个例子，“tissue”这个词根据它使用的上下文有不同的定义和理解。例如，在生物学中，“tissue”是指一组完成特定功能的生物细胞；然而，“tissue”（纸巾）同样还可以用来包装礼物或者擦鼻涕。甚至在一个领域的上下文中，仍然可能存在词义歧义。在医学上下文中，“tissue”可以表示皮肤组织或者擦鼻涕的纸。

句法分析帮助系统理解上下文的意义及这个词在句子中是如何使用的。语法分析是基于一组语法规则分析自然语言字符串的整体过程。在计算语言学中，语法分析指的是系统基于这些词之间的关系及在上下文中的使用方法分析字符串的方法。句法分析在自动问答过程中很重要。例如，假设你想要问"哪些书是在1800年之前由英国女作家写的？"句法分析在答案的准确性上会产生巨大的差异。在这个例子中，问题的主语是书，因此，答案应该是一个书的列表。然而，如果句法解析器假设英国女作家是主语，答案将是作者的列表，而不是她们写的书。

3.1.9 构式语法

尽管在语言学中有很多不同的语法方法，但构式语法已成为认知系统中一个重要的方法。当使用句法分析时，结果通常用一种以文本形式书写的语法表示。因此，翻译需要一个理解文本及其语义的语法模型。构式语法起源于认知取向的语言分析。它设法寻找表示结构和意义关系的最佳方法。因此，构式语法假设语言的知识是基于"形式和功能组合"的集合。"功能"侧包含一般理解是什么意义、内容或意图，它通常延续到语义学和语用学的传统领域。构式语法是首批着手寻找语义定义的深层结构，以及该结构是如何体现在语言结构中的方法之一。因此，每个结构都涉及语言分析的原则构建块，包括音韵学、词态学、句法、语义学、语用学、话语和韵律特征。

3.1.10 话语分析

自然语言处理最困难的一个方面就是创建一个模型，将语料库中或其他信息来源的数据汇集起来，从而产生一致性。如果意义、结构和目的不能够被理解，简单地从重要信息来源摄取大量的数据是不够的。基于上下文，某些断言可能是正确的或错误的。例如"人类吃动物"，但人类本身是动物，而且一般来说不会互相吃对方。然而，时间设置对于理解上下文是重要的。例如，在18世纪，吸烟被认为是对肺有益的。因此，如果有人提取来自那一段时间的消息源，可能会认为吸烟是一件好事。没有上下文就没有办法知道数据的前提是不是正确的。话语在认知计算中是相当重要的，因为它能帮助处理上下文中的复杂问题。当一个动词被使用时，理解与其相关的指代是重要的。对于特定领域内的数据来源，需要了解相关信息来源的一致性。例如，糖尿病和糖的摄入量之间的关系是什么？

糖尿病和高血压之间的关系是什么？系统需要建模寻找这些关系和上下文的类型。

话语分析的另一个应用是使用情绪分析来理解“顾客的声音”，从而确定顾客在网上表达真实感受和意图的能力。理解顾客问题的全局能力非常适合专注于自然语言处理的应用程序。这种类型的应用有助于将高度结构化和低结构化的用户信息聚合到一起，得到一个顾客对公司印象的完整的理解。顾客开心吗？顾客能否得到适当的支持？供应商是否看起来了解他的客户？

3.1.11 语用学

语用学是语言学的一个分支，它解决了认知计算的一个基本要求：即理解词汇使用的上下文的能力。一个文档、一篇文章，或者一本书写的时候会带有偏见或态度。例如，讨论马在 19 世纪的重要性的作者会与 2014 年讨论同一个话题的作者有不同的观点。政治上，两个文档可能讨论同一个话题而持有相反的观点。双方作者都可以基于一组事实提出他们各自引人注目的观点。没有理解作者的背景就不可能理解他们的观点的意义。语用学领域提供了推理来区分上下文以及正在述说的意义。在语用学中，文本中对话的结构会被分析和解读。

3.1.12 解决结构歧义的技巧

消歧是 NLP 中为解决语言歧义而使用的一项技术。这些技术绝大多数需要使用复杂的算法和机器学习技术。即使使用了这些先进的技术，但世事无绝对。解决歧义必须应对不确定性。我们不能拥有完全的准确性，相反，我们依赖的是最有可能是正确的概率。这在人类语言以及 NLP 中是正确的。例如这个句子“The train ran late（火车晚点）”，并不意味着火车可以“run”（跑），而是火车预计将比原定计划晚到达车站。这种表述几乎没有歧义，因为这是一个常用的短语。然而，其他短语很容易被误解。例如，看看这个句子，“The police officer caught the thief with a gun”。一种可能的理解是警察用一把枪逮捕了小偷；然而，也可以是小偷带有一把枪。有时候，意义的真相可能隐含在一个复杂的句子中。

由于认知计算是一种概率性方法而不是一种确定性方法，因此概率解析是消解歧义的一种方式并不足为奇。概率解析方法使用动态规划算法来确定一串句子或一个句子最准确的解释。

3.1.13 隐马尔可夫模型的重要性

处理图像和语言理解中最重要的一个统计模型就是马尔可夫模型。这些模型越来越多地成为理解图像、语音和视频里隐藏信息的基础。显然，要清晰理解隐藏在语言中的意义是复杂的。即使人类的大脑能够自动理解句子的真正含义可能是间接的这一事实，但如果照着句子字面意思读，比如“The cow jumped over the moon”（奶牛跃过了月亮），可能看起来是读不通的。然而，这句话来自一首儿歌，本来就是不现实且幼稚的。人类的大脑会思考这句话表达其字面意义的可能性。人类通过上下文语境理解内容，这可能会决定一个特定的解释。

系统翻译语言需要一组由马尔可夫在 20 世纪早期提出的演进的统计模型。马尔可夫宣称可以通过观察单词在文本中出现的频率和统计概率确定一个句子甚至一本书的意义。马尔可夫模型在 NLP 和认知计算中最重要的演化是隐马尔可夫模型。

隐马尔可夫模型的前提是，最新的数据会比遥远的过去告诉你更多关于你主题的内容，因为模型是基于概率的基础。隐马尔可夫模型因此有助于预测、过滤及梳理数据。隐马尔可夫模型（HMM）旨在解释基于概率的词或短语的“嘈杂”序列。换句话说，模型需要一组句子或句子片段来确定意义。使用 HMM 要求考虑数据的顺序。HMM 被用于很多不同的应用，包括语音识别、天气模式，或者根据机器人与目标的关系跟踪机器人的位置。因此，当你在一个噪声数据环境中需要确定数据点的准确位置时，HMM 将会非常重要。HMM 的应用允许用户对由概率模型支撑的数据序列进行建模。

在模型中，一个使用监督学习的算法将寻找重复的表示意义和各种可能影响意义的词或短语结构。马尔可夫模型假设词语序列的概率，帮助我们确定它们的意义。在隐马尔可夫模型中，有很多技术用于估计一个有特定意义的词语序列的概率。例如，有一种技术叫“最大似然估计”，由语料库正常化的内容决定。

隐马尔可夫模型的价值在于它们寻找句子或句子片段的潜在状态。因此，随着模型根据越来越多的数据进行训练，它们抽象出了结构和意义。生成意义和计算状态转换概率的能力是 HMM 模型的基础，对非结构化数据的认知理解非常重要。模型在它们学习和分析新数据源的能力下变得更加高效。虽然隐马尔可夫模型在理解句子含义中是最普遍的方法，但另一种被称为最大熵的方法则旨在通过词语的分布建立概率。为了创建模型，标记的训练数据被用来约束模型，这就对数据进行了分类。

有很多方法对于理解上下文的语料库以及在认知系统中的使用是很重要的。下一部分将解释一些当前正在使用的最重要的技巧。

3.1.14　语义消歧

你不仅必须理解本体论中的一个术语，理解那个词语的意义也是至关重要的。当一个单独的词语在不同的使用中有多个意义时，情况将会特别复杂。鉴于这种复杂性，研究人员已经使用了监督机器学习技术。分类器是一种组织元素或数据项、并将它们放在一个特定分类内的机器学习方法。根据使用的目的，分类器有不同的类型。例如，文档分类用于在你的分类中帮助确定文本中特定的段可能属于哪里。

分类器通常用于模式识别，因此有助于认知计算。当一组训练数据已经被充分理解，监督学习算法将会被应用。然而，在某些数据集合是巨大的而且不能被轻易辨认的情况下，非监督学习通常用于确定集群是在哪里发生的。对于所得结果的评分在这里很重要，因为模式必须要找出与解决的问题一一对应的关系。其他方法可能依赖于各种各样的字典或词汇知识库。这在有清晰的知识体系时是特别重要的，例如在健康科学中。有许多分类法和本体论定义疾病、治疗等。当这些要素被预定义后，它允许从信息到知识的解释，以支持决策。例如，在分子水平上、在疾病的发展上，以及在经大量测试的成功的治疗方法上，糖尿病具有众所周知的特征。

3.2　语义网

NLP 本身提供了一个在上下文中发现非结构化词语使用时的意义的复杂技术。然而，真正的认知需要语境和语义。本体论和分类学是语义学表达的方法。

实际上，将自然语言处理和语义网结合的能力使得公司能够更容易地将结构化和非结构化数据以比传统数据分析方法更复杂的方法结合起来。语义网提供了资源描述框架（RDF），它是万维网加工元数据（关于起源、结构的信息，以及数据的意义）使用的基本结构。资源描述框架是一种比典型搜索引擎更精确的寻找数据的方法。它提供了评估可用内容的能力。资源描述框架同样也提供了一种编码特定标准元数据以支持数据源之间互操作的语法，如 XML（可扩展标记语言）。这种模式被写在资源描述框架中，它的一个优点是，它提供了一组描述生成的 RDF 模式的属性和类。语义网有助于提供一种从结构化和非结构化的信息来源的组合中以一致的方式获取见解的认知方法。

3.3 将自然语言技术应用到商业问题

本章在前面提到两个专业人员需要从文本中和其他非结构化数据获得见解的例子。NLP 提供了一个使得人类能够与机器交互的重要工具。当我们处在认知计算的早期阶段时，有许多在特定的用途或市场的上下文中利用一些 NLP 功能的应用程序正在兴起。IBM 用《危机边缘》（Jeopardy！）游戏挑战演示了在被提问时回答问题是可能的。下一节将提供一些 NLP 技术通过理解上下文中的语言改变一些行业的例子。

3.3.1 改善购物体验

最成功的基于网络的购物网站是那些创造了令人满意的用户体验的网站。通常，客户到网站基于特定的需求寻找产品。典型的顾客使用搜索功能找到他们正在寻找的东西。用户可能会有特定的要求，“我想要买一件 12 码的不是由羊毛做成的，以及在不使用童工的国家制造的棕黑色毛衣。毛衣应在不超过 5 天的时间内送达，而且不需要运输费用”。尽管找到每个独立问题的答案是可能的，但它可能会要求用户问至少 6 个不同的问题。此外，一些问题，例如毛衣的制造商是否有使用童工的历史，可能需要提出一系列的问题。用户需要结合所有的答案来完成他们的交易。在认知语境中使用 NLP 文本分析工具，了解用户要求和创建一个对话框，提供一个积极的人类和机器之间的互动体验是可能的。通过评估单词的使用和使用的模式，客户可以得到满足。

3.3.2 利用物联网连接的世界

从汽车到高速公路和红绿灯，随着越来越多的设备配备有传感器，人类将有能力决定随着情况的变化采取什么行动。交通管理在很多大都市区是一个复杂的问题。如果城市管理者可以与基于传感器的系统交互，结合发生的非结构化数据事件（如公路汽车赛、音乐会和暴风雪），可以考虑备选的行动。一个交通管理员可能想要问在某些情况下什么时候改变行动路线的问题。如果这个管理员可以使用一个认知系统的 NLP 接口，结合上下文，从气象数据到交通流量，再到一个事件将要发生的时间，这些问题都可以得到回答。个人领域，诸如业务路由选择和天气预报，都会拥有它们各自的隐马尔科夫模型。在一个认知系统中，跨领域和模型将数据关联起来是可能的。将这个数据与一个解释文本数据的 NLP 引擎匹配，会带来显著的结果。NLP 问题和答案的接口可以帮助人类与这种复杂数据交互，并推荐下一个最佳动作或行动。

3.3.3 顾客的声音

公司理解它们的客户在说什么，以及这将如何影响它们与客户的关系的能力变得越来越重要了。公司理解客户态度使用的一项技术是情感分析。情感分析为了理解客户提供的文本评论，结合了文本分析、NLP 和计算语言学。举个例子，一个公司可以通过分析客户的情绪来预测一个部门销售新产品的情况。然而，客户不仅仅是一个业务单元的客户。许多客户会同时和一个公司的几个不同的业务部门做生意。创建一个跨业务单元的客户数据语料库，可以使客户服务代表理解所有与客户之间的交互。这些交互许多将存储在客户服务系统的注释中。同样的一批客户可能会在社交媒体的网站上发表评论，或发送电子邮件直接向公司抱怨问题。要理解顾客使用语言的微妙，才能明确理解客户意图。

如果客户是讽刺意图或在句子结尾使用“不”这个词，它是不容易翻译的。如语义消歧一类的技术可用于分解一个句子的单词，然后提供单词在上下文的意义。语义消歧和其他基本的自然语言处理技术可以决定公司是能够理解客户满意度，还是会忽略重要信号。为了变得高效，企业需要了解客户真实的声音。

客户正在越来越多地以新的方式使他们的偏好被理解。举个例子，理解来自诸如 YouTube 的基于产品和服务体验的个人评估的平台数据内容的要求逐渐增长。不仅仅理解语言，而且理解说这些话的目的是理解部分客户的声音的关键技术。不仅要解释个人使用哪些词，还要解释这些单词的使用顺序和评论的语调，这些都是很重要的。

尽管传统的文本分析提供的结果使管理者能够理解上下文中的词语，但它们并不提供跨业务线的上下文，例如来自生产或交付系统的数据。业务人员必须了解客户对当前问题的态度、未来需求和竞争对手在隐藏什么。为了尝试着获取更深入的见解，企业使用净推荐值来确定客户的感觉是积极的还是消极的。然而，如果没有一个真正的认知方法，公司通常将会错过一些重要的词语和短语，这其中可能包括客户对该公司的完全不同的看法。这就是为什么诸如隐马尔可夫模型这些了解客户对于公司或其产品和服务真正想说的内容的技术可能非常重要的原因。

情感分析在行业中有所不同。例如，你寻找的医疗线索的类型与零售行业中有意义的线索的类型将会大相径庭。例如，在医疗领域中，“热”这个词可能是发烧的象征；然而，在零售行业，“热”可能涉及的是一种流行的商品。文档分类、本体论和分类法对于理解单词在上下文的差异是重要的。

除了在文档中寻找线索以外，公司评估客户对公司和其他客户所说的内容严重依赖于来自社交媒体的信息。这些信息可能并不总是意味着它们的表面意思。例如，一条推特消息说：“这个公司很了解如何对待它的顾客……我希望如此。”这是一种消极的评价。这就是为什么将 NLP 工具用于文本分析和情感分析来真实地理解你的用户是重要的。这些相同的工具能够用于竞争情报。这些工具能够确定是否在你们的市场上关于一个新兴公司有更多不应该被忽略的讨论。第 6 章详细地讨论了高级分析。

3.3.4 欺诈检测

自然语言处理和认知计算的一个最重要的应用就是欺诈检测。传统的欺诈检测系统适用于从内部和外部的威胁数据库中寻找已知模式。在风险造成主要破坏之前确定风险，对于公司处理黑客犯罪团伙窃取知识产权是最重要的一个问题。即使公司利用防火墙及各种各样构建接入障碍的系统，但它们并不总是有效的。狡猾的罪犯经常能找到避开多数欺诈检测系统雷达的微妙技术。拥有寻找隐含模式和异常现象的能力对于防止事件的发生是至关重要的。

此外，利用成千上万的欺诈索赔文件，保险公司可以更好地为检测微妙的欺诈迹象做好准备。基于 NLP 的认知方法，用户能够提出关于基于模型的可接受和不可接受行为设计的数据语料库的问题。这个语料库可以接收关于发生在世界每个角落的检测方案的新信息。理解词语以及它们跨多个数据源的上下文信息可以应用于预防欺诈。理解复杂的文档和通信中单词的意义对于防止欺诈行为有重要的影响。

3.4　总结

自然语言处理是一种使人类能够理解非结构化数据意义的技术。进行提问，并且拥有持续对话的能力是自然语言处理上下文与认知计算价值的关键。如你所知，世界上任何问题都没有一个单一的正确答案。我们基于可用信息做出结论和判断，也可以根据信息的上下文做决定。这不是一项容易的挑战。不是所有的数据都是文本和词语的形式。你会越来越多地访问嵌入到图像、视频、语音、手势和传感器数据的内容。在这种情况下，深度学习技术需要用户分析这种非结构数据类型。

我们面对着一个数据源每时每刻都在无限增长的世界。我们有新技术来分析数据，有将片段组合在一起的新方法。人类思维有将看似不相关的事件联系起来的不可思议的能力。但是人类在他们可以找到并摄取多少信息方面是有缺陷的。自然语言处理结合机器学习和先进分析使用时，可以以新的方式帮助人类利用人类知识的深度和广度。

COGNITIVE COMPUTING AND BIG DATA ANALYTICS

第4章 大数据和认知计算的关系

一个认知计算环境需要足够数量的数据来发现数据中的模式或者异常。因此在许多情况下，需要一个足够大的数据集合。在一个认知系统里面，需要有分析结果可靠一致的足够数据。一个认知系统需要数据的收集和映射，因此系统可以发现数据源哪里存在联系并且发现相关性。为了实现在数据中发现关联的目标，一个认知系统包括结构数据和非结构数据。结构数据，例如关系数据库中的数据，是为了让计算机处理而创建的；与此相反，非结构数据则是以书面材料、视频以及图片的形式出现，是为了人类消费和认知设计的。本章说明了大数据在创建认知计算系统中扮演的角色。

4.1 处理人造数据

处理大型数据集本身并不需什么新意。在正常的数据库记录形式中，内容和结构是为了最小化冗余并预先了解构造域之间的联系。因此，关系数据库优化了系统交互和解释数据的形式。最初，认知系统内的数据是为人类处理而设计的。这些数据包括期刊文献和其他文档，以及视频、音频、图片、来自传感器的数据、机器数据。这种类型的数据需要一种高于关系数据库系统的处理水平，因为其目标是阐明含义并且创造人类可读数据。

然而，直到最近几年，百万兆字节的数据在技术上和经济上已经难以管理，更不用说拍字节的数据了。在过去，大部分组织能做得最好的措施就是获取样本数据，并且希望采样得到的数据都是正确的。然而，当主要数据元素可能缺失时，可以做的分析是有限的。此外，需要获得在商业问题和技术问题方面深入理解的数据范围已经急剧扩大。公司想要展望未来并且预测接下来会发生什么，他们想要知道能够采取的最佳行动。没有大数据技术，认知计算也不会有利用价值。

4.2 定义大数据

大数据需要以合适的速度管理大量的结构和非结构数据，以及在正确的时间内允许有见解的分析能力。大数据通常包含来自各种相关和不相关来源的可能相当复杂的数据。这可能导致巨大的难以管理和分析的数据集。大数据环境的建筑基础必须是高度分散的形式，因此数据可以被快速、高效地管理和处理。这需要高度抽象和开放的应用程序编程接口来提供提取、整合和评估不同数据源的能力。大数据解决方案需要一个先进的基础设施，包括安全、基础结构及分析工具。

容量、种类、速率和精确性

在深入研究大数据的细微差别之前，你需要理解定义范围和维度问题的四个基本特征。

- 容量是大数据得到最多关注的特征。简单地说，容量指的是需要存储和管理的信息量。然而，容量可以有很大的区别。举个例子，一个销售点产生的数据量是极大的，然而数据本身并不复杂；与此相反，单独的一张医学图像却拥有大量的非常复杂的数据，这些数据是半结构化的，因为它的信息包含意义明确但没有数据库结构的图像。
- 数据的分类有助于认知计算。就如本章引言所提及的，数据可以是结构化的（传统数据库）、非结构化的（文本），或者半结构化的（图片和传感器数据）。数据的种类范围包括图片、传感器数据、文本文件。
- 速率指的是数据传输、处理及交付的速度。在一些情况下，一个数据源需要周期性提取批次，以便可以在上下文中分析它与其他数据元素的关联。在其他情况下，数据需要进行时延很小或基本没有时延的实时移动。例如，来自传感器的数据可能需要实时移动做出反应，并修复异常。
- 精确性要求数据是精确的。通常情况下，如果提取非结构化数据源，例如社交媒体数据，提取结果将包括许多错误和混乱的语言。然而，一个初始数据分析完成后，分析内容确保所用数据是有意义的至关重要。

4.3　大数据结构基础

由于大数据是认知系统的一个关键基础，所以理解大数据技术堆栈的组成是必要的，如图 4-1 所示。如果没有一组精心设计的服务，认知环境就不能满足企业规模、安全性和合规性的需求。许多早期认知系统的设计关注关键领域，例如需要规模和安全均达标的医疗保健。

图 4-1　大数据技术堆栈

4.3.1　大数据的物理基础

尽管本书中大多数的讨论着重于认知计算的软件动力，但你仍需要知道大数据和认知计算需要一个具有坚实基础且没有过多时延的系统。这个基础物理设施包含网络、硬件和云服务。逐渐地，为了获得认知计算背景下大数据所需的性能支持，大数据基础设施和硬件需要聚集在一起。大数据基础设施的底层物理环境需要并行化和启用备用系统（这一设计的目的是，如果组件失败，系统仍可以继续工作)。网络不得不设计使数据可以快速变化。同样地,存储必须实现和配置,以便它可以以正确的速度移动或获取信息。由于相对无限的规模、容量、私人安全和公有云,它们将很可能成为一个主要的交付和部署模型的数据服务。

4.3.2 安全体系结构

安全必须建立在认知应用程序中,但是在很多情况下,由于大数据的膨胀性质和必须部署的数据源速度,这样是不够的。有很多情况,特别是当数据来自实时设备,例如传感器和医疗设备,此时要求额外的安全。因此,安全体系结构必须保证当数据在运转以及数据是分布式时的安全。通常情况下,数据从各种各样的数据源中被提取并用于与最初打算不同的目的。例如,移动到一个大数据应用中的病人信息,可能不具备病人私人数据的适当保护。因此,安全体系结构需要包括隐去数据姓名资料的能力,以便隐藏社会安全号码和其他个人数据。使用例如标记等技术使得未授权用户不能访问敏感数据。

4.3.3 操作性数据库

使大数据变得复杂的是使用和结合很多不同类型的数据库和数据结构这一要求。这对创建一个认知计算系统很重要。尽管许多对认知系统很重要的数据会被非结构化,但这些数据可能也需要在结构化的 SQL 数据库中存储和管理。例如,在一个 SQL 数据库中可能会有一个关于可住宾馆客房结构数据的旅行计划应用;同样地,在一个医疗应用中,可能需要访问 SQL 形式的药物数据库。因此,你需要理解结构化和非结构化数据的角色,因为它们一起存在于大数据环境中。

结构化和非结构化数据的角色

结构化数据指的是那些长度和格式定义明确,并在元数据、图式和词汇中严格定义语义的数据。大多数的结构化数据存储在传统的关系数据库和数据仓库中。此外,甚至更多的结构化数据是由机器产生的,来自诸如传感器、智能仪表、医疗设备和 GPS 设备。这些数据源有助于创建认知系统。

不同于结构化数据,非结构化或半结构化数据不遵循特定的格式,而且这些数据类型的语义也没有明确的定义。但是语义必须通过诸如自然语言处理、文本分析和机器学习等技术进行发现和提取。寻找收集、存储、管理和分析非结构化数据的方法变得越来越紧迫。所有数据中差不多有 80% 是非结构化的，而非结构化数据的数量仍在快速增长。这些非结构化数据源包括来自文档、期刊论文、书籍、临床试验、消费者支持系统、卫星图像、科研数据（地震影像、大气层数据，以及高能物理学）、雷达或声呐数据、移动数据、网站内容，以及社交媒体网站的数据。这一切数据类型是一个认知系统的重要元素，因为它们可以提供理解一个特定问题的上下文。

不同于大部分的关系数据库，非结构化或半结构化数据源通常在本质上不是事务性的。非结构化数据遵循各种各样的结构，而且可能数量庞大。这些非结构化数据通常使用非关系数据库，例如 NoSQL 数据库，并且包含以下结构。

- 键值对（KVP）数据库依赖一个提供标识符的组合或指针（键）和关联数据集（值）的抽象。键值对用于查找表、哈希表和配置文件。它通常与来自 XML 文档和 EDI 系统的半结构化数据一起使用。一种常用的键值对数据库是一种叫 Riak 的开源数据库，它用于高性能的场景，例如富媒体数据源和移动应用程序。
- 文档数据库提供了一种管理非结构化和半结构化数据仓库的技术，例如文本文档、网页、完整书籍等。这些数据库在认知系统中很重要，因为它们有效地管理非结构数据，作为静态实体或动态组装的组件。JSON 数据交互格式支持管理这些类型的数据库的能力。有许多重要的文件数据库，包括 MongoDB、CouchDB、Cloudant、Cassandra 和 MarkLogic。
- 柱状数据库是一种将数据存储在列而不是行的有效的数据库结构。这是一个更有效的从硬盘存储中读写数据的技术。它的目的是为了提高查询结果的返回速度。因此，它对于大量需要以查询为目的进行分析的数据很有用。HBase 是柱状数据库中最流行的一种。基于谷歌的 BigTable（一个支持零散数据集的可拓展存储系统），它在认知计算用例中尤其有用，因为它很容易扩展，是设计用来与零散和高度分布的数据一起工作的。这种数据结构适用于大量频繁更新的数据。
- 图表数据库使用图形结构的节点和边来管理和表示数据。不同于关系数据库，图表数据库连接数据源不依赖于连缀。此外，图表数据库主张一种单一的结构——图表。图表的基本元素之间直接互相联系，因此即使在零散的数据集合中也可以追踪它们之间的联系。当元素之间的联系需要动态维持的时候，图表数据库被使用得较多。常见的应用包括生物模型交互、语言关系及网络连接。因此，它们很适合认知应用。Neo4J 是一种常用的开源图表数据库。

- 空间数据库适用于存储和查询几何对象。几何对象可以包括点、线和多边形。空间数据在全球定位系统（GPS）中用于管理、监测及定位。
- PostGIS/OpenGEO 是一种关系数据库，它包含一个专门支持空间的应用，例如 3D 建模，以及收集和分析来自传感器网络的数据的层。
- 混合持久化是一种为了专业工作将不同的数据库模型结合起来的特殊例子。这个模型对于需要利用传统业务线应用程序和数据库与文本和图像数据来源的组织尤为重要。

表 4-1 提供了 SQL 和 NoSQL 数据库特征的比较。

表 4-1　SQL 和 NoSQL 数据库的重要特征

引擎	查询语言	模型	数据类型	事务	例子
键值对	Lucene，Commands	JavaScript	BLOB，semityped	No	Riak, Redis
文档	Commands	JavaScript	Typed	No	MongoDB, CouchDB
柱状	Ruby	Hadoop	Predefined and typed	Yes, if enabled	HBase
图	Walking，Search，Cypher	No	Untyped	ACID	Neo4J
关系	SQL，Python，C	No	Typed	ACID	PostgreSQL, Oracle, DB2

4.3.4　数据服务和工具

底层的数据服务对实施大数据至关重要。支撑工具集合是为了收集数据并让数据能够被一种最高效的方式处理。有一组服务需要支持集成、数据转换、规范化及扩展。这些服务包括以下内容。

- 需要一个分布式的文件系统来管理分解的结构化和非结构化数据流。一个分布式文件系统通常是对来自各种数据源的数据做复杂的数据分析的要求。
- 序列化服务要求支持持久数据存储及远程过程调录。
- 协调服务对利用高度分布式的数据构建一个应用程序是必不可少的。
- 提取、转换和加载（Extract Transform and Load，ETL）服务需要加载结构化和非结构化数据转换为支持 Hadoop（组织大数据的一个关键技术）。
- 工作流服务是在大数据环境下同步处理的技术。

4.4 分析数据仓库

尽管大量的大数据以非结构化数据源开始，但也有大量的信息来自建立在关系数据库上的事务系统和企业应用程序。这些结构化数据源自系统记录，如账单、客户资源管理系统和其他特定工业应用。这些数据通常存储在典型大企业关系数据库系统的一个子集的分析数据库或者数据中心里。当与大量的非结构化数据源结合时，它们对于创建上下文很有用。

大数据分析

即使商业智能工具已经遍布全球几十年，但它们并没有为大数据分析的需求提供具有代表性的算法。第 6 章“应用于认知计算的高级分析方法”提供了在高级分析上的一种深入观点。本章提供了分析如何帮助改善商业知识、预计变化及预测输出的综述。你会看到公司正在经历一个发展分析成熟度级别从描述性的分析到预测分析，再到机器学习和认知计算的过程。认知计算环境的一个基本原则就是为了得到对被分析领域的一个完整的理解，各种各样的数据类型需要被放在一起。例如，在医疗诊断中，除了分析测试结果，了解病人的状况（也就是说，他是否抽烟或者超重）也是有用的。此外，诊断医生必须比较这一病例新的研究成果和类似的患者诊断和治疗计划。还有其他的例子，这些例子中有很多必须使用可视化技术的数据。

一般而言，大数据和认知计算环境中的高级分析需要使用复杂的算法，因为在大部分情况下，一个简单的查询需要涉及大量的数据和太多的复杂分析。正如在这一章前面所讨论的，大数据通常太大，不适用单个机器或一个系统的主内存。即使有这个物理限制，为了变得更加有效，算法的实现必须有正确的速度。幸运的是，有许多可用的和新兴的算法支持大数据分析，包括以下几种。

- **略图和流数据**：这些算法使用于分析来自传感器的流数据。数据元素较小但必须以较高的速度移动，而且需要频繁的更新。
- **降维**：这些算法有助于将高维度的数据转换成更简单的数据。这种类型的简化是必要的，所以它更容易解决机器学习问题的分类和回归的任务。
- **数字线性代数**：当数据包含大矩阵时将会使用这些算法。例如，零售商使用数字线性代数来识别客户对各种各样的产品和服务的偏好。
- **压缩感知**：当数据是稀疏或者是来自信号流传感器的，并且仅限于几个线性或基于时间的测量时，这些算法才是有用的。这些算法使系统有能力识别出现在有限数据中的关键元素。

在某些情况下，包含大量数据的分析过程可能会超过单台机器的内存容量。由于分布式系统的本质，它常常需要分解和处理在不同的物理机器中的问题。非一致内存访问技术（NUMA）有助于通过最小化抖动和I/O开销克服这些限制。NUMA支持将不连续的内存池视为一个池的内存。例如，这种技术将允许一个算法运行在一台机器上，而使用来自另一个计算装置的内存。这个额外的内存会被视为第一个设备上的扩展内存。

4.5 Hadoop

Hadoop已经成为以一种有效的方式管理大量的非结构化数据的一个最重要技术，因为它使用分布式计算技术。Hadoop让你可以使用并行技术来提高效率。它是大数据环境中一个用于平行执行MapReduce代码的源代码开源社区、代码库和市场。文本文档、本体论、社交媒体数据、传感器数据和其他类型的非传统数据可以在Hadoop中被高效管理。因此，这项技术对认知计算系统语料库的发展是至关重要的。使用Hadoop的好处是你可以把大量来自原始数据的非传统数据快速转换为结构化数据，这样你就可以搜索这些数据中的模式。

Hadoop 在认知计算中管理大数据尤其有用，因为它很容易进行动态规划和快速改变。Hadoop 提供了一种方法来有效地处理高度结构化的数据，把它分成组件来解决问题和产生结果。Hadoop 可以实现商品的货架服务器或包含在预先优化的特定供应商的硬件设备的运行。对 Hadoop 两个关键组件的描述如下。

- Hadoop 分布式文件系统（Hadoop Distributed File System，HDFS）：一个高度可靠和低成本，方便在不同的机器上用于管理相关文件的数据存储集群。
- MapReduce 引擎：提供了一种在大量的系统中分配分析算法的方法；分布式计算完成后，将所有的元素聚集在一起来提供一个结果。

HDFS 为什么在大数据和认知计算环境中有用？因为 HDFS 提供了一个特别适合支持大数据量和高速数据的数据服务。HDFS 能够加快处理大量数据的速度，这是因为数据是被一次性写入的。在 HDFS 中，数据一次性被写入，而且在之后可以被读取很多次，而不是其他文件系统恒定的读写。HDFS 将大文件分解成被称为“块”的小片。图 4-2 展示了一个 Hadoop 簇的例子。

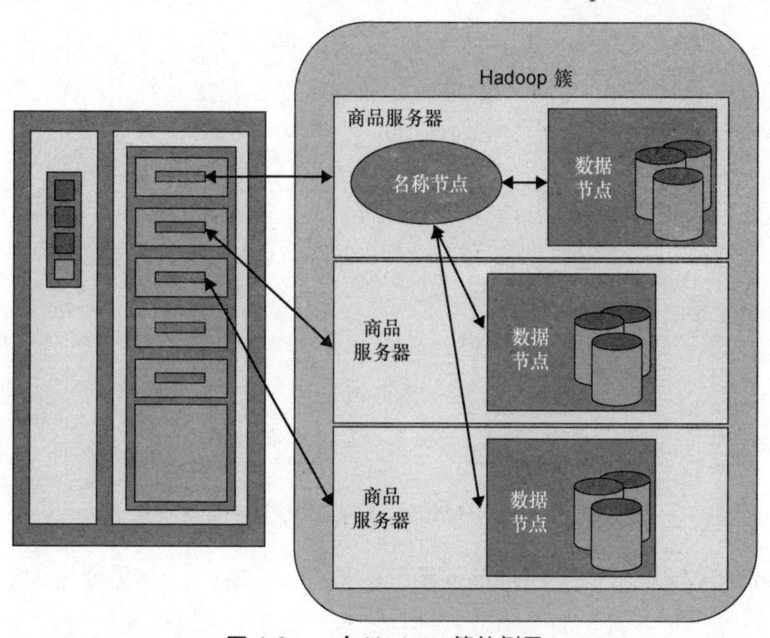

图 4-2　一个 Hadoop 簇的例子

这些结构元素在这里描述。

- **名称节点**：名称节点的角色是在簇中保持跟踪数据的物理存储。为了保持这个知识，名称节点需要理解数据节点在哪一个块组成完整的文档。名称节点管理所有文件的访问，包括读、写、新建、删除和数据节点上数据块的复制。此外，名称节点会告知数据节点它们需要做的事的重要性。由于名称节点对于保持 HDFS 工作至关重要，所以它应该被备份以防止单点故障。
- **数据节点**：数据节点是包含一组文件块的服务器。在这两个部件中，名称节点是智能的，而数据节点更简单。然而，它们也有弹性，而且扮演多个角色。它们在服务器本地的文件系统中存储和恢复数据库，还将元数据块存储到文件系统中。此外，数据节点发送关于哪些块是可用的报告到名称节点。块存储在数据节点上。

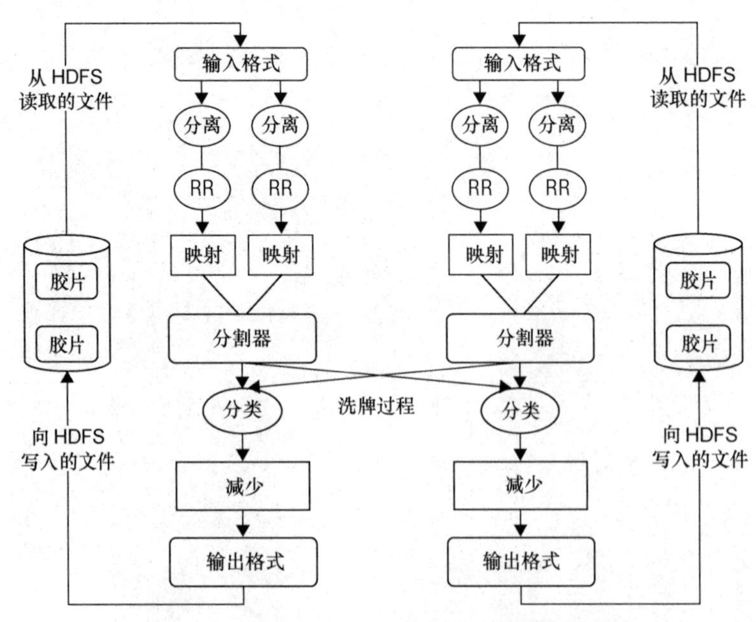

图 4-3　一个小 Hadoop 簇的工作流程和数据传输

Hadoop MapReduce 是 Hadoop 系统的核心。它提供了你需要将大数据分成易管理的块、在分布式的簇中并行处理数据，以及使数据可用于用户消耗或额外处理的所有能力。它以一种高度弹性和容错的方式进行这些工作。你提供了输入，然后 MapReduce 引擎快速有效地将输入转换成输出，为你提供你需要的答案。Hadoop MapReduce 包括几个可以用来帮助你从大数据中获取你需要的答案的阶段或功能。这些阶段包括准备数据、映射数据以及减少和结合数据。图 4-3 说明了 Hadoop MapReduce 是如何执行任务的。

Hadoop 周围已经开发了一个巨大的、发展的生态系统。这非常有利于企业想要实现的大数据计划，因为生态系统中的技术使得 Hadoop 更容易使用。对 Hadoop 生态系统中的关键工具描述如下。

- 下一代 Hadoop 计算平台（Hadoop Yet Another Resource Negotiator，YARN）：是大数据应用的一个分布式操作系统。YARN 管理资源并利用两个服务帮助提供高效的工作调度和跟踪，这两个服务是资源管理程序（Resource Management，RM）和主应用程序（Application Master，AM）。RM 充当仲裁人，负责在系统的所有应用程序中分配资源。系统中的每个结点拥有一个结点管理器，负责监控应用程序对 CPU、硬盘、网络、内存以及返回到 RM 的报告的使用。AM 与 RM 进行关于资源管理的谈判，并与结点管理器一起执行和监控任务。
- HBase：一个分布式的非关系（柱状的）数据库（在本章曾有过讨论）。这意味着所有数据在具有行和列的表格中的存储类似于关系数据库管理系统（RDBMS）。它仿造谷歌的 BigTable，可以支持大型表（数以亿计的列或行）的存储，因为它在 Hadoop 集群的硬件上是分层的。HBase 提供给大数据的是随机的、实时的读写访问。HBase 是高度可配置的，提供了很大的灵活性来有效地处理大量的数据。尽管在存储任何数据之前必须定义和创建模式，但表格可以在数据库已经启动并运行之后改变。这个因素在大数据环境中是有用的，因为你不需要总是提前知道数据流的所有细节。
- Hive：一个建立在 Hadoop 核心元素上的面向批处理的数据仓库层。Hive 提供了 SQL 访问结构数据及支持 MapReduce 的大数据分析。Hive 不同于传统的数据仓库，因为它不是设计用于快速查询回复的。因此，它不适合实时分析，因为复杂的查询可能需要几个小时才能完成。Hive 对于不需要快速响应的数据挖掘和更深层次分析非常有用。

- Avro：一个数据序列化系统。
- Cassandra：一个可伸缩的没有单点故障的多主机数据库。
- Chukwa：一个管理大量分布式系统的数据收集系统。
- Mahout：一个可扩展的机器学习和数据挖掘库。
- Pig：高级数据流语言和并行计算的执行框架。
- Spark：一个 Hadoop 数据的快速和通用计算引擎。Spark 提供了一个简单且有表现力的程序设计模型，该模型支持广泛的应用，包括 ETL、机器学习、流处理和图计算。
- Tez：一个通用的数据流编程框架，建立在提供了一个强大且灵活的引擎来执行任意 DAG 任务来处理数据的批处理和交互用例的 Hadoop YARN 上。Tez 正在被 Hive 采用，Pig 和 Hadoop 生态系统中的其他的框架同样由其他商业软件（例如 ETL 工具）代替 Hadoop MadReduce 作为底层执行引擎。
- ZooKeeper：一个分布式应用的高性能协调服务。

4.6 动态数据和流数据

认知计算可以帮助企业从许多类型的很难解释和分析的数据中获得价值。公司开始处理的最重要的一个类型的数据就是动态数据或流数据。流数据是一个连续的快速移动的数据序列。有很多流数据的例子，从传感设备到医疗设备、温度传感器、股市金融数据和视频流的数据。流数据平台设计用于高速处理这些数据。速度是处理流数据的最高优先级，它不能被破坏，否则结果将失去价值。流数据在动态数据需要完成有用的实时分析时是有用的。事实上，数据分析的价值（通常是数据）随时间而减小。例如，如果你不能立即分析并采取行动，销售机会可能会丢失或威胁可能无法被发现。

许多行业正在寻找方法从动态数据中获得价值。在一些情况下，这些公司可以获取它们已有的数据并且开始更加高效地使用这些数据。在其他情况下，它们正在收集一些它们之前不能收集的数据。有时组织可以收集更多的过去只收集快照的数据。这些组织利用流数据为客户、病人、市民或其他人改善输出。企业使用流数据影响客户在销售点的决策。

当前数据流有一些重要的应用。随着组织开始理解利用传感器和致动器数据的价值，数据量将会有更多的应用。流数据的应用包括以下几个方面。

- 在电厂管理中，需要一个高度安全的环境，这样未经授权的个人就不会干扰给客户的电力输送。公司通常将传感器放置在电站的四周以检测动作。但并不是所有形式的动作都会构成威胁。例如，系统需要能够检测出是未经授权的人进入了安全区域，还是动物在四处走动。很明显，无害的兔子并不构成安全风险。因此，需要实时分析来自这些传感器的大量数据，这样，只有当存在一个真正的威胁时才会响起警报。
- 在制造业中，在生产过程中使用来自传感器的数据监控化学品的纯度是至关重要的。这是要利用流数据的确切理由。然而，在其他情况下，获取大量的数据但却没有覆盖业务需求是可能的。换句话说，就算数据流化是可以实现的，它也并不适用于所有的应用场景。
- 在医疗应用中，传感器连接到高度敏感的医疗设备，以监控性能和预警任何偏离预期性能的技术人员。记录的数据不断在运动，以确保技术人员收到潜在故障的信息并有足够的时间进行设备的校正，以避免对患者的潜在危害。
- 在电信行业，监控大量的通信数据，确保服务水平满足客户的期望是至关重要的。
- 在零售业，销售点数据被分析，因为它试图影响客户决策。数据在接触点被处理和分析，也许与位置数据或社交媒体数据结合使用。
- 了解在高危物理位置收集的数据的上下文是至关重要的。系统必须能够检测事件的上下文并确定是否有问题。
- 医疗组织可以分析来自医疗设备的复杂数据。这个流数据的结果分析可以确定病人病情的不同方面，并且将结果与已知条件或其他异常指标匹配。

分析暗数据

虽然关注点在于众所周知的被组织常用的数据，并且存储有相当大量的数据，但它们从来没有被分析或查看。这些被称为“暗数据”的信息通常来自设备或安全系统的日志数据。经常有经授权的组织来存储这些数据。在大数据方法出现之前，例如 Hadoop 和 MapReduce，甚至试图分析这些数据的代价都是相当昂贵的。然而，有大量的有价值的数据可以帮助组织理解未知的模式。例如，存储在日志里的机器数据根据温度、湿度或其他重复的条件模式，可以预测一个一般的机器什么时候会发生故障。有这些数据用于预测和分析，能够帮助公司知道机器什么时候会发生故障或改变交通模式的精确条件。

4.7 大数据与传统数据结合

尽管在大数据中大部分的注意力都集中在访问和分析复杂的非结构化数据上，但理解这些数据分析的结果与传统关系数据库、数据仓库和业务应用程序的结合也是重要的。创造一个认知系统需要组织对所需数据有一个整体观，以保证上下文是正确的。

因此，建立一个认知系统需要管理和分析大量的数据，还需要有正确的数据集成工具和技术来有效地创建语料库。这不是一个静态的过程。为了变得有效，大数据的所有类型都需要根据表述的问题进行移动、集成和管理。

4.8 总结

大数据是建立一个有效的认知系统的关键。当前有各种不同类型的大数据，包括结构化和非结构化的数据源。数据并不都是一样的，它们在信息量、信息类型，以及信息是否需要从一个地方迅速地移动到另一个地方等方面将会有重大的差异。组织在计划使用大数据为认知系统创建语料库时，必须确保底层数据是准确的，且在适当的上下文中。

第5章 在分类学和本体论中表示知识

从数据中学习是认知计算的关键。如果一个系统不能在没有改变程序的条件下利用数据提高自身的性能，它就不能被认为是一个认知系统。但是要做到这点，在环境的中心必须要有大量可用的数据，要有表示数据中包含的知识的表格，以及一个同化新知识的过程。这与一个小孩通过观察、体验或者教导了解世界的方法是类似的。本章着眼于一些在探索更加复杂和综合的知识表示方法之前的简单的知识表示方法：分类学和本体论。

5.1 表示知识

和人类认知系统一样，在计算机系统中，知识可能包括事实或认知和一般信息。它还应该包括标准知识组织结构，例如本体论和分类学，以及描述对象（名词）和帮助对他们进行分类的关系、规则或者属性。举例来说，我们知道人类是动物，鲍勃是一个人，因此鲍勃应该拥有与动物关联的所有属性。对于人类来说，我们有时候将知识等同于理解，但计算机并不是这样。当然，在计算机中，在没有“理解”任何东西的条件下“了解”很多是可能的。事实上，这是一个数据库的基本定义——在一个计算机环境中组织起来的可以很容易被访问的相关数据的集合。

试想一下你认识的最聪明的人。什么使得一个人聪明或智慧？应该是拥有远远超过一本百科全书的记忆。智慧是获取、保留、分析、开发、沟通和应用知识的能力。一个人可以在不知道很多东西的情况下变得智慧——想象一个早熟的小孩，他可能在接收很多知识之前就表现出智慧的标志。相反地，一个人可能知道大量的事实，但不知道如何利用这些事实来达到目标。

开发一个认知系统

有许多不同的技术对于创建一个认知系统是有用的。其中一个重要的技术是利用大量的数据和分析数据的模式，摆脱那些没有提供明确的查询的数据。这个问题包含在第 6 章“应用于认知计算的高级分析方法”中。本质上，你并没有告诉系统你正在寻找的答案。在 2012 年的一个实验中，谷歌的研究人员从 YouTube 视频中随机选出 1000 万张图片，用一个拥有 16 000 个处理器的网络来寻找模式。结果可能并不出人意料，从图像中超过 20 000 个不同的项目里，这个系统发现了一个明显的模式（阴影图像的各点在同一比例和其他重复的子图像的关系）。系统通过详细地分析这些图片，寻找这样的一个比随机安排重复更多的像素模式——不管颜色、背景、图片质量等——它发现了一个很有前景的、似乎足够频繁而被标记为独特的阴影组合。它在一组猫的图片“发现”了一个通用的模式。

尽管这个实验证实了在一个大数据样本中系统地检测模式是可能的，但这仅仅是一个开始。大部分的认知计算系统使用了一个更加集中的方法。它们设计在一个特定的领域学习和为用户提供价值，例如医疗诊断和用户服务。这些认知系统开发者的一个挑战是获取足够的相关知识，以一种允许系统添加知识或者根据经验修改的方式表示。

每个行业和每个行业内的领域有自己的词汇和历史知识。这些领域包括许多不同类型的对象，从系统和医疗系统的身体部位，到预测飞机维修系统的发动机零件。每个对象类型可能有指导它们的交互和行为的特定规则。例如，一条 X 射线可能是一个具有一定物理性质的特定对象类型。同样地，一个飞机零件上的翼形螺母会跟规定它如何安装以及如何应用于其他物理原件的特定规则关联起来。对于获取和表示这些知识的过程，需要很好地掌握这个行业的词汇和规则的专家来解释它们，这样它们才可以被计算机处理。

然而，即使有业内专家的支持，获取足够的知识和细节设计复制一个对一个行业或市场有完整了解的系统是不可能的。因此，大部分的认知系统从一个领域知识的有意义子集开始，动态地根据经验或培训，提高和修改基础模型。这种方法的基础是定义集中于特定领域知识的分类学和本体论。

创造认知系统的另一个有趣的方面是跨“上下文”理解。为了达到更高水平的认知，人或系统必须能够同时从多个全集使数据相关联。早期人类一生中做这种类型的相关工作几乎没有成果。我们学习了如何骑自行车以及如何处理天气、交通、路况等信息，因此我们可以安全地骑车到我们计划去的地方。在我们之前的飞行器部件的例子中，认知系统根据安全和历史气象数据连接部件装配来更好地推荐材料或流程，这不是很适合吗？

5.2 定义分类学和本体论

在进入知识如何管理这一问题之前，定义分类学和本体论是很重要的。这在本章后面有更详细的讨论（“解释如何表示知识”），但现在将会提供上下文定义。分类学是一种在一个特定的研究领域以一种等级体系获取或者编纂信息的方法。

你可以认为分类学中数据的类别是一组具有相同属性的分类框架。层次是指结构或结构的子类别，像一个子集，继承在超集或“顶级”类别中定义的所有属性。分类法通常有一个正式的方式，在每个类别中指定适用于所有元素的属性。

如果你对获取机动车所有已知的一切信息感兴趣，你可以从一组汽车开始，如图 5-1 所示，可能将机动车划分为客车、摩托车、商用车等子集。你可以进一步为公共汽车、出租车等创建类别或子集。这会变得相当繁琐，而且最高层的决策集应该反映预期用途。例如，对于用户来说，电动公共汽车是可以载很多人重要，还是它是由电驱动的重要？幸运的是，你可以根据使用因素数据简化开发。

例如，在一个车辆追踪系统中，可能有汽车、船只、摩托车、公共汽车和卡车的定义。如果你是一个汽车部门，而且你通过跟踪注册来确定所有权和分配费用，那么你对每个类别几乎没有信息需求。一辆车可以被定义为一辆有两个轴的车，且每辆车的“实例”代表了物理世界一辆真实的车，有一个计算注册费的比重分配。如果你所在的州决定基于其他属性收税，例如燃油类型或

EPA燃料评级，分类可能包括对每个特定的汽车记录的这些细节，或者为“燃油效率”和“油老虎”汽车创建分类。

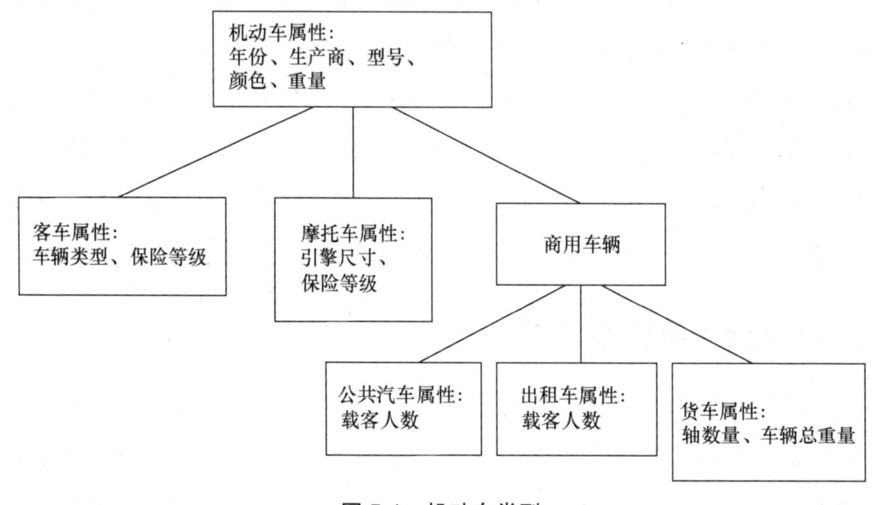

图 5-1　机动车类型

对于其他应用，在分类法中，相同的车辆可以进行不同的归类。例如，保险公司必须根据马力对应的重量和车型（敞篷车对应轿车）等属性计算责任等级。保险公司的分类法能够有区别地组织等级，以及根据处理要求制作新的子类。某些行业有定义良好的、成熟的分类法。例如，医药行业有详细分类的用于制作各种各样药物的化合物。

与此相反，本体论通常包含你需要在分类学中获取的所有信息，但也包括了种类之间及关于决策标准的规则和联系的细节。本体论更可能包含能够用于指导决策的语义信息。一个被更加丰富、更加充分指定的本体论有更多的方法可以应用于解决问题和决策。

状态在一个认知系统中的角色

在进入如何表示知识和如何建立一个可以让元素之间相互联系的模型的讨论之前，你需要理解状态的概念。状态是指在特定的时间点或特定的情况下系统的状况。举一个简单的例子，水可以有三种状态：固态、液态或气态。状态变量是温度。为了确定它上个月是什么状态，了解那时（和前一段时间）的温度可能就足够了。对于一个认知计算系统，状态可能包含多个变量，从存储知识的值到用户日志再到配置数据（在一个特定的时间里实际上有哪些模块在工作）。确定状态信息或恢复系统到一个特定状态的能力可能是审计的要求（例如在一个金融服务或医疗诊断系统中）。如果系统作为一个认知平台应用，并且这是留给应用程序本身的，那么平台可能完全不需要追踪状态信息。

5.3　解释如何表示知识

决定知识表示方案——例如分类学和本体论，是策划认知计算解决方案中至关重要的一步。简易一直是一个好的设计目标，但一些关系不精确的或者不能完全被指定的问题领域是固有而复杂的。一般地，我们至少想要获取所有已知的对象类型或类。一个类定义了一组元素或实例的属性。类的定义实现了随着系统的学习提供关系或行为信息的目标。更有活力的知识表示需要在一开始做更多的工作，但是当系统运行起来后就会变得更加灵活了。

认知计算应用中的领域知识可以被获取和存储在各种各样的数据结构中，从简单列表到传统数据库，到文档，再到多维特定用途结构。认知计算系统的设计者可以使用过程式的、列表加工式的、功能式的或者面向对象的编程语言来指定和完成这些结构。他们可能会使用数据建模工具或者甚至用一种专门为了这一目的而创造的语言来指定知识模型。工具的选择和表示应该反映系统在数据上不能不进行的操作的类型。在任何应用程序中都一样，当一种方法优于另一种时，可能会有取舍。对毒素快速诊断的医疗系统（例如毒素控制）进行优化可能会使基于相似输入而提出的适当生活方式改变的建议成为次优选择。考虑典型场景和罕见情况是重要的，但当需要定义知识模型和架构并在软件中实现时，就需要可信的测试案例。

单独的系统可能实际上包含几个知识库，由任务或一些特定类对象的属性划分。例如，大型制造公司的预测维修系统对于烤面包机和 MRI 机器的问题可能有单独的实例。每个机器类型的知识可以根据机器的属性组织，或者可能根据的是故障类型和故障发生的频率。

用来表示知识的数据结构集合的逻辑设计可以充当领域的一个模型。有些领域对模型来说是简单的。例如，国际象棋游戏已经有几个世纪的历史了，它容易解释和表示，但难以把握。国际象棋是一种两人的、具有完美信息的、零和博弈的游戏。玩家看着相同的棋盘，知道规则，因此可以心算下一步可能的行动，在他们大脑的记忆中存储的所有选择受到他们能力的限制。

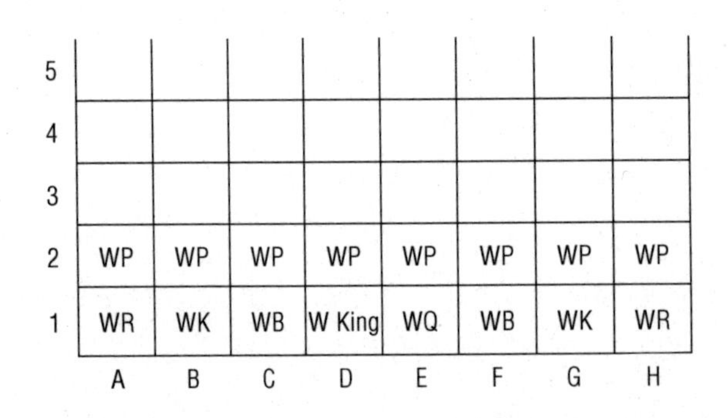

可能的第一步棋

A2 A3, A2 A4, B2 B3, B2 B4, C2 C3, C2 C4, D2 D3, D2 D4
B1 A3, B1 C3

	棋子	位置
1	WR	A 1
2	WK	B 1
3	WB	C 1
4	WE	D 1
	……	……
30	BK	F 8
31	BB	G 8
32	BR	H 8

规则

棋子	移动
车	垂直，水平， 1-n
马	行 +/−2, 列 +/−1 行 +/−1, 列 +/−2
象	对角线 1-n
	……

图 5-2 表示国际象棋游戏

一个下棋的系统必须根据这些元素建模：一个 8×8 的棋盘和 32 颗棋子，分为 6 类或对象类型（兵、车、马、象、后、王）。每个类别都有自己的点值和一套允许的移动。系统必须知道每一颗棋子的起始位置和颜色。（实际上，如果知道开始位置，也就知道颜色了。）随着比赛继续进行，系统必须确保或执行只能通过合法的移动和基于游戏的状态计算自己的最佳移动。图 5-2 展示了各种各样的能够获取一个象棋游戏状态的表示。

国际象棋符号已经发展多年。如今，标准的代数符号通常被世界象棋联合会用于记录物理游戏。符号可能被用于一个象棋程序的内部，来捕获关于游戏状态的信息。这意味着棋子和允许行为的信息是直截了当的。实际上，一个在进行下一步棋之前考虑棋盘上的当前状态，并评估几个或者甚至每一个可能的未来状态的程序，可以在没有认知的情况下打败人类冠军（一个有着有限地评估未来状态能力的人）——所有的规则在第一步实施之前可以被实例化成代码。使用蛮力的方法是有可能的，因为域是完全指定的。在比赛中的任何时候，双方都有完美的信息，而且给予足够的时间和内存就可以——在理论上——计算和评估每一个可能的后续行动。

一种更为复杂的方法可能适合于通过对手在过去游戏中的一举一动，根据他在类似的游戏中的移动（配置）预测下一步他会如何移动。使用历史行为对抗非常规策略需要更多的历史知识。块、行为和游戏状态对于考虑或没有考虑特定对手的历史行为都是相同的。一切都可以用简单的数据结构表示——这是一个可以布置给计算机科学专业大一新生的合理任务。不同的是知识的复杂性要求基于上下文选择。虽然对于一个给定的状态，转移可能总是相同的，但基于上下文的移动选择却可能是不同的。

编写一个应对非常规战术的象棋程序，它要能够通过将一步棋与历史下法相比较，从而评估一步棋的上下文以适应特定对手，这会更为复杂，但基本原则都是一样的。

现在来看一个更难表示的领域：汽车诊断和修理（图 5-3）。所有由内燃机（ICE）驱动的汽车都具有同样的某些性质、组件和主要子系统。电力、燃料、点火、冷却和排气不过是几个或十几个普遍公认的子系统。汽车诊断认知解决方案必须代表每个系统的每个组件，以及它们之间可能的相互作用。

这里，分类开始模糊界限。举个例子，电动燃油泵是一个电气系统的一部分还是燃料系统的一部分？线圈是一个电气系统的一部分还是点火系统的一部分？对于诊断学，常见的症状被编码必须在系统显示原因之前。黑烟来自排气管表明排气系统故障还是燃料的故障？（通常是燃料。）白烟是排气还是燃料的问题？（通常都不是——这个迹象表明燃烧室中一个坏的垫片进水了。）

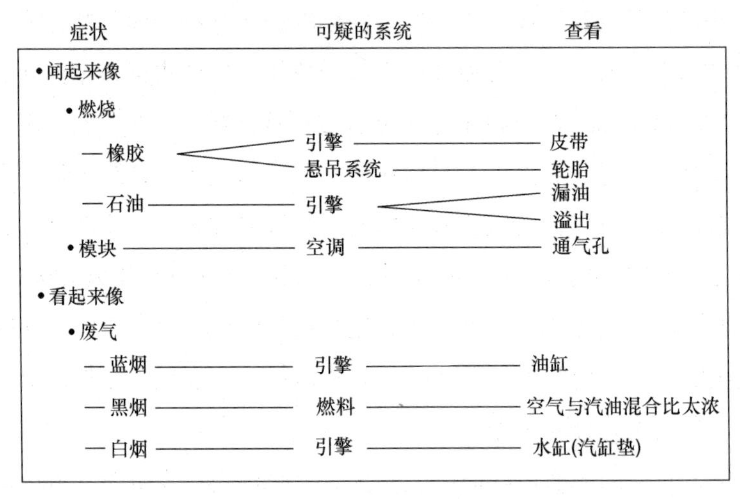

图 5-3　汽车诊断和修理

当获取所有组件之间的关系和提前获知组件之间的条件和失败的案例是不切实际的时候，一个认知系统可以接受反馈并改善其性能。然而，如果知识表示是强大的并且足以涵盖所有条件，这是唯一可行的办法。决策分类影响知识是如何存储的，这可能决定什么类型的问题可以很容易地解决。

到目前为止，我们正在处理相关的简单领域。当一个领域的专家知识和规则不一致时更难驾驭。例如，在药物发现中，创建一个简单的知识基础有太多的因素和并发事件。因此，我们今天可以有效处理的东西有实际的限制并不奇怪。

尽管有一些领域是简单的，但其他领域是广泛和复杂的。例如，尽管我们认为“机器”是一个单独的领域，但它实际上包含了大量的学科。因此，你不会期望可能有一个单独的某个领域知识的表示。你不可能在一个系统内表示与机器相关的一切，这就像拥有一个具有政治边界、道路、地形和天气视图的 1 ∶ 1 的世界比例图。在医学上，有定义明确的子系统（例如循环、呼吸、神经和消化）

和定义明确的疾病、医疗条件，以及跨越这些系统性界限的病理学。

对于表示和编纂知识，一半的工作是在一个特定的模型中决定要忽略什么。正如人工智能和知识管理的先驱马文 • 明斯基（Marvin Minsky）在麻省理工大学《人工智能》期刊《扩展前沿》子刊中提到的（Patrick H. Winston, Ed., vol 1, MIT Press, 1990. Reprinted in AI Magazine, Summer 1991）：

> 为了解决非常困难的问题，我们不得不使用几个不同的表示方法。这是因为每个特定类型的数据结构都有自己的优点和不足，任何一个单独的数据结构按常识来说都无法满足所有不同的功能。

因此，一些最早的认知系统集中于医学的一个分支，例如肿瘤学。通过集中在医学的一个领域，你可以开始将领域分割成可管理的部分和有意义的部分。

如同所有的医学分支一样，肿瘤学的综合研究需要了解诊断、护理或者治疗和预防的情况。其中每一个子类都可以进一步被分解和孤立地研究。实际上，这导致了职业专门化（对一个领域的一个小子集有越来越多的了解），但要“理解”肿瘤，你必须理解这些子类之间的相互关系。表 5-1 列出了常见的癌症类型。每个子类或癌症类型都与特定疾病诊断和治疗的范例相关联。

表 5-1　常见的癌症类型

常见实体肿瘤	肺、结肠、乳腺、生殖、胃、大脑
血液肿瘤	白血病、淋巴瘤
结缔组织性肿瘤	肉瘤

管理多个视图的知识

在汽车诊断的例子中，你可以单独为每个子系统模型分解可用的知识。许多力学专家和维修手册根据子系统组织知识，在深入诊断一个单一系统的问题之前，提出符合条件的问题以把一个子系统排除在外是很有效的，而且这似乎是一个显而易见的方法。然而，将知识划分为子系统存在一种危险。当问题跨越多个子系统时，划分使得正确找出问题变得困难。例如，对于医疗保健，可能有一个子系统诊断高血压，而另一个系统关注糖尿病。实际上，在这两个子系统之间通常存在需要考虑进去的联系。

在一个复杂的领域，比如在肿瘤学中，并发症包括几个子系统是更常见的，你可能需要不止一个视图或表格来获取所有相关的知识。专业人员可能会使用书籍、学术期刊、病例记录和同事之间的交流来完整地理解一个新的病例。当然，医生大脑里储藏的知识是一个相同类型资源的历史参考的混合。

在一个认知计算系统中，你也可以捕捉到这种类型的知识并细分成可以联系在一起的视图，来提供一个更完整的视图。新的发现可能会改变专业人员思考问题的方式，这反过来可能会改变在你的认知系统中选择分割知识的方式。例如，癌症类型和治疗由历史上他们被发现的所在身体部位所描述。研究肝癌的人可能不会立即想尝试之前批准使用在另一个器官的测试。然而，最近，跨器官边界分析大量的数据和基于病人的基因组属性比较病例已经变得可能。相似性分析医疗诊断是一种重要的机器学习算法的应用。这使病人、基因组、癌症、治疗和结果之间有前景的模式得以发现。因此，新的关系得以被发现，而新的治疗方式也得以应用。这种类型的发现表明尽可能推迟划分领域的价值，以防止忽略某些关系。

5.4 知识表示模型

有许多不同的方式表示知识，可以简单得像墙上的一张图表，或者复杂得像一个领域内完整的词汇术语，以及它们的声明与定义。本节概述了分类学和本体论。此外，它提供了一些在认知系统中很重要的知识表示的额外见解。在认知系统中，知识表示的范围包括从简单的树到本体论、分类学和语义网。

5.4.1 分类学

分类学是对一个域内类的正式结构或对象类型的表示。分类法通常是分等级的，在领域内为每个类提供名称。它们也可能捕捉每个对象相对于其他对象的不同成员属性。特定的分类规则用于在领域中为任何对象分类，所以它们必须完整、一致和明确的。这种严格规范必须确保任何新发现的对象必须符合一个且只有一个类别或对象类的规则。

使用分类学来组织科学中知识的概念已经建立完善。实际上，如果你曾经进行过“是动物、无机物还是植物”的猜谜游戏，你就用到了林奈 1737 年发表的自然分类法。林奈称这三个类别为他分类中的“王国”（见图 5-4）。自然界的一切都必须属于一个类别，他将它们进一步分为类、序、属、物种和品种。在分类的任何级别中，类之间不可能有相同的元素。如果有，一个新的、常见的高级类别是必需的。

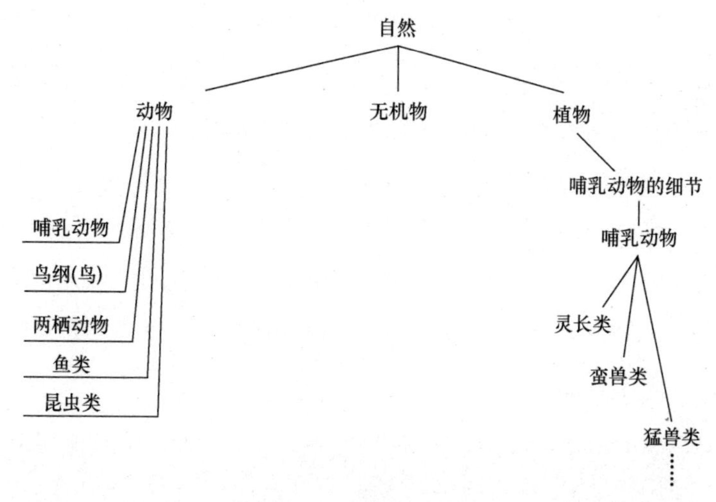

图 5-4　自然分类学

分类学中任何类的成员都继承其祖先类的所有属性。举个例子，如果你知道人类是哺乳动物，你就知道人类是有体毛的温血颈椎动物，而且哺乳后代。当然，你也会知道人类会呼吸，但你知道那是因为哺乳动物属于所有动物都呼吸的脊索动物门。继承简化了一个分类中的表示，因为共同的属性只需要在最高水平的共性中指定。

在一个认知计算系统中，参考分类可能被表示为一个面向对象的编程语言或表格和树形图等常见数据结构中的对象。这些分类包含不会随时间改变的规则和结构。

5.4.2　本体论

本体论比分类学提供了更多的细节，尽管它们之间的边界在实践中有些模糊。将本体论应用到一个特定的领域时应该全面地获取团体的普适理解——词汇、定义和规则。开发本体论的过程在团体中经常显示不一致的假设、原则和实践。重要的是整体达到共识，或者至少在新兴领域、双方存在分歧的领域能够进行讨论。在很多领域，专业协会制定标准促进沟通和共识。这些文件可以作为基础认知计算系统的本体论使用。

例如，美国精神病学协会在精神疾病诊断和统计手册（DSM）中的代码对所有精神障碍进行分类。这些定义可能会随着时间改变。例如，在 DSM-5 中，对注意缺陷 / 多动障碍患者（ADHD）的诊断更新到症状发生的年龄为 12 岁，而不是之前观点认为的 6 岁。这就是基于精神疾病诊断和统计手册在本体论中的一个细小的改变。一个较大的改变，如图 5-5 所示，是 4 个特定障碍的替代（自闭症、亚斯伯格综合症、童年瓦解性精神障碍、非特异广泛性发育障碍），只有一个被称为“自闭症谱系障碍（ASD）”的精神障碍。另一个主要变化是消除区分医疗和精神障碍“破坏”引用系统。这样的结构变化反映了思维的改变，需要基于此分类方案反映在一切系统中。

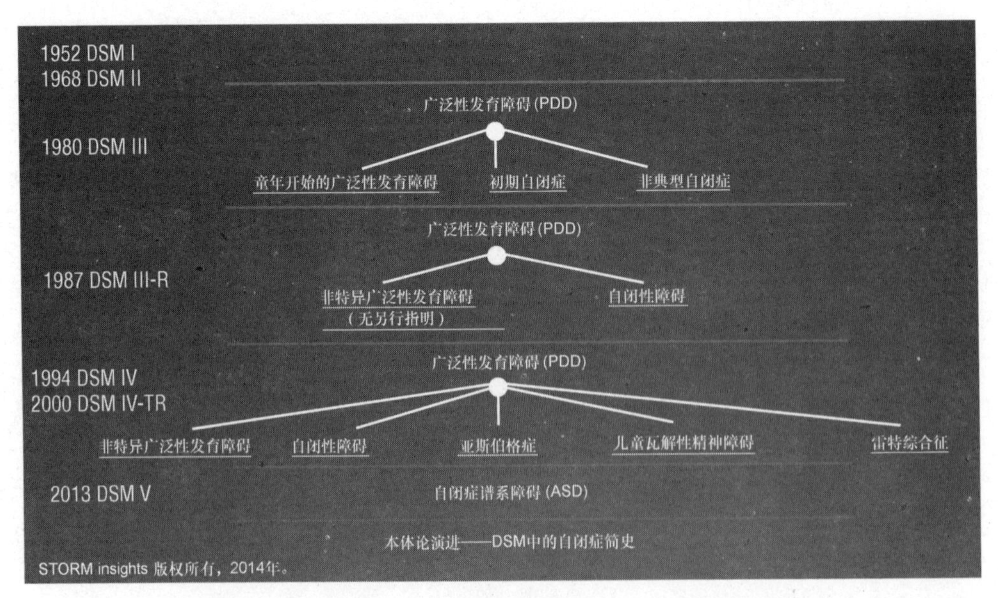

图 5-5　本体论演进——精神疾病诊断与统计手册中的自闭症

从业者需要跟上不断变化的定义和治疗标准，设计用于帮助从业者的认知计算系统必须相应更新其知识基础。例如，系统跟踪病人护理必须考虑一个已不复存在并且已被其他名称取代的特定精神障碍。

如前所述，有时候多视点是必要的，而且它们必须要兼容。在医疗保健中，我们考虑三个部分：提供者、支付者和病人。他们沟通的能力是至关重要的。继续这个心理健康的例子，提供者和支付者沟通是通过 DSM 映射到由保险公司使用的 ICD-9-CM 编纂实现的。它还使用《世界卫生组织国际疾病分类》（International Classification of Diseases，ICD）美国临床修订版的编码来提供全球兼容性。

将 DSM IV 更新到 DSM V 的过程需要 3 份草稿以及从社区生成 13 000 多条评论。这是一个极端的情况，但几乎所有专业和学科都有一些共同的能够作为建立一个认知计算本体论使用的基础知识系统。

对于一个认知计算解决方案，行业专家同意底层的本体论是关键。如果本体论的结构或内容有分歧，系统的输出就会受到质疑。从业者需要结合他们的需求与上下文确定信息的含义；否则，系统将会没有意义。学习系统早期的本体论通常制定了编程符号，主要是 LISP（LIST 处理，原来的人工智能的通用语）。LISP 仍在被使用，但随着更大的领域正在进行更详细的规定，开发者逐渐地倾向一种特定目的的语言。OWL 本体论语言（Web Ontology Language）是一种由开源工具支持的正式的本体论规范语言。就像任何知识表示一样，选择的结构对获取的知识进行了限制，而获取的知识对提出的问题也做出了限制。

5.4.3　其他知识表示方法

除了本体论之外，还有其他的知识表示方法。以下部分中描述了两个例子。

5.4.3.1　简单树

简单树是一种获取父子关系的逻辑数据结构。在一个关系过于僵化和正式的模型中，一棵简单树实现为每一行都有（元素，父）字段的表，是一种表示知识的有效方式。简单树频繁用于数据分析工具和目录。例如，零售商的目录可能提供 30 个或 40 个类别的产品。每个类别都有一系列的这个类的成员元素。

5.4.3.2　语义网

一些万维网联盟（W3C）的成员正试图让当前的网络演变成由 Tim Berners-

Lee 等人在 2001 年的《科学美国人》中描述的“语义网”。在一个语义网中，如同 W3C 的资源描述框架（RDF）所描述的，由于所有数据都具有语义属性，所以一切对于机器都是可用的。当前网络基本上是由统一资源定位器（URL）编址的结构或文档的集合。当你在一个地址找到一些东西时，并没有关于如何表示的一致性要求。通过增加语义学，你可以对于网络上的一切强制加入结构。如果我们确实有一个语义网，我们可以在网络上使用更多的没有广泛预处理的认知系统来发现结构信息。

区分语义和语法是重要的。语法描述了合法结构元素之间的关系。例如，一个句子的一种合法结构是主语 + 谓语，主语可以是一个名词短语，谓语可以是一个动词短语。根据这条规则，“鲍勃跑得快”是一个有效的句子。(“鲍勃”是名词短语，“跑得快”是动词短语。) 然而，由于句法是结构性的，我们可以用任何一个名词代替另一个，在语法上还是有效的。“鼻子跑得快”或者“蓝色玻璃跑得快”在语法上是同样有效的。这时语义——解释或归于语言意义的规则——开始起作用。

当处理自然语言甚至编程语言时，你应首先着眼于语法，然后才是语义。概念遵循逻辑吗？这些术语被应用到一个特定的主题时它们的含义是什么？依照句法，你正在寻找合适的词的类型，但是语义上你需要寻找在上下文有意义的词。在数据中确定意义需要一个有足够数据的层次结构，以便使隐含的意义从数据语料库的使用和上下文显现出来。最终的结果必须是数据的意义和目的。

5.4.4 持久性和状态的重要性

状态的概念是从建模和记住一次特定的移动之后棋盘上棋子位置的角度被讨论的。如果没有捕获和记录游戏的状态，那么停止应用程序之后恢复是不可能的。认知计算应用和平台可能同样是有“状态的”，并且能够记住与用户或者累积历史之间的交互；或者它们可能是没有状态的，能够没有偏见地开始每个会话。在一个更高的层次上，他们也可能随时捕获和保存新知识，以便未来与相同或不同用户的会话。

在许多情况下，知识或被我们当成事实对待的原则，会随着我们对一个领域更多地学习而改变。例如，我们假定 10 年前对肺癌的治疗方法与今天我们知道的是完全不同的。因此，作为一个成熟的研究领域，早期的假设关系可能最终被证明是错误的，或者置信水平可能会改变。这是一个关于当某物被当作一个事实捕捉时，是保留一些状态属性还是通过审计数据来重构系统状态的争论。例如，2010 年，提供建议的营养体系很可能会说黄油是危险的；但在 2014 年，新的证据出现了，我们知道那是错误的——根据当时可获得的最佳数据。而到了 2020 年，基于新的证据，实践的状态可能会重回防止肥胖的立场。因此，我们在获取知识的同时获取时间信息是至关重要的。

当一个问题不能解决时，无状态的概念在认知系统中是尤其重要的。在一种癌症的医学诊断中，医生可能需要问一系列相关的问题。每个问题将带来一个跟进的问题。系统不仅需要知道当前的问题，还要知道前一个问题的上下文。一个简单的例子很有启发性。当你使用语音识别系统时，例如苹果的 Siri，你可能会问："我的附近有餐馆吗？" Siri 会告诉你："有的，在下一个街区有一个餐馆。"但如果你现在问："它提供披萨吗？" Siri 由于不知道上下文，所以无法给你提供一个正确的答案。

5.5　实施注意事项

选择所用表示的主要考虑要求你了解需要捕获的答案的查询类型。例如，如果你维修飞机时想快速搜索零件编号，一个树结构可能就足够了。你可能不需要知道所有所用部件的来源历史。如果你需要追溯特定部件的制造历史，来识别基于同一批次的其他部件的问题可能导致的故障，你将需要一个更详细的表示。如果你正在寻找糖尿病和一种特定皮肤状况之间可能存在的关系——跨越典型知识边界，你可能需要用到一种复杂的和更全面的本体论。

5.6　总结

当一个组织创建并捕获相关领域知识的数据时，这些知识必须在一个现有的基础上被存储和管理。没有能在每个情况下都获得最好效果的方法。所使用的方法取决于内部结构知识的类型、行业，以及许多其他因素。可以肯定的一点是，数据源的规模将随着时间继续扩大和激增。因此，可扩展性是创建可信可靠的认知系统的基本要求。

士兵在基础训练中快速学习，当地图和地形不一致时，他们必须相信地形。在认知系统中，当系统的知识并不反映现实时，系统必须改变。规划操作更改的时间是在做出知识表示决策的设计阶段。

第 6 章 应用于认知计算的高级分析方法

认知计算指的是在大量的、复杂的以及高速的数据集合中，以不同的结构等级明确相应模式的一项技术和算法的集合。它包括高级的统计学模型、预测分析、机器学习、神经网络、文本分析和其他高级数据挖掘技术。高级分析使用的一些具体的统计学技术包括决策树分析、线性逻辑回归分析、社会网络分析和时间序列分析。这些分析过程可以帮助系统从大量用于预测商业结果的数据中发现模式和异常。相应地，高级分析方法是要求保证长久成功率的认知系统的关键因素，这个系统往往可以面对复杂的问题选择出正确的结果。这一章内容探索了高级分析背后的技术和其在以知识为驱动的认知环境中的杠杆作用。在恰当的高级分析水平下，你可以获得更深的见解，并以更精确和更有见解的方式预测结果。

6.1 高级分析正在向认知计算发展

在过去的 30 年里，分析在一个组织的运行过程中担任的角色明显改变了。如表 6-1 所示，公司在分析的成熟度上正在逐渐增长，从描述性分析到预测性分析，再到机器学习和认知计算。公司已经成功地使用分析来理解它们进展到什么程度，以及它们如何学习过去来预测未来。它们能够描述各种动作和事件是如何影响结果的。尽管来自这种分析的知识可以用来预测，然而这些预测是通过先入为主的期望产生的。数据科学家和商业分析家已经被限制基于历史数据的预测模型做出预测。然而，总是存在未知的因素，对于未来的结果产生巨大的影响，因此公司需要建立可以对商业环境产生变化做出反应和改变的预测模型。

表 6-1 分析成熟等级

分析类型	描述	样题
描述性分析	通过对历史和现有数据的技术分析明确发生了什么	和上个季度比，哪个产品的销售情况好了一些？哪个地区生育率最高或最低？什么因素影响了地区之间的生育率？
预测性分析	利用包含数据挖掘和机器学习的统计预测模型，明白什么时候会发生什么。预测模型使用历史和当前的数据预测未来的结果。模型会查询趋势、行为和时间。模型可以分辨离群值	下一季度地区销量和产品销量的预测是怎样的？这个预测怎么体现原材料采购、库存管理和人力资源管理？
指定性分析	用来建立一个框架，这个框架用于在未来是否执行做决定。“指定”元素应当被加入指定性分析，以便帮助辨识处理过程中的相关结果。运用迭代过程，这样模型可以学习过程和结果的关系	每个地区最好的产品配比是什么样的？每个地区的顾客对广告的反应如何？针对不同的客户，怎样设置推销手段才能增加他们对产品的忠诚和产品的销量？
机器学习和认知计算	将人类智慧和机器科学相结合以解决复杂的问题。同化分析多种信息资源来预测结果。需要依靠问题来建立解决方法。提高在分析出结果的过程中解决问题和减少错误的有效性	城市环境到底有多安全？从大量的信息流中（视频、音频、烟雾、毒性感知设备）是否能够得到预警？根据不同的特质和肿瘤基因序列，哪种药物的组合方式可以对癌症患者有最佳的治疗效果？

下一个会带来巨大变化的前沿领域包括大数据分析，并涵盖了机器学习和认知计算技术。图 6-1 是从分析到人工智能的一系列技术融合。推动这种融合的主要是数据在及时性上的变化。如今的应用为了应对商业竞争经常需要可计划性和可操作性的改变。等待预测模型的结果超过 24 小时或者更长的时间是不被接受的。例如，一个用于顾客关系管理的应用可能需要对来自顾客交互的当前信息进行迭代的分析，并且提供支持二次分裂决策制定的结果，以确保用户满意。除此之外，数据源是更加复杂和多样的。因此，分析模型需要将大量的

数据集合合并起来，包括结构化的、非结构化的和流动的数据，以提高预测的容量。大部分的合并的数据源都需要评估来提高模型的精确度，包括可操作的数据库、社交媒体、顾客关系系统、网站日志、传感器和视频。

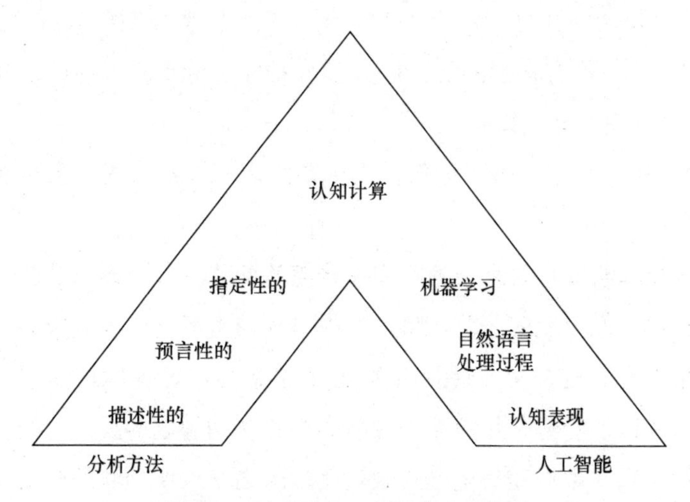

图 6-1　技术融合：分析和人工智能

高级分析正逐渐被应用于高风险环境，比如病人健康管理、机器性能，以及潜在威胁和盗窃管理。在这些使用案例中，具备高精度预测结果的能力意味着能够挽救生命并且避免主要的危机。另外，高级分析和机器学习也被用于大量和高速的数据必须要被自动处理的情况，以此来提供竞争的有利条件。值得一提的是，人为决策制定使用预测模型来提供决策制定的能力，并帮助人们采取正确的行动。

然而，也有模式识别和分析过程直接做出反应而没有人类干预的情况。比如，投行和机构交易者使用电子平台实现股票的自动或算法交易。统计算法用来基于预先建立的政策执行交易命令而不需要人类批准交易或介入交易管理。自动交易平台使用机器学习算法，将可能对股票价格产生影响的历史数据和当前数据结合了起来。比如，一个交易算法可能被设计成能够基于社交媒体新闻实现自我调整。这种算法可以为快速处理大量当前数据提供及时的依据。尽管基于这种先前（未经证实）的信息采取行动可能会提高交易的性能，然而缺少人与人之间的交互也可能会导致错误的行动。比如，自动交易算法对假的或具有错误导向的社交媒体新闻所作出的反应，可能会导致股票市场行情的快速下滑。然而，人们本来希望有时间来检查事实的真伪。

使用传统分析方法满足预测速度和准确性的商业需求越来越具有挑战性。利用机器学习和认知计算，你可以考虑到关系、模型和期望来开发预测模型，这可能是你之前所没有料想到的。你可以从对你所看到的事物进行描述转为对你将来要看到的事物产生影响。

以下两个例子描述了公司如何使用机器学习和分析来提高预测能力并且优化商业结果。

- **用分析和机器学习来预测顾客消费趋势问题**。社交媒体的传播速度能够在公司未做出反应之前，将一个很小的消费者问题发展成为一件复杂的大事件。一些公司通过利用 SaaS 提供服务，即使用机器学习寻找社交媒体谈话的趋势，从而减少对与顾客相关的问题的反应时间。这个软件将社交媒体数据和历史模式做对比，随之基于所预测的模式和实际结果的对比来更新结果。这种形式的机器学习对于潜在的问题警告比主流媒体提前了至少 72 小时。因此，市场和公关团队可以提早采取行动来保护公司品牌和消除顾客疑虑。媒体购买者使用这种服务来快速地明确变化的顾客购买趋势，因而，他们能够在移动应用和网络环境中决定在什么位置放置广告。
- **分析和机器学习加速分析性能，用于提高服务水平协议（SLA）**。许多公司发现，在最快的时间间隔内监测 IT 性能，从而在它们增强 SLA 和对 SLA 产生消极影响前发现和解决问题是比较困难的。使用机器学习算法，可以使公司识别 IT 行为的模式，并且协调自己的系统和操作过程，使之变得更加规范。这些系统可以学着适应变化的顾客期望和需求。比如，通信公司需要预测和阻止网络变慢或中断，这样它们才可以保证网络以顾客所需的速度正常运作。然而，在网络监测不是在足够粒度级别进行的时候，识别和解决带宽内的中断几乎是不可能的。比如，在日立提供的一个新的机器学习的解决方法下，通信可以实时分析大量的数据流。日立的顾客可以将历史数据和社交媒体的实时分析数据结合起来，识别数据中的模式，并且对网络中的性能进行纠正。这在很多情形下对于顾客来说是很有用的，有很多例子可以为证。比如，如果一个流媒体应用播放一个流行体育赛事，并且这项运动进入了加时赛，一个自适应的系统可以自动地加入附加的 15 分钟带宽支持，这样终端用户就可以获得连续的高质量服务。机器学习可以帮助系统对一系列变化和不寻常事件做出自适应调整，从而保持系统的高性能。

6.2 高级分析的关键性能

如果不将预测性能、文本分析或者机器学习组合起来，是不能够开发出一个认知系统的。数据科学家通过高级分析中各种手段相结合的方法，在大量结构化和待结构化的数据中识别和理解模式的意义和异常现象。这些模式被用来开发模型和算法，以帮助决策者决定正确的行动路线。分析进程帮助你理解存在于数据元素和数据文本之间的关系。机器学习被用于提高模型的准确性并做出更好的预测。这对于高级分析来说是一项关键的技术，尤其是因为存在对于大自然中基本上都是非结构化的大数据源的分析需求。除了机器学习，高级分析性能包括预测分析、文本分析、图像分析和语言分析，下一章会有描述。

6.2.1 统计学、数据挖掘和机器学习之间的关系

高级分析包含了统计学、数据挖掘和机器学习。每一个学科在理解数据、描述数据集的特征，找到数据中的关系和模式、建立模型和做出预测等方面起着重要的作用。各项技术和工具在如何运用于解决商业问题上存在很大的交叉部分。很多被广泛使用的数据挖掘和机器学习算法被作为标准的统计分析的基础算法。以下部分突出强调了这些技术之间是如何相互联系的。鉴于机器学习算法对于高级分析和认知计算的重要性，下一部分将展开大篇幅介绍。

- **统计学**是对数据进行学习的一门科学。标准的或者传统的统计学是在自然中进行推理的，这意味着统计学是被用来通过数据（各项参数）得到结果的。尽管统计模型可以用来做出预测，然而重点问题主要是关于如何推理和理解变量的特征。统计学的实际应用是需要你自己通过观察数

据结构的错误检验你的理论或是假设。你通过技术检验模型假设来理解什么导致错误发生，比如常态、独立性和常量。另外，统计学需要你使用置信值和显著性检测来做出估计——检验零假设并决定结果的显著性，称为“p 值”。

- **数据挖掘**是基于统计学来探索和分析大量数据，从而发现数据模型的一个过程。算法被应用于发现数据中的关系和模式，然后这些关于模式的信息就被用来预测。数据挖掘被用来解决一系列商业问题，比如欺诈侦查、市场菜篮分析和顾客变动分析。一般而言，使用者对于大量的结构化数据，比如顾客关系管理数据库或飞机零部件库存，使用数据挖掘工具。对于结构化和非结构化数据组合在一起的数据挖掘，一些分析供应商会提供软件解决方案。一般而言，数据挖掘的目标是从一个很大的数据集合中取出数据来作为分类或预测的依据。分类的过程是把数据分成不同的组。比如，一个市场销售人员可能会对一类人物的特征感兴趣，比如对促销有回应的人群相比对促销无回应的人群。在这个例子中，数据挖掘被用来根据两种不同的类型提取数据并且分析每一类的特征。一个市场销售人员可能对预测对促销做出回应的人群这件事感兴趣。数据挖掘工具倾向用来支持人为决策制定的过程。
- **机器学习**使用了一些和数据挖掘相同的算法。和其他数据方法相比，机器学习最主要的区别之一是使用迭代方法减少错误。机器学习为系统提供了一种新的方法来学习，从而提供了模型和模型的结果。这是一个可以快速提高准确率的自动算法，这个算法提供了搜索数据的新方法，可以使得许多迭代模型得以成立。机器学习算法已经被用来作为“黑匣子”算法为大数据集做出预测，而不需要拟合模型的因果性阐释。

6.2.2 在分析过程中使用机器学习

在认知环境中，机器学习对于提高预测模型的准确性是至关重要的。这些预测模型在众多调查研究中有很多属性。数据集合很有可能是非结构化的，规模巨大并受制于频繁的变化。机器学习使得模型可以学习数据并且扩充认知系统的知识库。一个模型成百上千次快速地迭代促使数据元素间联系方式变得更加多样化。由于复杂性和大小，这些模式和联系可能已经被人类轻易地发现。另外，可以基于变量的快速变化对复杂的算法自动进行调整，这些变量包括传感数据、时间、天气数据和顾客感知矩阵等。精确性的提高是训练和自调整的结果。机器学习通过持续地处理实时数据并且训练系统适应变化的模式和数据之间的联系，来改善模型和算法。

公司正逐渐地将机器学习纳入体系，来理解具有各种预测属性的上下文和这些变量之间是如何相互联系的。这样提高了对上下文的理解，从而带来更高的预测精确性。公司正应用机器学习技术来提高已存在多年的预测分析过程。例如，通信行业已经使用分析学来分析历史客户信息，比如人口统计资料、用法、事故单和购买的产品，来帮忙预测和减少失误。随着时间的推移，工业在逐渐进步，数据挖掘的焦点从结构化的顾客信息转变为非结构化的包含历史信息的文本分析，例如对顾客调查的评论和来自客服中心交互的注释。现在，一些电信公司遵循的高级分析方法将非结构化的和结构化的信息结合在一起，发展成一个更加完整的个体客户文件。除此之外，还可以结合历史信息和来自社交媒体应用的即时信息。机器学习技术被用来训练系统快速地明确那些使得公司遭到损失的顾客，并且提出一项策略来延长滞留期。机器学习被应用在许多工业领域，包括医疗、机器人学、电信、零售和制造业。

监督和非监督机器学习算法被用在各种分析学应用中。所选择的机器学习算法依赖于要解决的问题和解决问题所需要的数据类型和大小。监督性学习技术使用标记的数据来训练模型是十分有代表性的，然而，非监督学习在训练过程中使用的却是非标记的数据。被标记的数据训练出来模型之后，可以通过自身的训练来给未标记的数据进行准确的标记预测。标记的数据指的是提供一些关于数据信息的认证或标签。例如，语音记录等非结构化数据可以用说话人的名字或者关于录音话题的信息来“贴标签”或“标记”。人们经常将为数据做标记作为自身训练的一部分。未标记的数据不包含标签、其他标识或者元数据。例如，视频、社交媒体数据、录音或者数据图像等非结构化数据被认为是未标记的，如果这些非结构化数据以原生态的形式存在而没有任何的预想的人为对数据的调整。

6.2.2.1 监督学习

监督学习始于一组已经建立好的数据和对于这组数据如何分类的一些理解。人类参与进来扮演训练师的角色，分析模型会自适应被标记的数据。使用处理过的实例来训练算法，算法的性能由测试数据来检测。有时，在一个集合的数据中，明确的模式在更大的数据量中并不会被检测出来。如果你将模型调整到只适合存在于训练集中的模式，这样就造成了过度拟合的问题。为了防止过度拟合，做检测的时候需要同时测试标记的数据和未标记的数据。使用数据集合中未标记的数据有助于评估模型预测结果的精确性。一些监督学习的应用包括语音识别、风险分析、诈骗检测和系统推荐等。

以下工具和技术经常被用于监督学习算法。

- **回归**：回归模型是在统计社区中发展起来的。LASSO回归、逻辑回归和岭回归可以被应用在机器学习中。LASSO是线性回归的一种类型，它可以使得误差的平方和最小。逻辑回归是标准回归的多样化表现，但是它将概念延伸到处理分类问题上。它会检测一个相关变量和一个或多个独立变量之间的关系。岭回归是一项用于分析高内在联系（共线性）的独立变量的数据的技术。岭回归引入了估计的偏斜，来减少最小方差估计的标准差或者由共线性引起的误导的方差。
- **决策树**：决策树是对数据结构的描述，它勾勒了一组范畴之间的关系。树叶或者根节点代表种类，而其他节点代表"决策"或者细化搜索树的问题。各种机器学习算法都是基于遍历决策树。比如梯度增加算法和随机森林算法认为潜在的数据是作为决策树存储的。梯度增加技术是解决回归问题的一门技术，它从整体的角度创造出了一个预测模型。随机森林使用分类和回归树组织数据来寻找离群值、异常和数据中的模式。这个算法通过首次随机选择预测器建立模型，然后不断地重复这个过程建立成百棵树。随机森林是一个背包工具（对引导例子的回归树拟合的整体效果），通过依赖迭代方法对许多迭代分析建立更多精确的模型。在树生成后，就可能明确簇或者数据的分片，并且对模型中使用的变量按重要性进行排序。加州大学伯克利分校统计学系的 Leo Breiman 创造了这种算法，并在 2001 年发表了论文对该算法进行描述。随机森林算法被广泛应用于风险分析中。

- **神经网**：神经网络算法是用来模拟人脑或动物大脑的。网络是由输入节点、隐藏层和输出节点组成的。每一个单元都被分配一个权重。使用迭代方法，算法可以持续地调整权重直至到达一个具体的终点。训练数据输出中明确的错误用来对算法做出调整，并提高分析模型的准确性。神经网络被用在语音识别、对象识别、图像检索和诈骗检测中。神经网络也可以使用在像亚马逊这样的推荐系统中，基于先前的购买和搜索记录为购买者做出选择。深度神经网络可以用来基于非标记的数据构建模型。

正如第 5 章“在分类学和本体论中表示知识”所描述的，最近两个项目突出了神经网络作为发现和分类引擎的动力。“谷歌大脑”（Google Brain）项目在一个神经网络中使用 16 000 个处理器在图片中发现交叉模式，该项目能够在没有预先定义的猫图像模板的情况下将猫识别出来。微软的项目“亚当”（Adam）能够利用异步神经网络从图片中识别狗这个物种。

神经网络很难应用在需要审计追踪和具有可追溯性的环境中，比如金融服务贸易系统。因为这些系统被设计成能够自动学习，它能够禁止追踪变化造成的浪费，这种变化在某种程度上将会满足外部检验员的需求。

- **支持向量机（SVM）**：SVM 是一种机器学习算法，它和标记的训练数据一起作用，并输出最优超平面的结果。超平面是负一维的一个子空间（即一个平面上的一条线）。SVM 通常在有少数输入特征的时候被使用。这些特征被扩展到更高维的空间。SVM 对于拥有十几亿元素的训练数据来说并不是可扩展的。对于极其大量的训练数据，一个可替代的方法是逻辑回归。
- **k- 最近邻（k-NN）**：k-NN 是一种识别多组类似记录的监督分类技术。k-NN 技术计算历史（训练）数据中记录点之间的距离，然后将这个记录分配给一个数据集合中离它最近的邻居所属的类。通常在对于数据分布所知道的信息较少时才选择 k-NN。

6.2.2.2 非监督学习

非监督学习算法可以解决需要大量非标记数据的问题。因为在非监督学习中，这些算法会寻找数据中的模式促进分析过程。比如，在社交分析中，你可能需要查看大量的推特消息、Instagram 照片和脸书消息来收集合适的信息和发现解决问题的思路。这些数据没有被标记，并且在给定大量的数据的情况下，尝试标记所有的这种非结构化数据将会消耗大量的时间和其他资源。因此，非监督学习算法将会成为社交媒体分析的最可能的选择。

非监督学习意味着计算机在没有人为干涉的条件下基于迭代的分析数据的过程进行学习。非监督学习算法将数据分成多个例子组（簇）或者特征组。未标记的数据生成参数值和数据的分类。非监督学习可以决定一个问题的结果和解决办法，或者它可以作为第一步来使用，然后过渡到监督学习过程。

以下工具和技术是在非监督学习中使用的典型方法。

- **聚簇技术**被应用于发现数据样本中存在的簇。簇基于某种准则将变量分成组（有 X 的所有变量或者没有 X 的所有变量）。
  - **K 均值算法**可以基于数据估计未知的平均数。这种算法可能在非监督学习中得到最广泛的使用。它是一种简单的局部优化算法。
  - **聚簇的 EM 算法**可以在给定数据的情况下最大化混合密度。
- **Kernel 密度估计**（KDE）估计一个数据集合中的概率分布或密度。它测量随机变量之间的关系。当有限的数据样本中产生干扰的时候，KDE 可以用来平滑数据。KDE 用在分析中进行风险管理和财务建模。
- **非负矩阵分解**（NMF）在模式识别中很有用，并且可以用来解决基因表达分析和社会网络分析等具有挑战性的机器学习问题。NMF 将一个非负矩阵分解为两个低阶的非负矩阵，并且可以作为聚簇或分类的工具。作为一种使用方法，它和 K 均值聚簇相似。在另一种变化下，NMF 和概率潜在语义索引相似，后者是一种用于文本分析的非监督机器学习方法。
- **主成分分析**（PCA）用于虚拟化和特点选择。在每一个线性的维度都是原始的一个线性组合时，PCA 决定线性映射。

- **单值分解**（SVD）能够帮助估计冗余的数据来提高算法的速度和整体性能。SVD 可以帮忙决定哪个变量是最重要的和哪个变量将要被移除。例如，假设你有两个高度相关的变量，如“湿度指数和下雨的概率”，因此当一起使用这两个变量的时候，不要给模型赋值。SVD 可以被用来决定哪个变量可以在模型中继续使用。SVD 也经常被用在推荐引擎里。
- **自组织图谱**（SOM）是一种非监督神经网络模型，是由 Tuevo Kohonen 于 1982 年发展起来的。SOM 是一个模式识别的过程。这个过程可以在没有任何外界影响的前提下被学习。它是一种从视觉传感器映射到大脑皮层的抽象的数学模型。它被用来理解大脑如何识别和处理模式。这种对大脑如何工作的理解已经被应用到机器学习模式识别中，这些技术也已经被应用到人工过程里。

6.2.3 预测分析

预测分析是一种统计学或者数据挖掘方法，它包含能够预测未来结果的算法和技术。数据挖掘、文本挖掘和机器学习可以在结构化和非结构化的数据中找到隐含层、簇和异常值。这些模式构成了认知系统做出答案和预测的基础。预测模型使用在数据挖掘和其他技术中明确的独立变量，来决定在未来各种环境下可能会发生的事情。组织机构以各种方式使用预测分析，包括预测、优化、预报和仿真。预测分析可以被应用在结构化的、非结构化的和半结构化的数据中。在预测分析中，你所使用的算法应用了某种对象函数。比如，亚马逊使用一种算法来学习你的购买行为，并且基于你的兴趣对你其他的购买行为做出预测。

对分析非结构化数据的关注代表着对预测分析用途的改变。传统上，统计学和数据挖掘技术已经被应用到结构化数据的大数据库中。一个组织内部的操作系统中的记录通常是以结构化的数据来存储的。然而，大量的非结构化数据的数据类型代表了大部分需要形成一个认知系统的知识基础。这些非结构化的数据源包括电子邮件、登录文件、客户呼叫中心留言、社交媒体、网络内容、视频和文献资料。直到最近，对于公司来说，为做出决策而摘录、探索和利用非结构化数据变得更加困难。技术先驱如 Hadoop 已经提高了非结构化数据的速度和统计分析的性能。分析这些非结构化数据源的能力是发展认知系统的关键。

预测分析的商业价值

企业使用预测分析来解决许多商业挑战，包括减少顾客波动、提高对于顾客优先级的整体理解和减少诈骗。商业活动可以利用预测分析来定位适合某个文件的目标用户，并且根据购买的优先级和当前的情绪将客户进行划分。通过迭代分析和机器学习调整模型，预测分析可以使商业活动的结果变得更好。表 6-2 描述了几种预测分析顾客使用案例。

表 6-2　预测分析使用案例

使用情形	例子	预测分析是如何改变结果的
预测消费者的行为	厂商可以识别消费者的偏好模式，这种模式用传统数据分析手段是得不到的。使用预测分析强化了供应链管理模式，并且提高了对消费需求的反应能力。这个厂商能够以98%的准确率预测消费者4个月的订单	公司部署了实时数据仓库以确保来自不同源头的数据能够被合理地整合，并且在合适的时间被送去进行分析。公司正在建造更准确的模型，这些模型使用时间化数据并且有多样的数据形式。这些模型被设计来发现隐藏的样式，并且可以准确地做出预测
销售和库存预测	零售商使用先进的分析，以更快的速度发展模式，比过去使用更大容量的数据。这个公司通过改善其销售预测模型的精确度和减少库存获益。与传统方法相比，该公司实现了82%的准确预测，这是一个重大的改进	该零售商构建了一个分析平台，该平台可以标准化和自动化一部分预测分析过程。利用这个平台，公司一个月可以建立500个预测模型 相比之下，使用传统方法只可以建立1个模型。模型数量的增加就带来了更高的精度
预测机械制造中的瑕疵	医疗设备制造商将传感器嵌入到设备中以监视性能。记录的数据流不断被分析，以便有足够的时间预测潜在的故障并进行调整，避免伤害病人	用先进的分析技术来建立复杂的算法，该算法相比于传统算法可以更准确地发现故障隐患和监控敏感的设备。需要被分析的数据量很大并且属于流媒体
预测并减少舞弊	保险公司使用先进的分析算法来改善索赔处理过程和欺诈检测。该公司提高了查找舞弊者的成功率，从50%提高到90%，并节省了数百万美元	预测分析的使用使得整个索赔过程看起来不同。对欺诈模式进行了分析并且结果被用于每个新的索赔，检测其是欺诈的可能性。文本挖掘被纳入系统以便分析警察报告和医疗记录的内容

6.2.4　文本分析

基于文本的非结构资源的商业价值，文本分析是认知系统一个至关重要的元素。文本分析是分类非结构化文本，摘取相关信息并将其转换为结构化信息，最后以各种方式分析这些信息的过程。在文本分析中使用的分析和摘取信息的过程利用了其他起源于计算语言学、自然语言过程、统计学和其他计算机科学规律的技术。这些文本可以被摘取和转化，然后通过迭代分析来明确模式或簇，从而决定关系和趋势。另外，来自文本分析的转化信息可以和结构化数据结合起来，并且使用各种商业智能或预测发现技术来分析它。

商业活动需要基于实时信息做出决策，这使得文本分析变得更加重要。比如，一个电信提供商只需要知道客户的实时敏感数据，就可以判断出哪些用户很有可能投奔自己的竞争对手。依赖于顾客情绪数据的预测模型的精确性，需要对大量非结构化数据进行快速分析。情绪分析和自然语言处理引擎可以建立更准确的模型并且提高分析的速度。机器学习可以通过将信息反馈给模型，提高模型对来自社交媒体的敏感数据的反应能力。文本分析被广泛使用于帮助组织提高客户满意度、建立顾客忠诚度和预测客户行为的变化。文本分析也可以提高分面导航领域的搜索能力。

文本分析的商业价值

文本分析的商业价值随着组织机构对如何基于内容做出反应或做出决策的理解的能力提高而增长。文本分析应用在市场分析、社交媒体分析、情绪分析、市场篮子分析、预售、产品选择和存货管理（见表 6-3）等领域。为了采取正确的措施，公司不但需要理解顾客在说什么，还要理解顾客的倾向性。文本分析能够帮助公司听取顾客的意见，无论是个人的还是大众的。要了解顾客下一步打算做的事，就需要在细节方面对情绪有很深的理解。这种对顾客的深度了解通常是顾客之声（Voice of Customer，VOC）项目的一部分。比如，通过将之前购买的知识和顾客与其他人的关系分析、顾客的购买行为和高级别问题结合在一起，公司在任何顾客交互方面都将处于更好的位置并且采取最好的措施。

VOC 项目的目标是理解顾客的痛苦，并且明确你在什么地方与顾客方面有极大的挑战。比如，你的新产品介绍有没有满足期望，或是你是否面临着产品有瑕疵的问题？通过将文本分析融入到 VOC 项目里，你可以更快地明确顾客的情绪。这些情绪可能在邮件、顾客调查和社交媒体中被找到。在大数据中经常会有很多噪声，这些噪声可能包含关于顾客情绪的有价值的信息。文本分析可以减少在大量非结构化数据的明确模式过程中产生的噪声，并且对顾客的行为提供一个更早的指示。在情绪分析中，输入的是文本，输出的是一个情绪的分数（从积极到消极的变化）。这个模型使用一个算法来计算分数。你可以查看情绪在一段时间中是如何变化的，或者顾客是如何将你的产品和竞争者相比的。

表 6-3　文本分析案例

营销	流失分析、客户的声音、情感分析、客户调查分析、社交媒体分析、市场调研
运作	员工的声音、文档分类、有竞争力的情报
法律/风险及合规性	文档分类、风险分析、欺诈检测、保修分析、电子发现

6.2.5　图像分析

认知系统的知识资料扩展来源可能包括视频、图片和医疗图像。由政府、组织和个人创造和管理的图像数量已经有了极大的增长。因此，图像分析能力在认知计算方面很重要。在这些图像中快速识别簇和模式的能力对于 IT 和物理安全、医疗、传输物流和很多其他领域有很重要的影响。比如，人脸识别技术作为预防诈骗和解决犯罪问题的工具，用来核实和明确个体。政府使用人脸和图像分析来预测和阻止恐怖分子活动。人脸识别可被用在视频索引中——在视频中标记人脸和明确说话者。尽管人脸识别是图像分析的一个非常重要的部分，但认知系统要求能够在很多不同类型的图像中辨识内容。图像分析能够通过将物体分类成不同的范畴来索引和搜索视频活动，这些范畴如人类、动物和汽车，或者是在医疗数字图像中寻找异常现象，如 X 光或 CT 扫描。

人脸识别是图像分析中最早的搜索领域之一。第一个人脸识别系统在 20 世纪 60 年代左右发展起来。然而这个系统只是部分自动的，其中包含很多人工操作的步骤。在 20 世纪 80 年代晚期，Kirby 和 Sirvich 开发了一个名为主成分分析（Principle Component Analysis，PCA）的系统，这个系统可以对比图片中数字化的部分（特征脸）。压缩技术将与对比无关的数据消除掉。这个研究代表了极大的进步，使得系统有更高的自动化能力，并且在速度和精确性方面带来了提高。在这个技术领域有许多正在进行并且继续在改善的研究。例如，有很多算法专注于在人脸中识别骨骼和肌肉特征。这些特征对于人脸表达很有影响，即使随着一个人年龄增长也可以持续一段时间。

人脸识别现在对于很多技术公司来说是一个重要的搜索领域。比如，Facebook 对于人脸识别的研究造就了名为 DeepFace 的软件，它是基于高级机器学习的神经网络。机器学习算法分析大量的人脸，在面部特征中寻找重现的模式，如眼睫毛和嘴唇。Deepface 的学习过程基于 400 万张人脸图片。Facebook 和其他公司，如谷歌和苹果，使用人脸识别技术使用户能够在相册中识别和标记朋友。Facebook 的 DeepFace 项目将被用来提高 Facebook 的人脸识别能力。如今的测试矩阵显示，DeepFace 在比较两张照片中的脸是否是同一张脸时，几乎已经有了和人脑相同的精确性。拥有这种精确性对于 DeepFace 而言，将会有许多其他面向市场、销售和安全问题的应用。

图像分析技术最关键的一方面是检测边缘或是图像中物体的边界。边缘检测算法寻找色彩的不连续性，以便可以用来分割图像。一些最平常的边缘检测算法包括 Sobel、Canny、Prewitt、Roberts 和模糊逻辑。这些算法被应用在所有的物体上，而不仅仅是人脸。人脸识别的过程开始于在图像中找到面部，并明确面部特征。另一个方面是基于色彩分割的决策，通过观察皮肤色彩增强像素点的比例。人脸识别算法使用特征脸线性抓取识别技术（Eigenface-Fisher Linear Discriminant，EFLD）和动态模糊神经网络（Dynamic Fuzzy Neural Network，DFNN）帮助特征的维度区分和分类。和之前的算法相比，它减少了误差。这种算法对于含有不同表情、姿势和照明条件的人脸数据库起到很好的效果。机器学习框架可以提高在大量图像中建模和分类的能力。

美国加利福尼亚州圣地亚哥的新兴公司 Zintera 开发了一个基于生物物理神经网络模型的图像和视频处理技术平台。Zintera 的技术需要非常零散的训练集合，以使得神经网络能够快速地处理图像和视频。

在医疗领域有很多关于图像分析的潜在应用。比如IBM有一个名为Medical Sieve的长期挑战性项目，其中就包含了图像分析。这个项目的目标是建立下一代具有高级多模分析、临床知识储备和推理能力的认知助手。Medical Sieve这个图像导向信息系统将协助放射学和心脏学上的临床决策制定。放射学家每天需要查看上千张照片，这造成眼睛疲劳并且增加了误诊的可能性。Medical Sieve使用高级医疗文本和有高级医疗知识导向的图像处理、模式识别和机器学习技术，来处理关于病人的医疗数据，并且在图像中发现异常。最后，它创造了图像学习的高级概括，捕捉了从各种不同图像中检测出的最重要的异常之处。

6.2.6 语音分析

文本、图像和语音分析可以被应用在认知系统中，提供准确回答一个问题的上下文信息，或是做出精确的预测。尽管文本分析用在获得敏感信息的分析力上，但许多情绪和态度在文本中可以被轻易隐藏。图像和语音可以提供对个人情绪和所期待的举动的许多线索。语音识别是用分析记录的语音摘取关于一个人说话的特征或是话语中的内容的一个过程。识别话语和短语中的内容可以提高预测模型的准确性，这些话语或短语在某种程度上是情绪和所要进行的举动的很好的暗示。

语音识别已经被应用于呼叫中心流程很多年。在自动语音识别领域（ASR）的重大研究早在20世纪50年代就有了。ASR系统在无需训练的情况下就可提供具有不同的语音模式和地域口音的人的精确信息。统计模型能够为不同的单词和声音参考模式创造语音分簇算法。尽管各种统计模型技术被应用于解决ASR问题，但隐马尔可夫模型和随机语言模型仍成为20世纪80年代被最广泛使用的技术。随着呼叫中心在20世纪90年代发展起来，并且成为创造更有效和性价比更高的方式的路由呼叫，AT&T之类的公司开始使用自动语音识别技术作为呼叫中心流程的一部分。

自动语音识别（Automated Speech Recognition，ASR）是语音分析的一个组成部分。ASR可以决定每个人口语中使用的单词和短语。这种基本的分析可以优先呼叫或者得到本次呼叫最初始的目的。然而，语音识别领域正进行深入研究以获得对文本更深的理解。呼叫被分类来识别模式和异常。在呼叫中心环境中，语音识别可以回答很多不同类型的问题。讨论的主题是什么？说话时的情感色彩是什么？说话者是否对产品生气、不耐烦或者不满意？顾客对于服务代理性能的期望得到满足了吗？

6.3 使用高级分析创造价值

最后，调用高级分析过程和认知计算的目标是帮助决策制定。公司正在使用分析技术来倾听客户的声音、预计他们的需求，以便能够给客户极具针对性的优惠，力求提供一个更好的服务，从竞争中脱颖而出。政府代理使用分析来区分不同的城市，以确保它们更加安全、对公民的需求响应更加积极，并且更加环保。医疗组织使用分析提高对医师的训练，以减少不必要的住院治疗并提高医疗的整体质量。通过建立分析模型和认知计算环境提高决策制定水平，需要更多、更准确和精炼的数据，以及在高速的环境下对输入数据的管理和阐释能力。

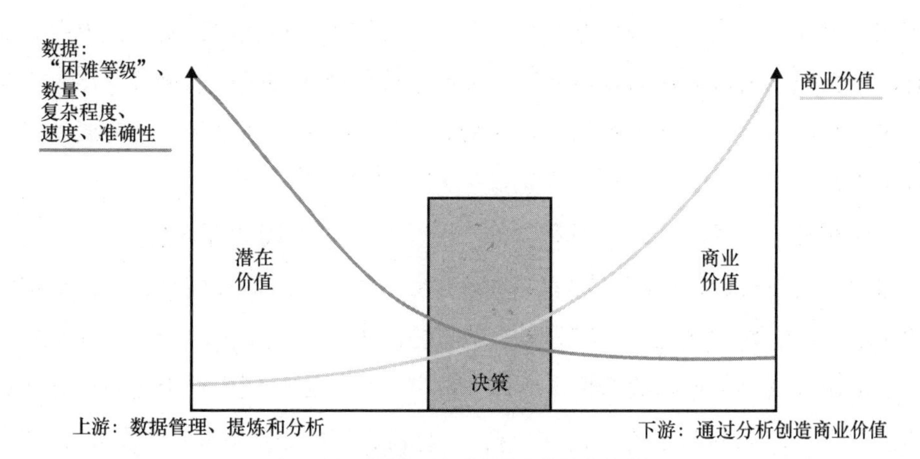

图 6-2　提炼原始数据创造商业价值

来源：《分析基础执行指南》（STORM Insight, Inc.，2014 年 1 月）

图 6-2 描绘了公司经常需要从数据中创造商业价值的交易情况。做出更快和更有执行力的决策依赖于减小从所有输入流中正确翻译数据的“困难等级”。

你需要管理大量而且复杂的数据。同时，你需要以一种高效的方式采样高速的数据。系统和传感器捕捉的数据有潜在的价值，但是需要经过处理和分析才能建立商业价值。参考图 6-2，商业价值随着数据量、复杂性和速度在分析过程中得到管理而逐渐增加。对于一个组织而言，价值来源于对数据分析的利用。

建立拥有内存能力的价值

管理速度、复杂性和容量这些维度可以通过一个优化的策略来处理得最好，这个策略包含软件和硬件。为使适当地测量支持大数据分析，许多公司选择预整合和优化的硬件来运行高级分析作业。为了实现商业价值，分析模型和预测需要被完全整合到操作商业的过程中。所有的应用需要在恰当的时间接入必要的数据。柱状排列、图形数据库和内存计算等能力有助于提高高级分析质量。为了提高速度，可以应用共享内存、共享盘、高速网络和优化的存储。

为高速和大容量分析而设计的平台可能依赖于内存能力。交易过程、操作过程、分析和报告虚拟化可以被整合成只有一个内存的平台。这种平台消除了数据提取和转化的时间消耗。内存分析提供了快速处理大量复杂分析作业负载的一种方式。它可以提高应用性能。这些作业负载可以被分成更小的单元并分布在一个平行系统中。这种方法基本上是和结构化数据一起使用的。内存分析有助于克服尝试将大数据以足够快的速度进行虚拟化和分析的挑战。比如，在实时流数据中，内存能力可以确保 RAM 执行的计算速度比硬盘的数据处理速度更快。

现在对于开发、高级分析和认知计算建模的方法需要伸展性更高的架构。机器学习使用的迭代过程产生了更精确结果，然而同时需要内存计算提供极快的速度。由于数据被视为高级分析中最重要的资产，使用内存能力的一个好处就是，你可以不需要将数据推送到计算发生的地方。管理内存中的数据意味着数据可以被用来同时进行交易和分析。为机器学习组织文件是进程密集型的，因此为文件执行创造标志或标签这样的任务在内存中可以处理得更快。许多公司发现它们正在为发展更精确和定制化的预测建立成百的模型。除此之外，机器学习算法需要可以针对大量数据进行复杂的技术运算的方法。架构恰当的能量和速度对于这些预测模型和认知系统的成功而言至关重要。

6.4　开源工具对高级分析的影响

在很多组织机构中，开源工具对于预测分析的成熟起着主要的作用。开源软件环境和编程语言 R，正快速地成为数据科学家、统计学家和其他企业用户的基本工具。为计算分析和数据虚拟化而设计的 R 语言，对于研究生做高级分析和认知计算来说是一门很好的语言选择。人们对 R 语言强烈的兴趣形成了一个非常活跃的开源社区。社区的成员分享关于模型、算法和代码的最佳实例信息。用户们喜欢专用编程语言和环境为建立自定义应用而提供的灵活性。R 语言的好处在于它的灵活性和适用性。R 语言事实上是贝尔实验室统计编程语言 S 的实现，是使用 FORTRAN 统计子程序更高级的替代语言。

尽管 R 语言对于不是很有经验的数据科学家或统计学家来说使用起来很复杂，但一些供应商为 R 语言提供了一些联系，让使用变得更容易。供应商正在提供模型开发中预先配置好的待用的算法。开源社区已经孵化出很多项目并提供支持，为高级分析应用形成了基础。比如，阿帕奇基金会里的两个重要项目 Cassandra（分布式 DBMS）和 Spark（Hadoop 空间聚簇计算的分析架构）。

6.5　总结

高级分析有助于认知系统获得来自全集和本体的认知。比如，机器学习算法和预测模型被应用于确保认知系统的持续学习。系统需要理解文本，提供问题的正确解答，做出精确的预测，并在恰当的时间应用恰当的信息。你所选择的真正的机器学习算法将依赖于分析的目标。比如，认知系统是否被应用在医疗的某个方面？目标是否和提高医疗诊断精确性、减少花费、减少病人出院后的重住院率、提高个人或社区的整体健康水平有关？机器学习算法将被应用于帮助发现模式，这对建立一个精确且快速的认知系统而言是很重要的。预测、分类、分割、预报、序列模式挖掘、关联模式挖掘、时空数据挖掘或者模式探测的算法可能为了提升系统结果而被按需应用部署。

第7章 认知计算中云和分布式计算的作用

利用高分布和高效益计算服务的能力不仅改变了管理和发布软件的模式，而且成为商业化认知计算的关键。庞大的认知计算系统需要一个支持多种硬件类型、软件服务和平衡负载的网络元素的融合计算环境。因此，云计算和分布式结构是做大尺度测量认知计算操作所需的奠基模型。本章提供了对分布式计算架构和云计算模型的综述。

7.1 利用分布式计算分享资源

认知计算环境必须提供一个能够巩固大量来自不同源的信息并以一种很高级的方式对此信息进行处理的平台。这个系统也必须能够实现高级分析来获得对复杂数据的洞悉。很显然，对一个单整合系统而言，将许多不同元素整合在一起是不切实际的。这就是高分布式环境选择支持云计算成为分发平台的原因。云是一种方法，它提供一组包括应用、计算服务、存储能力、网络、软件开发、变化的部署形态和商业过程的共享计算资源。云计算允许开发者将分布式计算系统组合成一组可以用来支持大量认知负载的共享资源。为了实现这个目标，基于标准和标准化的接口的云服务很重要。这些接口是由长期提供规范的标准组织定义的，并可以被云供应商广泛采纳。本章提供了对实现认知计算的分布式云服务的角色的认识。

云服务的消费者，包括建立认知计算应用的公司，从共享资源模型中获利，使得它们能够对系统的接近峰值效率的利用进行付费。拥有这些资源需要一个持续的不变成本为了预期峰值负载而承载的冗余容量。拥有使用所需的这些服务的能力，使得它们能负担得起一个大范围和大规模的组织机构。

7.2 为什么云服务是认知计算系统的根本

一个认知系统需要利用数据源和复杂算法的能力。操作认知系统最有效和最有影响的工具是云计算。这是因为通过设计，它们能够基于分布式计算模型而构建。如果没有互联网的分布式计算能力，万维网（或 Web）将不会存在。事实上，通过分发地址而无需了解内容，Web 得以使研究者分享文档、图像、视频或音频文件。对认知计算的优化使得环境能够支持大量的数据，这些数据必须基于模式被分析和组织。比如，源数据可能分布在成百上千的不同的结构化和非结构化信息源中。为了能够协调这些源的入口，云环境可能有一个目录、索引或数据点的注册，和与关键资源有关的元数据，可能也有对利用高能计算能力的需求。使用云计算和它下面的分布式模型的另一个好处是引入高能计算引擎来解决复杂科学、工程和所需的商业问题。再者，组织机构将不必购买这种高端系统，仅在需要的时候消费这种计算服务便可。

7.3 云计算的特征

尽管这章包含了大量云计算的模型，然而对于所有的模型而言是有共性的。这些共性包含弹性和自服务供应、服务使用与性能测量，以及负载管理。另外，支持分布计算能力对于云而言是有用的。由于云的动态本质，所以需要这些服务。云经过专门的设计，它可以支持大量不同的作业负载和这些作业负载的特征。这一章包含对这些性能和特征的讨论。

弹性和自服务供应

云服务的弹性为消费者提供了他们完成一项任务增加或减少计算、存储或网络操作的能力。尽管增加其他服务的打算在其他计算模式里是可行的，然而，在云环境中，弹性应该是由自服务功能控制的一种自动服务。当云服务的使用者需要增加计算服务数量时，这就显得尤其重要。比如，当将一个算法应用于一组复杂数据的时候；在完成这种计算时，计算资源的数量也会自动地减少。

弹性的内在领域是扩展和分布式处理。

7.3.1.1 扩展

通过云弹性，你能够扩展服务，转移作业负载。扩展的两个基本模型是水平扩展和垂直扩展。水平扩展（通常被称为横向扩展）意味着同一种服务类型基于作业负载的需求被扩展。随着需要更多相同的能力，系统需要分配更多的资源。随着这种需求减少，这些资源就被释放到资源池里。利用水平扩展，可以加入额外的服务器来支持膨胀的需求。相比而言，垂直扩展（通常被称为纵向扩展）出现于计算资源扩张的时候，能够在作业负载和计算环境之间创造一种很好的平衡。不需要增加更多的服务器，这种扩展环境能够使你在现有的系统环境中增加多余的记忆或存储。垂直扩展在解决需要高分布式计算环境的应用问题时是有效的。比如，Hadoop 被设计成节点分布式计算，因此能够从纵向扩展中受益。

7.3.1.2 分布式处理

随着大数据的增长，在计算节点中，分布式处理以获得更佳性能的潜力变得越来越重要。尽管关于分布式文件系统的想法并不是新的，但新的数据技术如 NoSQL、HBase 和 Hadoop 正在驱动这种重要的能力。使用一个云里的机器簇来处理复杂算法是至关重要的。认知计算需要的不仅仅是摄取数据的能力，也需要分析复杂数据的能力，来为复杂问题提供潜在的答案。

7.4 云计算模型

尽管云计算中有高级技术，你也需要理解云计算是一个服务提供模型，它将等级转化成公司可以接入和管理的复杂技术。云服务的经济效益是很明显的。通过提供一个共享的服务模型，有很多不同的优化方法来为具体的作业负载执行具体的任务。这与电网是如何操作的类似。一个大都市区域没有单个发电厂来支持所有消费者，而是通过一个系统或网络和一个高度分散的电力分布基站集合进行协调，来支持不同的邻区。一个好的电网设计会基于环境条件、消费模式或灾难事件对电力的分布模型化。拥有一个共享的服务模型使得电网是可承受的。如果你进一步类比，投资连接在电网上的太阳板的公司或个人所获得的回报和太阳板对公共电网共享的发电量是一致的。同样地，在 World Community Grid 这样的系统中，个人可以通过共享计算资源来帮助解决主要的计算问题。在未来，可能会产生认知计算电网，使资源可以在公司、工业、地区和国家之间共享。

对于云计算而言没有单个模型，因此会有很多部署模型，包括公共的、私有的、管理的服务和混合云。每一个部署模型将这些服务模型特征化为软件即服务（SaaS）、平台即服务（PaaS）和基础设施即服务（IaaS）。下列内容是对这些部署模型的描述。下一个部分提供了对每个模型技术支持的综述。

7.4.1 公共云

公共云是一种计算效用模型，通常提供一个共享的多客户环境，在这种环境中，用户物理共享一个服务器内的一个容器。多租户云是一种由第三方服务提供商所有和运营，并且通过网络连接接入的开放式接入服务。客户根据使用情况或者计算或存储的单元支付费用。因此，一个公共云通常被认为是一个商品服务。通常，一个用户通过一个虚拟的镜像（能相对物理硬件独立运行的计算资源的组合）来接入服务。当公共云支持常见的作业负载时，它们是最有效的，因此系统对于此作业负载是自动化和最优化的。这不同于数据中心，在数据中心里，可能存在多样的操作系统，以及多种类型的应用和作业负载。正因为如此，为少量简单的作业负载而优化环境是很困难的。公共云之所以能够成为一种有效的经济模型，是因为它是建立在一个共享的服务模型基础之上的。公共云供应商例如亚马逊、微软 Azure，以及谷歌的云服务能够支持的用户越多，则供应商为每个使用单元支付的费用越少。标准的支付模型基于每兆字节或一个计算单元需要几美分。

一个公共云最重要的特征之一是它为所有的用户提供了相同级别的服务和安全性，这由一般的服务级别协议（Service Level Agreements，SLA）来体现。因此，服务的提供者把他的服务器、自动控制以及安全作为一个整体来管理。对于使用公共服务的用户而言，这个系统操作过程中的资源基本是看不到的。

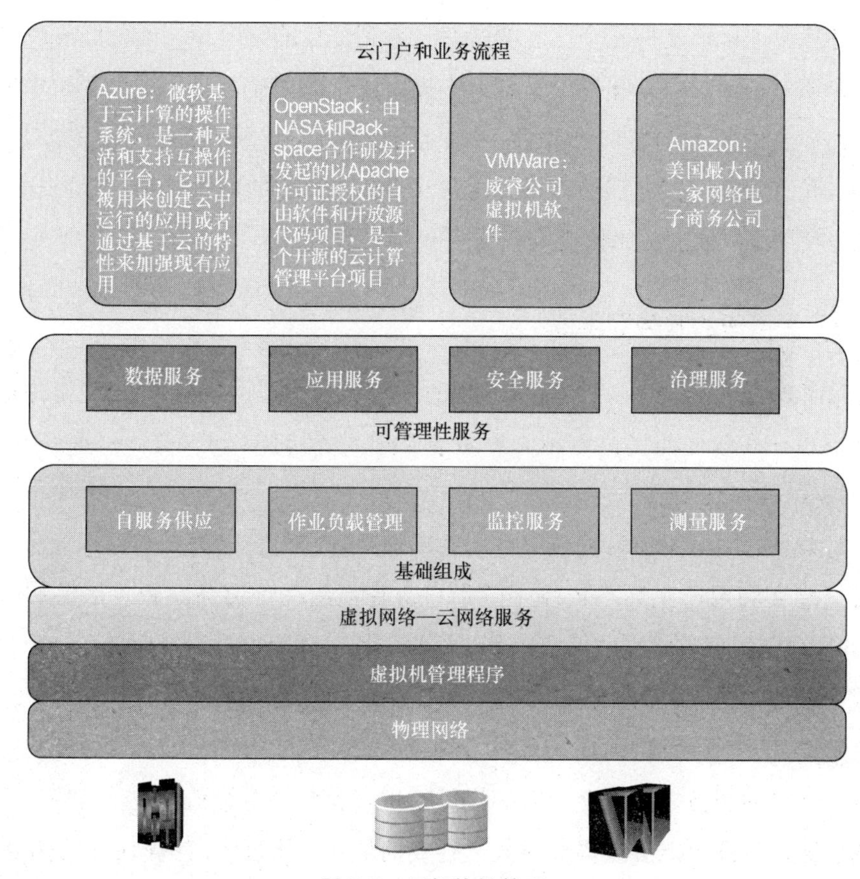

图 7-1　云架构的基础

设计良好的商业公共云服务商一般会提供合理的服务和安全级别。由于政府法规规定而需要具有合规性和治理保障的公司可能无法使用公共云服务。在那些例子中，私有云服务对于重要的客户和金融数据可能是一种更可行的选择。然而，其他的商品服务，例如电子邮件，经常使用公共云服务来实现，因为它们对于组织机构来说不是战略性的资产。一些公共云服务商会提供额外的特殊化的服务，例如虚拟私有网络或特殊化的管理服务。

7.4.2　私有云

正如名字所暗示的，一个私有云在一个公司的数据中心进行管理，并且这些资源通常是不能与其他公司共享的。就像公共云一样，一个私有云是一个优化的环境，它可以支持一个单一的带有一系列优化的管理和自动化服务底层的操作系统。正如公共云那样，私有云也提供优化的作业负载来提升管理水平和性能。一个私有云是内部控制的，因此它可以基于产业管理需求而提高安全性。此外，私有云可以依据需要支持的用户和合作方特定的服务级别来建立。公司有能力使用工具和服务来监视和优化安全与服务级别。

7.4.3 受管理的服务提供商

除了由一个公司直接所有和运营的私有云，这里存在由第三方为特定用户利益设计和管理而提供专用云服务的管理服务提供商（Management Service Providers，MSP）。

对公有云服务不满意的公司可能并不想运行它们自己的私有云。此外，一些公司想要利用一系列不依赖于他们自身环境的高级服务。管理服务提供商（MSP）通常提供特定产业的云服务，这种云服务作为一种运行中的受支持的服务或一种按需的服务而被使用。这些云服务要么有公有云的特征，要么有一个具有管理、安全以及自动化的私有云的特征的良好架构。它们可能会提供一些多租户环境的服务，但也会为客户提供仅供其安全使用的私有硬件环境。受管理的服务提供商可能会提供针对某一行业的认知计算服务，例如通过使用机器学习算法分析零售环境中的用户流失的技术。因此，MSP 是私有云的一种形式，因为一个独立的用户可以在一个专用的、物理上分隔开的基础上使用它。

然而，例如公共云，它可以以一种相同的结构方式服务多个客户，尽管这些客户在物理上是分开的。

7.4.4 混合云模型

混合云提供整合或者连接到服务的能力，这些服务是跨越公共、私有或者管理服务的。本质上，混合云成为一种虚拟的计算环境，这个环境可能将一个公共云中的虚拟的服务和来自私有云的服务、一个管理服务供应商和一个数据中心结合到一起。比如，一个公司可能使用它自己的数据中心来管理顾客交易。那些交易接下来会被连接到一个公共云上，公司已经在公共云中创造了一个基于网页的前端和一个移动接口，允许客户购买在线产品。同一个公司使用第三方管理的服务来为每个试图使用信用卡支付服务的人检查信用。也可能会有一系列公共的基于云的应用来控制顾客服务的详细信息。除此之外，公司在节假日的高峰期使用来自公共云提供商的额外计算能力，以确保在系统超载的时候网站不会崩溃。

虽然这些元素中的每一个都是由单个供应商设计和操作的，但是它们可以作为一个单一的系统来管理。一个混合云可以是高效的，这是因为作为一个分布式系统，它可以使得公司利用一系列最有利于手头任务的服务，如图 7-2 所示。

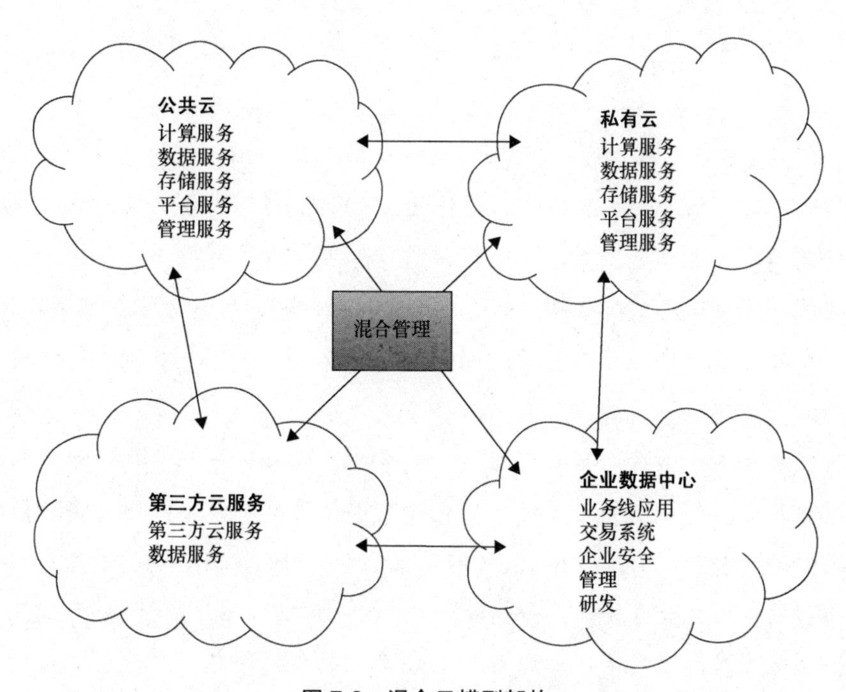

图 7-2 混合云模型架构

不管云模型是公共的还是私有的，它们都可以为最优服务组成的部分分配不同的认知计算负载。因为一个认知系统的性能可以从各种负载服务的部署优化，而不是从一个统一的系统中受益。随着这些系统产量的增长，混合云模型成为最有逻辑性和最实用的方法。认知计算可以被建设成一系列交互的服务，并且通过应用编程接口（Application Programming Interfaces，API）呼叫不同的服务，来高效率、高效益地执行一个进程或运算一个算法。当公司偶然使用大数据集来运算复杂算法时，以一个合理的花费获得足够的计算资源是很困难的。比如，在制药行业，药物发现需要对大量的数据进行分析，这些数据需要被存储和处理。在云计算前，这些公司必须组合和选择数据的一个子集来进行分析。它们必须相信它们选择的数据是正确的子集。然而，模式和异常很有可能不会出现在子集或是它们能够采集的一个数据快照之中。

将云计算应用于医疗研究

理解云计算对于高级研究领域的益处的最好方式之一是查看医疗研究案例，如癫痫症分析。在 2013 年 12 月 10 日的《美国医疗信息学协会期刊》中，研究者讨论他们是如何利用基于云的大数据分析来引导癫痫症研究的。

研究者已经在进行这项研究，试图发现癫痫症（一种最常见的神经障碍）的治疗方案。数据最基本的来源是脑电图（EEG）。这个数据被用来诊断和评估癫痫症患者。如果来自这个数据的信号可以被实时分析和虚拟化，研究者就可以在癫痫发作之前、期间或者之后更好地判断患者正在经历什么。除此之外，这个数据可以与本体相关联，进而用来支持事件和诊断之间的结论。

钻研于这个项目的研究者发现，如果他们可以从一个桌面的综合应用移动到基于云的数据管理系统，他们就可以收集更多的数据并且实时分析数据。研究者开发了预防 SUDEP 的死亡率风险识别（PRISM）项目。基于网络的电生理学数据虚拟化和分析平台被称为“云波浪”。这种公共云架构将一个病人信息识别系统和增加的咨询系统整合到一起。这个系统的根基包括用于计算的水平算法的使用，以及使用 MapReduce 架构解释大量的数据。数据虚拟化将本体论结果和其他诸如风险因子数据库的研究结合到一起。一个咨询功能可以使得结果对研究者而言是可对接的。

没有云服务和高级分析的支持，研究者将无法在一个合理的时间帧中分析到如此大量的数据。数据分析将会花费大量时间，并且要求组织机构花费购买昂贵硬件的预算外开支。甚至更重要的是实时服务只是间歇性地被需要，因此，可以基于偶然基础的云服务对于项目需求来说是最优的。这个机构也建立了一个网络服务提供商来支持健康保险可转移性和可说明性法令（HIPAA）标准。

7.5　云的分发模型

不管是讨论公共还是私有云的部署模型，大量重要的服务分发模型定义了消费者和提供商利用这些方法计算的方式（参考图 7-2）。这些模型被分成四个不同的领域，因为他们每一个都提供了一项不同的对实现高级服务而言很重要的能力。

7.5.1　基础设施即服务

如名字所示，基础设施即服务（IaaS）是基础性的云服务。IaaS 通过一个虚拟镜像或者直接由计算机系统提供计算、存储和网络服务。这被称为本地（裸机）安装。尽管裸机安装在速度是最重要的因子的时候使用得非常频繁，但标准的 IaaS 模型仍依赖于虚拟化。一个公共的 IaaS 服务被设计成一个自服务环境，因此顾客可以基于所需要的计算实例购买诸如计算或存储的服务。消费者可以基于在一段特定时间内消耗的资源数量来购买一项服务。当一个消费者停止支付一项服务的时候，资源就消失了。在一个由公司直接控制的私有的 IaaS 环境中，这些提供的资源将会在原地保持并且由信息技术机构来控制。

7.5.1.1　虚拟化

虚拟化是从底层物理分发环境中分离出资源和服务的技术。在传统模型中，硬件通过虚拟机监控程序的使用进行分割。虚拟机监控程序是在服务器上层提供扁平层代码，使得系统资源能够共享的一种软件。这意味着单个系统可以支持多个操作系统、基础设施软件、存储、网络和应用。除此之外，虚拟机监控程序使得在相同的物理基础设施上可以支持更多的服务。IaaS 依赖于封装了一个顾客所需的关键能力的图表，来运行诸如大量计算能力或是一定量存储的云服务。这个图表将包含这些能力来管理这些资源，例如增加新的代码或是平衡一组资源。

7.5.1.2 软件定义环境

IaaS 的目标是优化系统资源的使用，这样他们就能够以最大化效率支持作业负载和应用。软件定义环境（SDE）是一个抽象层，它统一了 IaaS 中虚拟化的组件，因此各组件可以以一个统一的方式进行管理。事实上，SDE 打算为 IaaS 环境中所使用的资源种类提供一个整体的编制和管理环境。因此，一个 SDE 将计算、存储和网络整合到一起创造了一个更加有效的混合云环境。它也使得开发者在同一环境中使用多种类型的虚拟化，省却手动编写服务之间联系。

7.5.1.3 容器

容器是由一个设计为在 IaaS 中运行的应用组成的，与其将依赖项封装在一起，不如作为一个用于部署的轻量级的包。它包括设计好的标准化的应用编程接口（API），使集成变得更加容易。容器经常被使用在一个由软件定义的环境中。容器的使用代替了系统对虚拟化图片的依赖。和虚拟化不同，容器不需要虚拟机监控程序。过去几年中出现了几个开源的项目（如 Docker），促进了这种计算风格的发展。

7.5.2 软件即服务

软件即服务被定义成一种在公共云服务上运行的应用。如今，几乎所有的企业软件都是可以由 SaaS 获得的，并且 SaaS 正在成为桌面应用和个人软件的根本方式。实际上，由于 SaaS 模式为供应商提供了一个更加可预测的收入流，购买或者获得某些软件的许可正在变得困难。

SaaS 应用可以利用 IaaS。与 IaaS 一样，SaaS 通常使用在多租户环境中，以便提供负载平衡以及自服务供应。这意味着有更多的用户和其他用户及公司共享一个物理的计算环境。他们自己的执行是和其他人分开的。SaaS 的好处之一是消费者不必为软件更新和应用维护负责。然而，与传统的应用不同，SaaS 的用户没有对应用永久性的授权，用户需要基于单用户、每月、每年进行付费。

许多 SaaS 应用被设计成如同客户关系管理或账户等业务进程的打包应用。这些应用以模块化的方式被设计出来，以便消费者可以仅选择他们所需要的。比如，一些付费 SaaS 应用可能会有一个基础的记账过程，并能够扩展成一个复杂的在线记账系统。在过去几年，越来越多的软件领域可以作为服务被获得，包括协作、项目管理、市场营销、社交媒体服务、风险管理和商业解决方案。

SaaS 的实现正在扩展并且超越传统的封装软件。逐渐地，大部分出现的软件平台由作为首选的部署模型的云服务来实现。体现认知计算云的能力的一个最重要的例子，是依赖于高分布式的云平台，对大量数据进行处理的大数据环境 Hadoop 和 MapReduce 的到来。这种云的分布式性质使得复杂计算能够被快速完成。

商业智能（BI）服务可以作为云服务来获得已经有几年时间了。然而，这些系统的目标是提供管理和捕捉商业历史性能的报告。高级分析产品逐渐地以云服务的形式供给。数据分析的数量和复杂性要求具有扩展性和分布式属性的类型的云。机器学习和预测分析中复杂的认知算法由云基础设施更好地进行服务。高级分析中使用云作为服务的好处之一是解决复杂问题更为便利。比如，分析者需要建立一个预测模型，在一个快速的时间范围内中解决一个具体的问题。分析者能够使用云里的高级分析应用，而不是购买所有的硬件和软件。分析者只为这个项目使用的应用进行支付。当这个项目完成的时候，将不会再有更多的财务责任。云利用超强的计算优势提供了解决问题的能力，可能也会有存储数据的需求和来自这个分析的结果。

云的分析即服务使得商业管理者或商业分析师能够利用记录最佳方法的分析门户网站。逐渐地，市场上开始提供科学家的知识数据，而无需雇用这些昂贵的人力资源。许多这些产品使分析家能够基于要解决的问题来优化算法。一些云分析的新兴用例来自零售业等行业，管理者想要知道是什么在各个商业单元中驱动利益的增长。虽然这可能是一个很简单的问题，但答案却是极其复杂的。分析需要获取来自内部和外部源的大量信息，紧随其后的是计算判断模式和为解决问题推荐下一步最好的做法。云分析服务能够编纂适用于一个具体目标的最好的算法，云服务可以使用所需求的一项具体能力。未来，分析即服务将会产生新的模型，分析服务提供商将会提供服务来帮助分析一个顾客的数据。从长远看来，分析即服务使得数据提供商提供新的认知计算产品。到这个10年的末期，主要的认知计算技术如自然语言处理（NLP）、假设生成或评估和问题解答系统将可以作为独立的服务被获得，并作为可以被整合到一个顾客需求的应用的SaaS的组成部分来提供。

7.5.3 平台即服务

平台即服务（PaaS）是整个基础设施程序包，它被用来在公共云或私有云上设计、实现和部署应用和服务。PaaS提供了一个底层级的中间件服务，将复杂性从开发商那里分割出来。另外，PaaS环境提供了一组整合的软件开发工具。在一些案例中，将第三方工具整合到这个平台中是可行的。一个设计好的PaaS由一个协调好的平台组成，用来支持云中开发和部署软件的生命周期。一个PaaS平台被设计成在云端进行构建、管理和运行的应用。

与传统软件的开发和部署环境不同，软件元素被设计成通过API在一起工作，API支持各种编程语言和工具。API在PaaS环境中是一组提前建立好的服务，如源代码管理、作业负载部署、安全服务和各种数据库服务。

7.6 管理作业负载

管理作业负载的能力是云计算的核心。云计算之所以如此强大，是因为它能够使一个组织机构将位于数据中心的应用和位于公共云和私有云上的应用汇集到一起。为了使操作更有效，这些多样的作业负载必须作为单独而统一的环境。换句话说，这些服务需要以一致的方式被协调到一起。为了实现这种一致性而使用的一种最基本的方法，是将作业负载从底层硬件环境中提取出来。

在传统数据中心环境中的作业负载管理是由通过以串行和编排的方式协调作业负载的作业调度程序进行中心控制的。云环境之所以表现为完全不同的动态，是因为作业负载很少是以可预测的方式进行调度的。因此，云作业负载管理依赖于负载均衡——设计进程使得整个作业负载或是作业负载的组成部分分布在云中多个服务器上。

在一个混合云环境中，管理全体性能的能力要求对服务器、软件、存储和网络的整个服务等级进行监测。任何一个系统，无论是在屋内还是在云端，必须设法实现顾客在合同上所需要的服务等级。然而，一个云端的环境比一个屋内的环境更加动态。因此，系统必须检测性能并且预测计算需求中的变化、管理的数据数量或是新的作业负载附加。一个认知环境需要这种弹性的作业负载管理，这是因为有对作业负载进行高级分析的需求。随着新的数据源变得可用，数据得以持续被评估和扩展。

7.7　安全和治理

随着认知方法成为商业的决策平台，保障内容和结果安全的能力变得更加重要。如果信息会受到损害，没有公司会相信一个有决策误差潜能的系统。因此，安全必须在环境的每个级别进行定义。鉴于认知计算系统中数据的性质，建立安全性是十分重要的，以便使未经授权的人不能访问关键数据。因此，身份管理很关键。你需要和云提供商协作，指出担任哪些职务的哪些人有权利获取或更改数据。

任何一个云环境都会要求和传统数据中心相同等级的安全水平，包括服务器物理安全、存储、网络、应用和数据的问题。另外，需要有对事件、具体应用安全、加密和关键管理的处理技术。

在一个数据丰富的环境中，意识到保护敏感数据的治理需求是十分重要的。不同的行业、市场和国家对关于个人数据需要怎样保障安全都有具体的需求。比如，在美国，有一部《1996 年医疗保险携带和责任法案（HIPAA）》，它要求个人的健康信息必须保持私密性。如德国和法国这样的国家制定了关于个人数据存储的具体的规定。因此，尽管云会在环境中建立一套数据保护系统，你的公司仍旧要对敏感数据的保护负责。这在一个数据与大量不同的公共云和私有云混合分布的环境中会变得更加复杂。

全局上的数据管理要求一个基于了解的行业规范，并且了解这些规范是如何在各种云应用和使用服务中被实现和执行的策略。每一个公司都通过自己的要求来审核自己的安全性，包括对公用云和私有云的使用。因此，每个组织都需要有一个适当的治理机构来理解所使用的云服务和这些公司是如何遵守规定的。因此，同你的机构所使用的每个 IT 服务合作，共同创造一个整体的治理计划是明智的。

7.8 云端数据整合和管理

云端数据整合提供了巨大的潜能和复杂性。在现实应用中，大部分机构都拥有数百个需要被管理的数据源。尽管云端数据的可用性对于获得关键信息来说有巨大的帮助，但这也意味着有对整合数据源提供连接和技术的需求。简单地连接数据并不会解决问题。整合云端数据源需要能够通过一个定义字段或者数据源含义的目录建立起资源之间关系的能力。

由于每个实例的不同要求，所有数据整合的产生是不等的。比如，存在云数据源需要被紧密连接在一起的情形，因为源之间是相互依赖的。这可以通过数据复制来实现。在一些案例中，为了加快速度，将几个数据源移动到相同的云环境中是很重要的。在其他情形下，原始的数据源需要存留在一个云数据存储库或是一个数据中心中。在这种情形下，需要提供在源之间来回移动的指针。在每个资源是独立的时候通常会发生这种情况。事实上，在大部分情形下，数据将逐渐被分布式管理，以便处理大量的需要互相交互的信息源。

7.9 总结

云计算对于应用和数据来说是一个关键的部署和分发模型。分发大量数据的能力对于认知系统的发展来说很关键，因为它依赖于正确数据源的可获得性，这些数据源可能物理寄居在一个混合的环境中。一个认知系统需要有在数据源存在的地方和在数据源被需要的时候连接和管理正确数据源的能力。云和分布式计算是基本模型之一，它们使将多种数据源应用到这种水平的决策过程成为可能。

第8章 认知计算的商业意义

显而易见，我们正在经历一场可以改变我们的生活和工作方式的技术变革。在软件和硬件价格不断下降、使用少量资本就能进行创新的情况下，全球各行业正在发生着变化。所以，如果成功与失败的区别不再简单地由公司的规模大小来决定，我们又将如何区分我们的供应商？认知计算可能是一个可以为竞争增加一个新维度的因素。我们能提供更智能的产品和服务吗？我们能预测出未来需要什么样的客户和合作伙伴吗？在本章中，我们将探讨认知计算的突破性力量。

8.1 为改变做准备

企业总是有许多不知如何处理的数据存在于其结构化的数据库、文件存储和商业应用之中。几十年来，领导者们明白，如果他们能从数据中找到不同的视角，并且抢在他们的竞争者前面，他们就可以抢得先机。慢慢地，企业开始寻找方法把孤立的数据整合到一起，这样他们就可以开始从整体入手，从数据中获取关键信息。这些领导者明白，如果他们可以从客户、合作伙伴、供应商、员工的数据中提取有意义的关系或模式，以及整体的市场动态，他们就可以把这些信息转化为知识，使他们能够预测变化，甚至塑造未来。但即使已经取得不小的进展，企业仍在努力研究如何捕捉并不明显的关键信息，这个问题不仅是一个有关速度的问题，而且是一个如何发现内在关系的问题，它是有意义的，而并非简单的独辟蹊径。

在现在这个时代，不做出改变就会落后。收入微薄的新兴公司一夜之间就会打破整个行业和市场，并导致已有的公司争先恐后地凭空创造新的策略。书店老板发现电子书破坏了他们的商业模式，出租车公司受到了新的乘坐共享模式的威胁，创新的新自动化流程和新的供应链使得制造企业因此重新思考他们的成本结构，医疗保健的新规定已经要求医保供应商创造新的符合成本效益、满足顾客要求的流程。

这几种情形只是全球范围内巨大的市场动荡的开端。解决这些问题不容易，但根本的转变不会来自传统的看法。更快地找到一辆出租车或共乘不是一个可持续的差异，降低司机工资或降低汽车质量或选择更好的路径也做不到，每一个竞争对手都可以想到和做到这些。然而，了解更多关于客户的信息，以便可以基于他们的经验和偏好对客户和司机进行配对，这可能会使企业与对手拉开距离。而每一个公司都希望能更好地了解客户的喜好和行为，但只是通过询问来得知是远远不够的。想要深入地了解，就需要能够观察或捕捉外部来源的数据（例如社会媒体上的评论和客户交易的数据）的机制。但真正的竞争优势来自发现顾客的价值，甚至在他们知道自己想要什么之前就了解他们的需求。

8.2 新颠覆型模式的特点

在纯技术层面上，移动计算和云计算等在发展模式上的先进是变革性的，因为它们的存在使得颠覆型商业模式成为可能。由于这些类型的服务市场已经发生大规模扩展，因此计算和存储的成本大幅下降。此外，新兴的发展模式意味着几乎没有资本投资，新公司就可以在很短的时间内创造数字资产，并在市场上站稳脚跟。因此，企业不能再假设一个良好的基础或客户忠诚度能够维持他们的长期运行。对于颠覆型模式的解决办法只有用新的方式，并利用已有知识，以契合新的现实。

在这本书中讨论的认知计算改变了以往分析数据的方式，它通过先进的分析算法合并结构化、非结构化和半结构化的数据。通过认知计算，可以发现关键信息是不能仅仅通过计算来得到的。若没有认知系统，人们就需要手动发现被隐藏在复杂的文件、报告、杂志文章和视频图像中的模式和信息。在法律界，律师们经常把大量的不可能在短时间内处理完的资料发送给对手，虽然其关键字可以被自动扫描出来，但更深的含义仍然难以发现。即使有充足的时间，研究人员仍然可能错过隐藏在文件中的关键的模式和细微差别。相反，如果你用认知系统去处理这些数据，你就可以获得关键的信息。这就要求研究人员有足够的智慧看到不同信息来源之间的微妙的差别。虽然一个有几十年经验的研究人员可能能够准确地知道要找什么，但一般的研究人员却很可能错过重要的信息。

8.3　知识对于商业意味着什么

传统上，企业都依赖于过去的经验去预测未来。市场变化体现在方方面面，从顾客偏好到市场动态变化再到新技术，这使许多传统的商业方法无法对市场进行预测。此外，传统的方法通常对应对和适应外部力量是远远不够的，如极端天气事件、供应链被破坏，或一个艺人突然蹿红，他的衣橱会迅速改变特定人群的需求；以上提到的所有的线索都存在于社会媒体数据中，但传统的系统设计是不能够找到和利用这个数据的，以至于无法实行应对措施。

为了找到一个更好地把大量的商业数据转换成可以预测结果和下一步最佳行动的确切方法，企业正在寻找超越从传统数据库中获得运行报告并分析数据的创新方法。这些企业正在寻找一种可以使用所有类型的数据去分析，并且不断地从数据中学习的方法。公司现在使用各种算法来分析数据。新的前沿技术能够利用数据来源的多样性——最为显著的是非结构化文本数据。虽然现在已经可以进行文本数据库查询，但领导者希望建立一个更加动态的和综合的知识库，可以帮助他们预测变化和采取适当行动。

解决复杂问题的方法是不断变化的。传统的数据库查询是高度结构化的，建立在数据库设计和管理的方式上。当你知道数据库包含你需要的数据时，这时使用 SQL 查询是非常有效的。SQL 查询的基本功能是查找。对于非结构化数据，你通常会使用搜索引擎，这时你知道想找到什么，但你不知道在哪里找到信息的来源。搜索引擎依赖于标记和关键字去寻找可能的答案。当有人提出一个问题时，搜索引擎会在非结构化数据库中对问题进行标签和关键词的匹配。

它为用户提供匹配这些词却不提供关键信息的文档。选择能够提供最佳匹配的文档的工作就留给了查询者。

然而答案并不是简单地让数据库允许用户提出一个问题。几十年来，这种方法只取得了有限的成功。事实上，当数据来源是统一构造且高度数据化时，在针对特定问题时，查询就是合适的寻找方式。用知识或专家系统去支持一个规则引擎，是找寻并充分利用统计人员的经验的一个正确选择。然而，这些应用程序不能与用户进行对话，以改进他们的建议或提出新的问题来提高答案的可信度。例如，确定治疗糖尿病的最佳方法时，一般医生依赖于经验或咨询专家。已经治疗过很多同样病症病人的有经验的专家，则可以在几秒钟内确定一个成功的治疗方法。相比之下，只有一年经验的医生将不得不花费数小时寻找资料或等待专家做出诊断。但这种方法是不能广泛应用的，因为其他医生不可能轻易地把这些知识教给一个刚毕业的医生。因此，学生只依赖于一个医生的专业知识是存在固有风险的。例如，只有两年临床经验的医生会花数小时钻研书籍，看期刊文章，并询问同事们的看法。新医生似乎只能基于他有限的经验进行诊断。在某些领域，只有少数几个专家能接触到罕见病。如果他们的案例能够分享，那么全球范围内的医师都能提高自己的技术。

通过认知系统分享专业知识在任何领域中都是有用的。从肿瘤到汽车维修，各行各业的专业知识都可以汇集在一起，存储于一个语料库中。

8.4 认知系统方法的特点

与此相反，一些机构开始使用认知计算方法。某个组织将利用认知的方法开始收集所有关于糖尿病的数据，包括治疗方案、文献和临床试验。相同的组织也将利用有经验的医生，整理从他们多年的经验和案例中获得的知识。与那些传统的、必须基于已知程序的基础应用程序不同，认知系统在获取最佳实践和将知识转化为主体或本体的基础上学习和变化。同时，这些组织希望能够使用传感器传来的数据监测指标和正确记录病人状态变化。

几十年来，这些机构一直试图找到一种方法使整个业务自动化，并有一个单一的集成系统可以管理它。但这从未奏效。有效的方法是设计把相关的特定业务成果（领域知识）集中在一起的系统。因此，举例来说，在会计方面的应用程序可以提供管理会计有效的所有方面和过程的信息，因为过程是具体的，知识是成熟且好理解的。这种知识类型的分类在市场、销售、人力资源、财务、运营和客户服务等许多方面都是可操作的。

但这些系统的设计是基于冯・诺依曼的方法，其逻辑和过程是以线性方式设计的，每一个业务领域都是完整的。如果不是在业务需要交互的情况下，数据记录与数据产生一般没有交互作用。虽然这种孤立的方法可以提供优质的商业智能业务，但它很难让领导者看到数据之间的关系和公司各个部分的分工。这个方法存在一个重大的挑战，即跨职能部门的相互冲突的数据定义往往导致数据缺乏可信度和业务知识的不一致。此外，传统的商业知识方法在今天动态和快节奏的全球市场有许多其他的限制，例如，有关商业倾向的知识通常以历史为基础，以内部为重点。如今，企业越来越多地认识到，他们需要将外部和动态的有关顾客偏好和传统商业知识变化的信息融合到商业数据库中。

以前的讨论是基于这样的前提，即已存在的系统可以解决的问题是很容易理解和定义的。在很多情况下，传统的系统基于以往的商业运作方式。因此，随着业务的变化，这些系统很难被改变或适应新的创新业务。

8.5　通过不同的方式将数据网格化

传统上，我们一直在讨论的记录系统主要是支持高度结构化的数据。然而，新的数据环境包括不会被认为是公司系统记录的一部分的非结构化数据。这些来源广泛的新的动态的信息包括非结构化的数据和流数据，如呼叫中心记录、社会媒体数据、新闻或股票市场数据、日志文件和空间传感器数据。这些新的数据源增添了新的维度和见解，并回答了一些具有挑战性的问题。在结构化和非结构化数据之间存在连接通常可以被理解，但不能被利用。例如，管理人员知道，客户支持系统包含广泛的关于客户的问题及未来需求的说明。然而，没有人有时间通过这些系统手动搜索，来查看在特定的客户问题与零售店一个特定产品销售量下降之间是否存在相关性。同样，公司通常会在机器上保存来自传感器的百万兆字节的日志数据。虽然它们可能保存这些数据多年，但它们仍然是无法被利用的，这是因为数据量过大而导致无法分析利用。

从更多种类和更大量的数据中获取商业价值的需要及能力，极大地增加了对商业知识定义的复杂度。代表着包含商业运作的传统知识库的结构化信息，更多时候被放在关系数据库管理系统中进行管理。使用孤立的方法去维护商业知识，意味着公司要在不同的关系数据库管理系统中存放数据。例如，交易的数据被存放在一个数据库里，而客户信息则存放在另一个数据库里。因为新类型的数据多数是非结构的，这些数据类型需要在不同的数据仓中进行处理。比如 Hadoop 分布式文件处理系统、图像数据库，或者空间数据库。这些平台提供了数据结构化和结合上下文用区分技术分析数据的能力。公司正在引进这些新的数据处理方式，用以分析不同类型的结构和非结构化数据的模式。这些新来源和新种类的数据能够提高从生产过程监控到疾病监测的性能，企业能据此改进商业计划和执行方案并预测收益。在保险行业，执行人员则会利用大数据方式在最低风险情况下，为一个指定客户找到最适合的业务。

大部分公司希望添加新类型的数据到商业知识库中，使这些知识能够在不同的情况下得到利用和扩充。认知计算的优势就在于可以帮助企业去分析更多与商业有关的信息，并准确地进行计划。虽然过去的企业运作方式是必要的，但却并不能让企业在未来保持竞争性。公司都想要预测他们的竞争对手的行动，这样他们便能根据预测，避免发生基础设施的故障。

总体来说，公司希望能通过分析大量和多类型的不同来源的数据而得到商业收益。企业需要从各种类型的数据中进行学习，然后用这些学到的知识去完善公司运作以及客户方面的经验。

认知计算能够帮助公司去重新定义商业知识。利用认知系统，公司能够分析存在的信息，对未来进行预测并作出对策。例如，一家医院想要用认知系统降低出院病人的重新入院率。预测病人是否有很大可能重新入院，并采用正确的措施防止病人因病入院，对病人的恢复有很大的好处。有一些因素会使得一些病人有更高的重新入院的可能性。吸烟、吸毒、无家可归、身体伤害等因素都会影响病人的重新入院率。一些因素能够被医生所熟知或者记录在传统的病例之中，而其他因素可能没有记录。在许多医院中，明显的危险因素都被忽视或是不能为人所知。而认知系统能够分析过去的案例数据，并且寻找基于住院原因及药物和社会经济方面的危险因素。这些数据包括结构化和非结构化的信息。在出院的同时，把一个病人的记录与数据库中的数据进行比对，从而知道病人是否有高的重新入院率。如果重新入院率较高，医院就能够及时采取措施来规避这个风险。认知系统的目的就是去学习和了解每个病人的病史，并因此变得更加智能。汇集起来的病例文件能够为分享的知识创造更多的价值。虽然有关危险因素的模型建立在历史数据的基础上，但它能在被使用的同时进行自动更新和改造。

8.6　用商业知识规划未来

随着技术使不同来源的知识的相关性提高，我们能够得知先前无法获取的关键信息。

认知对计算科学的核心改变就是预测收益。评估分析能力成熟度的 4 个阶段，可以帮助我们理解我们的过去和未来。

分析成熟度的 4 个阶段

当企业有应对变化的事前分析的需要时，它们并不一定要具有相同的处理数据的能力。分析师的专业知识素养越高，他就越有可能获得高水平的能力。因此，我们提供了能让企业从它们的数据中获得关键信息的成熟度的 4 个阶段。

第 1 阶段：对数据进行收集、清理、合并、汇报。在这个阶段，你可以从数据中查询和分析现在以及过去的公司业绩。在利用这些数据前，必须先弄清楚公司的问题所在。你想要用这些数据得到什么，为什么要得到这些？当企业明确了商业目标之后，就可以开始确定对策。这一阶段对创造一个稳定可靠的商业知识基础是很重要的。如果你对公司现在的处境和状况没有充分的了解，就不可能对公司的未来发展进行准确的预测。数据的清理和合并确保了执行者能够准确理解不同商业单元的信息，如销售、运营、财政。任何基于现在和历史信息的对未来的预测都有一个隐含的假设，即企业运营稳定。这种方法基于Bayesian方法，即先建立一个假说，然后用现实可靠的分析去得出结论。因此，市场变化的速率只是影响到增长或减少的速率而已。

第2阶段：预测的趋向分析。这一阶段用基本的建模方法去做基于历史趋势分析的预测。例如，一个衣服零售连锁商店的卖家，可以通过以往的公司商店销售数据预测下一年的销售量，以确定订单量。这个模型考虑到多种因素，比如气候、店铺位置、店主的性格等。卖家可以使用“如果—就要”分析去调整基于选择的变量的销售量预测。例如，如果下一季有5 ~ 10天的暴风雪天气要怎么做？这个预测对因为暴风雪天气而客流量减少的情况做出相应的调整。虽然基于过去的业绩做出预测是很好的开始，然而这些模型却不能对当下的变化进行把握和处理。比如，这个卖家很可能因为忽视了在特定人群中的时尚趋势的迅速改变，而囤积大量卖不出去的商品。这些系统的结果输出是基于对现在所获取的知识的整编能力，以及从这些发现中汇集的知识。总而言之，利用这些系统产生的结果并不具有前瞻性。而且，这些结果是基于结构化和统一定义的事件和数据的。

第3阶段：预测性分析。这一阶段定义于统计学和数据挖掘方法，包括能够处理结构化和非结构化数据的算法和技术。结构化和非结构化的数据来源能被单独或整体应用在建立易于理解的模型上。使用的一些统计学方法包括决策树分析、线性回归分析、数据挖掘、社会网络分析和时间序列分析。一个决定预测性分析性能的关键因素是能够用商业知识将预测系统和决策系统结合起来。这使得预测系统程序具有实际价值，并且帮助企业提高收益。

预测分析的重点在于提前预测走向，做出对企业产生负面影响最小的选择。虽然预测分析在一些行业中被统计学家使用了很多年，但计算能力不断提高的软件工具使得这项技术更加易于使用，并得到了更大范围的推广。预测性分析模型通过分析不同变量之间的关系做出对于未来事件发生可能性的预测。例如，一个保险公司可以建立一个分析不实申请的模型，用这个模型对具有大概率的不实的申请事由进行标记。预测模型也常用于帮助呼叫中心代理在与客户交谈时做出正确的下一步行动——基于用户的个人信息，能够在交谈期间针对该客户进行产品推荐。

第 4 阶段：惯例和认知。惯例和认知的方法通过机器学习算法、可视化和自然语言处理使得预测性分析上了一个台阶。公司希望能够通过这些系统使得它们对客户和产品的看法更加长远，这样它们就能够有充分的准备应对变化的市场。如果模型能够基于新的交流进行不间断的学习，其准确性就会大大提高。例如，移动运营商利用分析模型协助客户代理降低客户流失率。这个模型分析有关特定用户的信息，预测公司可以采取什么措施来留住客户。这个公司的预测模型更新不频繁，缺乏对市场中挑战性变化的预测的敏感性和准确性。公司使用新型的系统化模型明显地提升了客户的回头率。这个新模型能够通过自我学习在模型中备份新的交流数据，把握变化的市场条件。另外，这个模型结合了社会分析去了解客户的行为和对其他人的影响。这些变化提高了系统做出准确决定的能力，并且考虑到对用户有益的最佳选择。

公司正在用可以适应变化并作出改变的模型来预测机器出现故障的时间，以便及时采取正确的措施，防止大型事故的发生。例如，从来自火车的传感器的机器数据流中识别的模式能够被用来建立可以提前预测仪器故障的模型。通过适应性学习，模型的精确性能够得到持续提升，从而提供实时的仪器故障的预警，帮助公司做出正确的应对措施。

8.7 解决商业问题的新方法

认知计算同样可以被看做一系列能被应用到多种商业问题中的可行技术。许多零售商提供了面向多用户的具有认知能力的应用程序接口（Application Programming Interfaces，API）。例如，一个新兴零售商——期望实验室（Expect

Labs），为 API 增加了进行对话和讨论，以及在自然语言中发现隐藏的关键概念和行为的能力。相同类型的方法可以被用于发现相似性模式，比如从数百张人脸的照片中找到指定的人。

这种使得内部数据有意义的发现方法将会对商业的运作方式产生巨大的影响。我们已经可以预料到当企业能够分析社会媒体对话的内容时的情景。一个公司能够在社交网站——推特和脸书上与它们的客户互动，当客户产生不满时及时应对。如果一个企业能够在客户产生极度不满之前解决问题，企业就能把糟糕的状况变得积极。

为了更好地发现模式，公司需要使经验不足的客户获得足够的知识。一个智慧的从业者能够利用认知计算系统输入一些只能被少数具有专业知识的认识所使用的最佳实验方法。这就打下了一个基础，能够让刚入门的医生或是工程师在短时间内对最新的工作程序进行掌握。这些系统持续地接收新的数据，因此知识的深度得到扩张和改善。使知识得到有效管理的目标总是很难实现，因为这个方法假设专家的成果是可以主动获得的。另一方面，通过使用认知方法，一个系统能够获取可以被专家审查的信息。此外，同样的系统能够在新的信息和实践出现时进行更新。这些新的动态知识源可以变成一个企业的竞争利器。试想，只有几周工作经验的员工在与客户签约时将如何能够获得及时的正确应对策略。

8.8 创建商业特定解决方案

除了提供 API 和认知服务，一批新兴应用又被开发了出来。在第 11、12、13 章可以找到认知计算系统应用如何被设计解决多种产业中数据驱动的问题的更详细的介绍。所有的解决方案都有共同的特征，不论我们的关注点在医疗、中心地区，或者是安全和商业。这些共同点包括：

- 不同形式的大量数据；
- 产业特定数据（一般是非结构性的）持续增加；
- 结合多种数据源来确定内容、模式、异常的需要；
- 发现用专业知识契合数据的方法的需要；

- 通过分析大量数据支持决策的需要，比如下一步最佳行动；
- 系统随着商业形势变化进行学习和改变的能力。

认知系统改变了人们与计算系统交互的方式，并且帮助他们找到了新的在商业方面探索和解决问题的方法。这些系统可以学习、交互，为科学工作者、工程师、律师和其他专家提供专业的帮助，并缩短系统时间。

8.9　让认知计算成为现实

认知计算方法最大的特点就是它是不断变化的。系统基于数据的摄取、识别模式的能力和组成部分之间的关联不断做出改变。因此，公司能够找到他们之前并未意识到的在数据元素之间的联系和连接。

创造这些类型的解决方案将会产生深远的影响。它们实现了一个新的参与度，企业管理者能够在系统和语料库中的大量数据之间建立一个初始界面。更重要的是这些系统并不是静态的。在增加新的数据后，系统开始进行学习并确定理解问题的新方法。例如，一个新的联系可能突然出现，而在这之前它并未被看见过或是存在过。也许在某个买书的人和休假的人之间存在关系，也许在两种药品之间存在之前未知的相互作用，根据上个月才发表在杂志上的新的研究发现，可能有一种治疗严重疾病的新方法。

认知计算与技术结合的潜在价值在于，认知计算有潜力能够改变组织中的个体对于信息的认识。我们如何从系统中得知我们所看到的数据的意义？当我们不知该走向哪里或问题所在的时候，我们如何与系统互动去得到关键信息？

很明显，我们只接触到了信息的表面，而这些信息利用新的方法就可以有新的表现并改变企业。

8.10　认知应用如何改变市场

当产业处于过渡期并面临新的竞争威胁时，简单地建立一个应用是不可能的。传统的应用倾向于自动化程序和数据管理。当一个企业试图改变一个传统产业，比如说旅游、客户服务等时，创新者需要能够使领导发现新技术和新知识的技术支持。一家旅游公司若能发现顾客想要什么，可以产生意想不到的结果。试想，如果一个旅游公司能知道顾客在难以选择时的真正需求，如果一个客户服务经理能够在几分钟内而不是几小时内预测到客户的问题在于合作伙伴的产品，将会怎样？

新一代的解决方案的着重点在于规范记录实践以及找到明显的解决方案。不同年代的不同产业的革新者正精于此道，他们用传统的方法去解决问题并在此之上创造新的历史。

8.11 总结

认知计算是一个新兴的领域，有强大的潜力去改变人类与机器交互的方式，建造一个收集大量结构化和非结构化的信息的语料库，这是革命性的。认知计算不再只有像之前的记录系统一样用来记录交易和合作关系的后台办公室功能。当然，认知计算致力于为企业提供解决方案，帮助他们从大量的数据中更好地理解世界。在接下来的 10 年当中，认知计算将使机器具有人性化的接口，并加快我们解决问题的速度，促进变革。虽然记录及合约系统并不会消失，但认知发现、支持和训练系统都将利用最新升级的方法去理解和服务客户，并几乎在所有知识产业提高专家的表现能力。

第9章 IBM 沃森（Watson）——一个认知系统

理解认知计算潜能的最好方式是看看认知系统的早期实施成果。IBM 将沃森（Watson）系统作为其新的基本服务之一，致力于帮助客户建立一个与以往不同的基于学习的计算系统。IBM 设计沃森系统的关键在于建立一个基于聚集数据影响的技术（从机器学习到自然语言处理）和先进分析的解决方案。沃森的解决方案包括一系列的基础服务与以产业为中心的最佳实践和数据的结合。结果的精确性通过结合项目专家的知识与特定的数据的重复训练程序来不断提高。机器与人类可以进行交互的关键之一是使得自然语言处理程序能够理解混合了大量结构化数据和非结构化数据的上下文内容。另外，认知系统并不局限于确定性的应用，它可以对内在使用中发生了改变和演进的概率系统进行管理。

9.1 沃森系统的定义

沃森系统是包含了自然语言处理、分析算法以及机器学习算法的认知系统。当与用户进行合作或者每次获取到新的信息时，沃森系统能够得到关键信息并且变得更加智能。通过结合自然语言处理、动态学习、假说产生以及评分机制，沃森系统的目标在于帮助专业人士从数据中提出假说，加速发现过程，确定可以解决问题的支持性证据的有效性。IBM 将沃森系统看做一个通过让人类与机器在自然方式下进行交互的提高商业产出的新方法。个人一般习惯于利用智能搜索引擎或者数据库查询系统去发现对做出决策有帮助的信息。沃森系统使用了一种与众不同的方法，可以减少数据驱动的搜索，这在后面章节将会详细介绍。本质上，沃森系统利用了机器学习、DeepQA 和先验分析。IBM 沃森系统的 DeepQA 结构如下图 9-1 所示，在本章中将进行介绍。

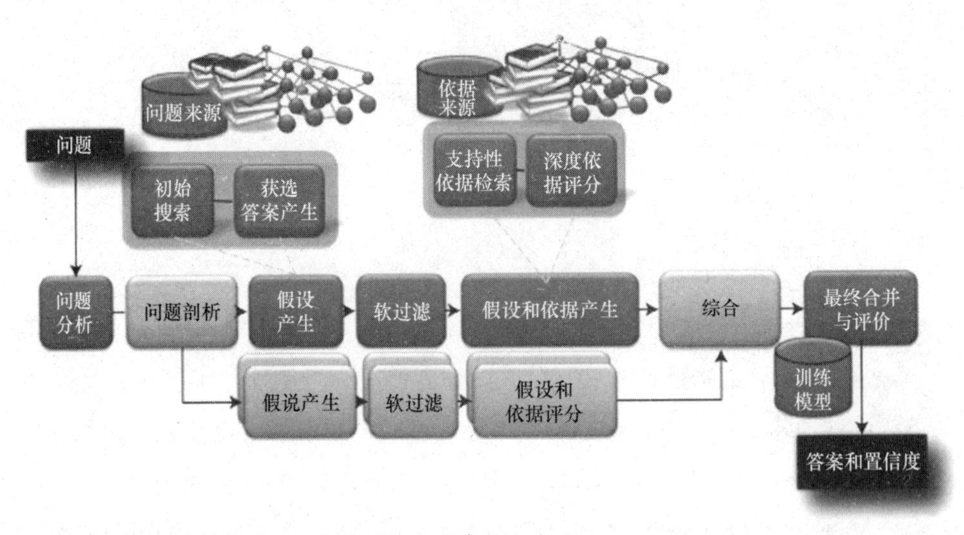

由 IBM 公司友情提供，IBM 公司版权所有。

图 9-1 IBM 沃森系统 DeepQA 结构图

沃森系统与其他搜索引擎的区别

理解这种与众不同的程序的方法之一就是，思考沃森系统作为一个认知计算系统与其他搜索引擎的区别。当使用搜索引擎时，你键入关键词，得到基于匹配等级的主题结果。你还可以输入一个特定的问题，然后得到分级的答案；然而你不能继续在已有结果的基础上进行对话并对其改进。一般的搜索引擎使用一种基于与关键词关联性的算法对结果分级。次要的等级可以输出一些基于像价格或用户回访这样的要素的结果。这样，用户就得到一个结果的列表，并且对最符合该问题的回答或链接进行评估。

使用沃森系统时，个人可以得到一个直接的结果——对问题的回答或者为了辨明用户需求而进一步提出的问题。因此，机器的行为更像是一个人类专家。例如，用户可能问沃森系统："对我而言最佳的退休时间是什么？"或者"减肥的最佳方法是什么？"如果沃森系统拥有足够的数据和与该主题相关的足够的上下文知识，就能够理解问题所表达的真正意义。更高级的理解要通过利用统计分析和算法提高预测模型来实现。沃森系统不只是像搜索引擎一样寻找关键词，它能够利用自然语言处理，将一个问题分割成几个子模块，并且为几个子模块寻找可能的答案和解决方案。这种对问题直接给出有意义的、精确的、实时的答案的能力，是搜索引擎与认知计算系统之间最本质的不同。

9.2 “极限挑战”促进研究

计算机科学家通常使用游戏来提高他们的研究系统的性能，并公开地论证计算机新技术。因为这个传统，IBM 有着将游戏作为研发团队的“极限挑战”的悠久历史。两个被 IBM 高度重视的“极限挑战”包括 19 世纪 50 年代的方格游戏，以及 19 世纪 90 年代晚期的国际象棋游戏。最早的人工智能（Artificial Intelligence，AI）的开发者在 IBM 701 计算机上编程进行方格游戏，这个成果在打败了美国顶尖的方格游戏冠军之一的同时，也成为了验证计算机能力的里程碑。30 多年以后，IBM 深蓝计算机打败了一位世界级的国际象棋冠军。“极限挑战”的目的在于使用理论依据并且证明其在实践中是可行的。

IBM 在国际象棋挑战中的成功基于计算机在计算领域的胜利。IBM 研究者认为下一个挑战是探索和提升计算机在人类自然语言和知识领域的能力。2006 年，IBM 描绘了一项“极限挑战”的蓝图，即帮助改变企业进行决策的方式。一名 IBM 的研究者表示，他们制造了一台能够与人类冠军对战的、在《危险边缘》（Jeopardy！）游戏中获得胜利的计算机。研究者最初的目标在于系统能否与人类在大范围的话题领域进行问答竞赛。IBM 研究者在这个课题中面临的最大问题是平衡程序运行速率和结果准确性二者的关系。虽然目标是在《危险边缘》中战胜人类挑战者，但 IBM 希望能够利用此次挑战的方式去开发一个认知系统，以用在复杂的产业中。

9.3 沃森为《危险边缘》做准备

IBM 组织了一支由内部专家和研究学者组成的团队，他们的研究领域涉及机器学习、数学、高性能计算（High Performance Computing，HPC）、自然语言处理，以及可以将挑战转化为模型的方法。为了能在《危险边缘》取得胜利，队伍需要建设一个能比人类冠军更快和更精确回答人类语言的问题的系统。IBM 发现沃森系统需要回答 70% 的问题并且准确率要高于 80%。每个问题的回答时间在保证准确率的前提下应维持在 3 秒以下。

为了达到这些目标，沃森系统被设计成一个问题回答系统，通过不断获取知识来确定问题的答案以及对这些问题的置信程度（能够正确回答的概率）。沃森系统可将一个句子分成若干元素，将每个元素与之前获取的知识进行比对，最后选取意义相符的信息组合得出结论，这样沃森系统就能理解每个句子的意义和上下文。

《危险边缘》的挑战复杂度与问题的类型多样性及考察对象的范围有关。在《危险边缘》中，一个问题只有一个确定的答案，你不能得到其他相关的信息。参赛者需要通过一系列线索来识别这个问题。线索可以是技术信息，或者是双关语、字谜、文化背景等。为了能够快速地解开线索赢得游戏，沃森系统需要像人类天生具有的能力一样理解自然语言的各个方面。而人类天生可以懂得推理、上下文、时间和地点的限制。

为了保证回答的高度准确性，沃森系统会在平行的计算环境里实时产生许多假设（潜在回答）。这些假设的数量需要足够多来保证正确答案被包含在其中；但同时也不能太多，毕竟错误答案如果太多会降低系统做出正确判断的效率。精密的算法会给这些假设分等级并确定一个置信程度。自然语言处理技术的进步使得这一方法是可以实现的。IBM 建立了一个可以支持机器学习的系统，通过大量实验来持续提高沃森系统的认知能力。

计算速度的提高让 IBM 选择了速度快、功能强大的硬件设施。在《危险边缘》竞赛播出的当晚，他们在一个超级计算机室内放置了沃森系统，包括服务器、存储器、网络设备。沃森系统包括 90 个 IBM Power 750 服务器，每个服务器有 4 个最多由 32 个逻辑中心组成的处理器。这意味着总共有 2880 个 IBM Power 7 处理器内核。正是这 2880 个处理器内核使得沃森系统能在 3 秒之内回答一个问题。同时，沃森系统将它的知识库存储在随机存储器（Random Access Memory，RAM）中，而不是硬盘当中，这极大地提高了程序运行的速度，使得回答问题的速度加快。足够快的网络技术则使得大量数据在计算节点间传输的速率加快。

9.4 沃森为商业应用做准备

《危险边缘》问题作答程序与一般的商业应用程序是不同的。商业应用需要给出复杂且多维度的答案，不像《危险边缘》只需要一个正确答案。商业应用需要为像医疗、金融这样的行业提供人类与机器对话的支持，让人们得到一组最有意义的回答。同时，沃森系统需要更具体的信息以便得出最有效和最精确的回答。

表 9-1 表示了回答一个《危险边缘》问题和一个医疗应用的区别所在。《危险边缘》的问题包含一个话题范围和一个关于实体或是概念的陈述。这个实体或者概念在陈述中并不能确定。这个问题的话题范围是“美食”，而未明确的实体就是“猪”。在沃森系统的商业应用中，比如“沃森发现顾问”（Watson Discovery Advisor），并不是只有一个正确答案。例如，表中的问题询问的是一个病人的治疗方案。问题的意图是使医务人员与沃森系统就该问题进行对话交流。

表 9-1　回答一个《危险边缘》问题和一个医疗应用问题的区别

《危险边缘》标准的问题和回答	“沃森发现顾问”标准的问题和回答
问题：明星厨师马里奥·贝特利给来自一种**动物**脖子后部的肥肉（lardo）上调料。猜一种食物	问题：一个肿瘤学家正在与一个癌症患者讨论治疗方案，并向沃森系统咨询：“对患者X来说应该推荐哪一种治疗方案？”
答案：猪（pig）	答案：该问题的回答是多层面的，要通过与肿瘤学家不断地对话来提供最终方案。可能包括建议做更多的病理化验和提供多种治疗方案

先进的机器学习技术总是训练沃森系统为不同类型的问题去提供一个正确的答案，包括表 9-1 中所提到的。沃森系统从它的知识库中选出许多可能的答案，并从这些答案中选择最终的答案。沃森系统还会通过多个路径查看问题的上下文，并且考虑单词和短语的不同定义和解释。沃森系统给出“猪”这个答案作为《危险边缘》问题的回答，正是因为这个答案的置信程度最高。对比来看，

沃森系统会给出有关医疗事项的多个候选答案，并给出每个答案的置信程度等级。

IBM 将许多帮助赢得《危险边缘》挑战的先进技术应用于商业应用的认知系统。这些系统利用基于证明的学习机制使得企业通过新的互动训练系统使其更加智能。训练是将沃森系统应用于商业环境的重要环节。训练的数据包括使用与特殊行业术语相对应的问题和答案。沃森系统也可以通过获取数据源为一个新的行业进行训练。例如，一个医院中的沃森系统应用，这个训练可能包括获取一个深度的实体论或是对特殊疾病的诊断和治疗进行专门的系统编程。实体论提供了一个通过澄清和识别专业术语，以及为存在于不同系统中的数据源进行精确的绘图连接来理解上下文的机制。同时，基于标准的治疗特殊疾病的准则应该被囊括其中。更多的训练可能基于博学多识的医护人员的专业知识或技能。公司可以使用认知系统去回答新类型的问题，做出更准确的预测，以期提高商业利润。

沃森系统软件结构

沃森系统的结构包括建立问题回答系统的软件系统和研究、发展、融合各个算法技术到该系统中的方法论。虽然速度和能力是沃森系统的重要组成因素，但设计团队最初却将目标放在精确度和置信度上。若没有这些指标，速度再快也没有意义。因此，一个系统的主要设计因素在于评估置信度和提高准确度。沃森系统包含的自然语言处理技术——也称作 DeepQA——包括以下几点：

- 问题的语法分析和分类
- 问题分解
- 自动的原始资料获取和评估
- 实体和实体关系发现
- 逻辑组织形成
- 知识表达和推理

DeepQA 软件结构是根据非结构化信息管理结构（Unstructured Information Management Architecture，UIMA）标准建立的。UIMA 最初是由 IBM 提出的，后来开放给阿帕奇软件基金会。它被 DeepQA 的许多分析组件选作架构，正是因为其支持高速运作、可伸缩和满足大量分布式机器需求的精确性。通过实验，IBM 提高了 DeepQA 算法的准确度，并给出沃森系统计算结果的置信度。下面是 DeepQA 的核心设计原则。

- **平行进程**——大量的计算机程序是并行运行的，用以提高程序运行速度和总体性能。这个技术使得沃森系统可以分析多数据源的信息，以极快的速度评估不同的解释和假设。
- **概率问题和内容分析的结合**——用机器学习提高算法和模型的性能来提供正确的答案，这个答案从多个领域呈现出深度的专业性。语料库提供了知识库和分析评估，并且可以理解信息间的关系和信息的模式。
- **置信度评估**——考虑到一个问题往往有多个答案，对大多数问题来说并不存在唯一确定的答案。持续为不同的答案评置信度等级的方法是影响沃森系统准确性的关键所在。该技术分析结合不同评级的解释，最终得到最相关的一条解释。
- **浅层知识与深层知识的融合**——浅层知识在自然界是过程性的，不具备支持一个特定的主题区域的不同元素间进行链接的能力。你可以通过浅层知识去得到一些确定类型的问题的答案，但同时存在许多限制。为了不仅从文字上或者表面上理解问题及其回答，你需要进行联想和发现其中的引用关系。为了能达到这一目标，你需要深层的知识，就是去理解特定主题区域的核心基础概念，比如投资银行业，或者医疗肿瘤学。用深层知识你可以与这些核心的概念建立复杂的连接和联系。

关于核心算法技术的发展和融合的方法论叫做沃森适应性系统（Adapt Watson）。该方法创建了新的核心算法，对结果进行了评测，并得出新的创意。沃森适应性系统对核心算法成分进行了研究、研发、融合和评估。算法部分有以下几项功能：

- 理解问题
- 为答案进行置信度等级设定
- 评估和评价结果
- 分析自然语言

- 识别来源
- 找到和产生假设
- 评价依据和答案
- 融合和评价假设

为了确定数据之间的关系和引用，沃森系统使用机器学习和线性回归，在相关性的基础上对数据进行评级。

9.5 DeepQA结构组成部分

沃森系统 DeepQA 结构的基本组成部分包括一个流水线处理流程，以问题开始，最后给出一个最终答案及其置信水平（参见图 9-1）。多种答案来源提供备选的答案，然后系统对每个答案根据其与正确答案的相似性进行评估和评级。

这里的迭代处理程序需要能够及时响应，但同时也允许在最佳答案确定之前对搜集到的证据进行收集和分析。DeepQA 的组件被用作 UIMA 注释器。这些注释器通过分析文本，来创建关于该文本的批注的软件组件。在每一个阶段，都会有 UIMA 注释器来帮助推动这一进程。沃森系统有数百个 UIMA 注释器。该流水线处理过程中需要的不同类型的功能如下。

- **问题分析**——每个问题经解析以提取主要特征，并且开始处理理解问题的内容。该分析确定问题将如何被系统进行处理。
- **主要搜索**——从证据和答案的内容来源提取相关内容。
- **候选答案生成**——各种假设（候选答案）是从内容提取的。每一个可能的答案被视为正确答案的候选。自然语言程序解释和分析文本搜索结果，将回答和证据的来源进行检查，来对如何回答这个问题进行深入了解。通过以上分析产生假设或候选答案。每个假设的考量和审查都是独立的。
- **浅层答案评分**——在许多方面对各个候选答案进行评分，比如地理上的相似性。
- **软过滤**——在每个候选答案进行评分后，通过软过滤过程选择分数大约在前 20%的候选项进行进一步的分析。

- **支持性证据研究**——额外证据被研究和应用到分析评分靠前的候选答案。自然语言分析在找到额外支持证据中发挥了很大作用。
- **深度证据评分**——使用多个算法对每件证据进行评估，以确定证据支持候选答案正确性的程度。
- **最终合并和排名**——将每个候选答案的支持证据结合，分出等级，计算置信度。

该过程强调取决于答案和证据来源以及模型（见图 9-1）。这种架构的主要组成部分在下面列出，在本章的其余部分将对其进行详细说明：

- 构建沃森语料库
- 问题分析
- 假设产生
- 评分和置信度估计

9.5.1　构建沃森语料库：答案和证据来源

沃森系统语料库提供系统用来回答问题和返回查询结果的知识库。语料库需要提供广泛的信息作为参考源的基础，而不增加可能会降低系统性能的不必要的信息。IBM 关注可能被用在《危险边缘》挑战中的知识领域，以及需要用来回答问题的数据源。硬件性能的提升让系统得以解答大约 70% 的问题，并得到大约 80% 的正确答案。语料库被开发用于提供与不同主题相关的大量信息。正如沃森系统被利用在诸如医疗保健和金融服务领域的商业应用中，也需要开发语料库和本体以提供更多的特殊领域信息。因此，IBM 开发一种具有合适的规模和广度的相关来源的构建沃森语料库的方法，来提供准确快速的响应。该方法包括三个阶段。

- **来源采集**——为特定任务确定正确的资源集合。
- **来源转换**——优化文本信息的格式，进行高效的搜索。
- **来源的扩展和更新**——扩展算法被用于确定哪些信息可以填补空白，并在沃森系统语料库的信息来源中加入细微差别。

接下来，将对以上三个阶段进行更详细的说明。

9.5.1.1 来源采集

建设沃森系统语料库的合适的资源将根据沃森使用方式的不同而有所不同。首先要分析和理解可能会问到的问题的类型。考虑到《危险边缘》挑战所涉及的广泛领域，沃森系统的来源包括了百科全书、维基百科、词典、历史文献、教科书、新闻、音乐数据库和文献库。信息来源可能还包括特定主题的数据库、本体学和分类学。沃森系统的最终目标是集成一个在多个领域，包括科学、历史、文学、文化、政治和政府的丰富的知识库。构建沃森系统商业应用领域，如医疗或金融的语料库与《危险边缘》的语料库是不同的。例如，建立肿瘤学参考语料库需要吸收大量来源于科学研究、医学教科书和期刊文章的有关科研信息。

大多数信息源是各种格式的，如 XML、PDF、DOCX，或其他标记语言的非结构化文档。这些文件需要被整合到沃森系统之中。该系统可以为文档创建索引文件，并把它们存储在一个分布式文件系统中。沃森系统的对象具有访问该共享文件系统的接口。沃森系统的语料库提供了答案来源以及证据来源。答案来源提供了初级搜索并产生备选答案（选择可能的答案）。证据来源提供答案评分结果、证据搜集和深度证据评分。

9.5.1.2 来源变换

文本信息源有多种格式。例如，百科全书中的文档通常以标题为导向，这意味着通过这些文件的标题可以识别其主题。其他文件，如新闻文章，可能包括一个指示观点的标题，同时可能不标有这一段的明确对象。搜索算法通常更善于在以标题为导向的文件中定位信息。因此，有时变换一些非面向标题的文章，可以帮助提高可识别内容和潜在答案之间关联的可能性。

9.5.1.3 来源扩展和更新

你如何确定沃森系统语料库内容的容量大小？沃森系统需要有足够多的信息，才能识别模式和对信息的多种元素进行关联。IBM 确定了许多诸如百科全书和词典一样的主要信息来源来作为知识库，但留下了许多空白。为了填补这些空白，沃森团队开发了可以搜寻有正确的上下文联系的补充信息的网页，以此扩增知识库和种子文件的信息容量。这些算法被用来为每个与原始种子文件相关的新信息进行评估，并选出最相关的新的信息元素。

沃森系统语料库也需要持续地微调和更新，以确保结果的准确度。例如，每星期大约会有 5000 篇新的关于癌症的文章出现。因此，系统需要不断更新沃森语料库用于肿瘤学应用的相关信息，否则会很快过时。收集信息的机制需要保证在系统不会崩溃的情况下连续搜集到大量的信息。此外，需要对所搜集信息的质量进行监测，以消除可能导致得到错误答案的破坏信息语料库的可能性。比如考虑这样一个问题，“什么是最好的减肥方法？”在这个问题上有许多不同的观点。你是减少碳水化合物摄入、降低血糖、减少脂肪摄入，还是增加运动？是最新的期刊文章更重要，还是基于其他的评价因素，如作者专业知识的信息的质量和价值更重要？

在通过微调语料库去赢得一个竞赛的过程中，总会有一个经过持续评估的正确答案，在满足当前计算速度要求的同时能够达到一定的准确性。IBM 公司采用一种可以试验和改进应添加到语料库的新的资源的算法，以增加沃森的准确度，同时不增加时延。由 IBM 开发的增加了沃森的速度和精度的新技术已在商业领域中应用，比如“沃森参与顾问”和“沃森发现顾问”。

9.5.2 问题分析

问题分析保证使得沃森系统能够了解到用户问了什么样的问题，以及确定这个问题将如何被系统处理。问题分析处理的基础基于自然语言处理技术，包括语法分析、语义分析、问题分类等。所有的这些技术使得沃森系统能够了解问题的类型和本质，并且发现在问题中实体之间的关系。例如，沃森系统需要区别句子中的名词、介词、动词及其他成分，来确定答案可能的形式。《危险边缘》使得 IBM 的研发团队在自然语言处理方面取得重大成果的一个原因就是，在游戏中取得胜利所需要的知识是多种多样的。另外，《危险边缘》要求参赛者理解不同类型的问题，这就包括辨别幽默、双关语、隐喻等。IBM 用了许多年来精炼用于沃森系统问题分析的算法。

问题分析需要通过在句法和语义两个方面来高度解析问题，以得到问题的逻辑形式。在解析方面，句法的作用是利用确定句子主语、宾语和其他成分的算法来确认和标记的。另外，语义分析能够识别短语和整个句子的含义。语法分析能够帮助沃森系统知道需要在语料库中搜索什么样的信息。这就是计算能力与联系和模式匹配的重点所在。问题通过基于从语法和语义分析中得到的数据结构的模式识别来进行分析。系统根据词语的模式能够预测上下文中是否具有其他方面的含义。你需要包含不同类型的问题的足够大的数据库，来识别模式和从不同的逻辑形式找到相似之处。

这里需要注意四个决定问题分析是否成功的关键因素。

- **焦点**——这里的焦点指的是问题中与答案有直接关系的部分。为了能够正确回答问题，你就需要找到问题的焦点所在。确定焦点需要辨别焦点类型的模式。比如，一个典型的含有限定词“这个”或者“这些”的名词短语的模式。接下来用《危险边缘》的线索来说明。“戏剧：2007 年根据阿瑟 · 柯南 · 道尔爵士的一部关于犬科动物的经典之作改编的新剧在伦敦大舞台上拉开帷幕。”这条线索的焦点在于“阿瑟 · 柯南 · 道尔爵士关于犬科动物的这一经典之作”。这里需要将“这一”和“经典”联系在一起。语法分析器需要能将名词短语问题和动词短语问题区别开来。
- **词汇回答类型（Lexical Answer Type，LAT）**——沃森系统利用 LAT 给出要求的回答类型。例如，沃森系统需要寻找一部电影、一座城市还是一个人的名字？
- 问题分类——沃森系统利用问题分类来确定它需要回答的问题的类型。例如，这是一个基于事实的问题，还是一道字谜，或是一句双关语？知道问题的类型对沃森系统选择正确的回答问题的方法而言是十分重要的。
- QSection——这是一些问题的碎片，需要用特别的方法来寻找答案。QSection 能够识别答案的词汇的约束（比如答案有且仅有三个词），并将一个问题分解成几个子问题。

9.5.2.1 槽语法分析器和语义分析组成

沃森系统使用一系列深度语法分析和语义分析的组成部分，提供问题的语言分析和相关的上下文。槽语法（Slot Grammer，SG）分析器绘制出一棵树，描绘出句子的逻辑和语法结构。SG 包括许多不同的语言，有英语、法语、西班牙语和意大利语。在沃森系统中使用的是英语槽语法分析器（English Slot Grammer，ESG）。（《IBM 研究报告：使用槽语法分析》，Michael C. Mclord，2010.）为了使沃森系统完成《危险边缘》挑战，语法分析器得到了改造和性能提高。语法分析器的作用就是将一个句子分成几个语义短语。这些语义成分或短语就被称作“槽”。另外，槽也可以关系到谓语声明位置的名称，谓语一般代表了这个句子的主要含义。一些槽的例子可以在表 9-2 中看到。

表 9-2 槽——语法成分（短语）对应表

主（subj）	主语
宾（obj）	直接宾语
非宾（iobj）	非直接宾语
补（comp）	谓语补足语
介宾（objprep）	介词的宾语
名限（ndet）	名词短语限定语

为了得到问题的含义，沃森系统需要一种从不同的语法模式中识别相似和不同之处的方法。这种以不同的方式来表述同一种说法或是行为的场景中是很典型的。例如，图 9-2 中是两个有着不同语法组成却表达了相同含义的句子。沃森系统使用槽语法分析器来区分主语、宾语、非直接宾语，以及句子的其他成分。在句子 A 中，根据动词“gave”的位置，“Emily”填充了主语槽，而“Jason”填充了非直接宾语槽。每一个槽代表一个句子中的语法成分。在句子 B 中，“Emily”仍然填充了主语槽。但是在这个句子的非常规组成中，“to Jason”填充了非直接宾语槽。就是说，非直接宾语槽可以是句子 A 中的“Jason”，也可以是句子 B 中的“to Jason”。槽语法的语法成分需要能够识别这两者的语法都代表了同一种含义。另外，槽语法分析器的树结构需要同时表示出表面的语法结构以及深层的逻辑结构。之后沃森系统会基于一个语法评估系统来为多种语法树结构划分等级，然后选择出最高等级的语法树结构。

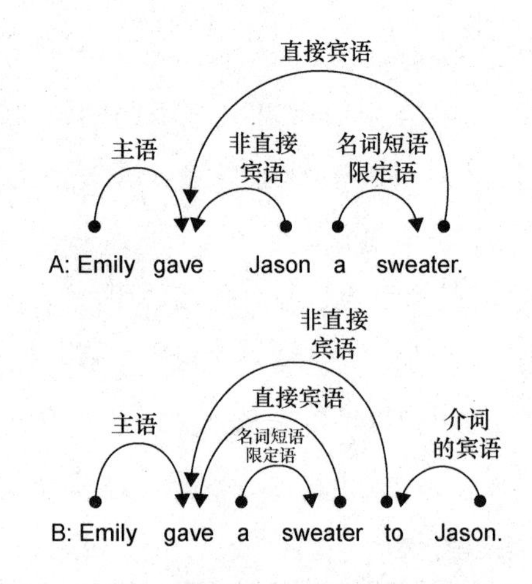

图 9-2　使用英语槽语法分析器分析两个句子

沃森系统还使用几种其他的语法和语义分析的组成部分来补充上述的槽语法分析器。

- **谓语——变量结构建立者**通过将句法的微小变化转化成典型模型的方法，来简化英语槽分析器。它被放置在英语槽分析器的顶端来支持其他上层算法。
- **命名实体分析器**寻找名字、数量、地点，来确定短语中的哪一些部分是表征人或者组织的名词。
- **正确相关解答组成部分**将相关表述与正确的主语联系起来，确定代词所指代的实体。
- **关系抽取组成部分**寻找在文中的语义关系。如果句子中不同的部分具有相同含义，该组成部分将发挥重要作用，并且对描绘实体或名词间的关系有很大的助益。

9.5.2.2　问题分类

问题分类是问题分析处理中重要的一部分，它能够识别所问的问题的类型。这一处理提高了沃森系统在《危险边缘》中分辨不同类型的线索的能力。你可以通过线索的主题、难度等级、语法构造、回答类型，以及问题解决途径等方面来描述一条线索。使用问题分析算法基于解决问题的途径来描述线索，取得了巨大的成功。下面是用来找到正确答案的多种途径中的三种。

- 基于事实信息的回答。
- 通过分解线索找到答案。
- 通过解答谜语找到答案。

识别不同的问题类型将会在接下来的处理步骤中触发不同的模型和策略。沃森系统在问题分析处理阶段使用了关系发现程序来评估问题中存在的关系。沃森系统的一个最大的长处在于它分析问题的深度，包括识别细微的差别和在语料库中搜索不同的可能的答案。见表 9-3。

表 9-3　解开《危险边缘》的各类线索

线索类型	举例	如何解开线索
依据事实做出判断	向北：当你穿越佛罗里达北部边界时会重复路过的两个州 答案：佐治亚州和阿拉巴马州	该类问题基于有关一个或多个实体的事实类信息。充分了解问题和线索中出现的事物，你就能得到答案
分解线索得出答案	外交关系：在与美国没有建交的四个国家中，地理位置最北的是哪个？ 答案：朝鲜	在表面的问题里隐藏了一个子问题。当你回答了子问题，就很容易回答整个问题。该例子中，子问题就是“没有与美国建交的四个国家”，答案是不丹、古巴、伊朗和朝鲜。这样问题就简化为：在这四个国家中，哪个国家的地理位置最北？
谜语解答	之前和之后：13世纪穿有领的Ralph Lauren短袖上衣的旅行家 答案：马可波罗	两个子问题答案的重合部分就是最终答案（13世纪的旅行家以及穿有领的短袖上衣的人）

为什么懂得问题究竟问了什么是很重要的？沃森系统需要基于问题和答案中的关联和模式进行学习。系统理解一个问题并不像一个孩子理解起来那么简单。例如，一个孩子能够知道两种不同种类的吠叫生物都是狗，虽然一个是达尔马提亚狗，一个是金牧羊犬。机器学习能够帮助沃森通过不同的方式来分析信息，得出达尔马提亚狗和金牧羊犬都是狗的结论。另一种方式是给沃森系统输入成千上万的问题—答案组合，但如果没有机器学习，沃森系统将不能回答以非常规方式提出的问题。而沃森系统需要能够正确地回答所有可能出现的新

类型的问题。

9.5.3 假设生成

沃森系统如何得到一个问题的正确答案？沃森系统在问题分析处理方面成功的关键在于考虑大量的备选答案。假设生成（见图 9-3）能够为一个问题找到多种答案，其中的一个答案就是正确答案。虽然正确的答案就藏在许多备选答案中，但我们并不期望选项中的干扰项太多。如果备选答案中有太多的错误答案，将会使得问题分析处理的总体效率降低。DeepQA 使用搜索部分和备选答案产生部分来产生假设。

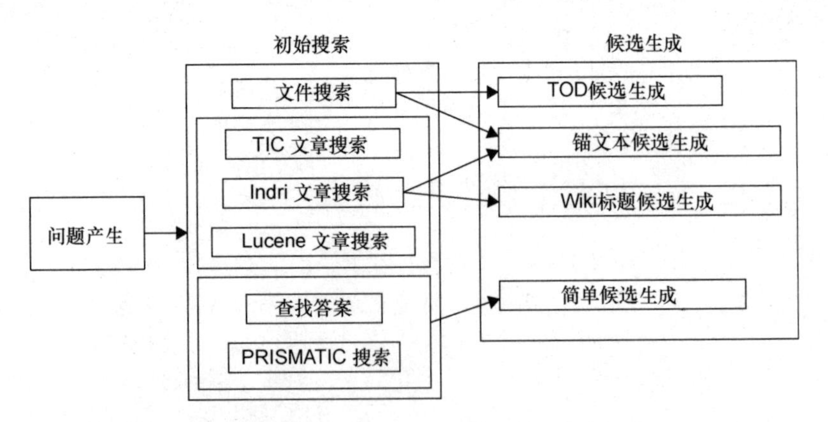

图 9-3　沃森系统 DeepQA 结构中的假设生成

下面介绍两个组成部分。

- **搜索**——使用像 Apache Lucene 这样的搜索工具从沃森语料库中找到与问题相关的内容。IBM 利用文档中上下文的关系和文档的题目得出一种高效省时的搜索策略。IBM 提高了搜索引擎自身的性能，通过从资源中提取语法和语义关系来提升结果的正确度。
- **备选答案的生成**——问题的许多可能的备选答案是从搜索结果中选出的。沃森系统利用人类语言文本和元数据以及语法和词法线索来完成这一选择。

根据图 9-3，你可以看到 DeepQA 结构基于多种搜索引擎，其中包括 Indri、

PRISMATIC 和 Lucene，它们能够对非结构化文本和文档进行索引和搜索，然后产生备选答案。每一种方式都有其独特的好处，IBM 将不同的方式结合起来以得到最优的结果。例如，沃森系统使用 Apache Lucene 的最大好处之一是其结构的灵活性，它的 API 是独立于文件格式的。Apache Lucene 是用 Java 语言写的开源的索引器和搜索引擎。在沃森系统的语料库中的不同文件格式的文本（PDF、HTML、Microsoft Word 等）都能被索引。这种方式被应用到《危险边缘》挑战和商业应用之中。

9.5.4 评分和置信度评估

评分和置信度评估是完成分析的最后一步。沃森系统置信度分析的方法是达到高准确度的重要影响因素。并不是系统的所有组成部分都需要完美无缺。基于正确性的评价分数可以为所有的备选答案分出等级，利用这些评分可以选出最可能是正确答案的回答。多种文段评分方法被结合起来用于沃森系统以提高准确率，系统通过匹配问题部分和文段部分给出答案的评分。这种为答案评估和分级的方法产生的结果保证能够选出最佳的答案。

有两种关系提取和 DeepQA 评分的方法：人工模式规范和模式规范统计方法。人工的方法具有高准确性，但同时需要花费较长的时间，因为需要找到具有相关领域知识的人，以及能够为新出现的关系制定规则的统计经验。沃森系统通过去掉干扰项来寻找备选答案。这里有许多相关模型，其中有隐马尔可夫链模型，它可以去掉不符合题意的干扰项。

评分算法有很多种。下面是四种文段评分（深度正确性评分）算法。

- **文段部分匹配**——这种算法通过匹配问题部分和文段部分来评分，不考虑语法关系和词语顺序。
- **跳读双连词**——这种算法基于观测两个特定部分的关系和正确性文段来评分。
- **文本队列**——这种算法基于观察问题和文段的词语和语序来评分。焦点被备选答案所取代。
- **逻辑形式答案备选计分**（Logical Form Answer Candidate Scorer，LFACS）—

这种算法基于问题的结构与文段的结构的关系来评分。焦点与备选答案对齐。

使用数量巨大的机器组使得备选答案被并行评分，让处理速度可以得到明显的提升。这是 DeepQA 架构中用到并行运行方式的一个地方。这使得沃森系统的速度和准确性同时得到保证。所有算法同时使用比仅使用一种算法的效益要好很多。例如，单独使用 LFACS 这一算法效率要低于其他算法；然而，将其与其他算法结合起来同时使用时，却能够提高系统整体的效率。最后，沃森系统是通过对已知正确答案的问题使用机器学习和训练将多种评分算法结合起来的。

9.6 总结

IBM 的沃森系统是一个期望能够扩大人类认知边界的认知计算系统。它代表了计算机科技的新纪元，使得人们可以用更自然的方式与计算机交互。在此次革新中，人们能够以新的方式利用和分享数据。沃森系统使得人们可以使用自然语言提出问题和得到答案，方便人们从超大量的数据中找到关键信息。这次对于沃森系统的研究基于 IBM 在自然语言处理、人工智能、信息检索、大数据、机器学习和计算机语言学方面的广泛经验。

一个认知计算系统并不仅仅是一个简单的计算机处理系统。它致力于建立人与机器之间新水平的合作关系。虽然人类对信息学已经有了一定研究，但基于传统计算方式的信息收集和处理的方法在分析上存在局限性。利用像 IBM 沃森系统这样的认知系统，机器能很快地找到大量非结构化和结构化数据的模式和异常值。认知系统在每次连续的互动提升准确度和预测能力时变得更加智能。在认知系统中，人和机器是共同存在的。想要认知系统输出可靠的结果，就需要人们利用机器学习技术做一些映射和训练。人们通过建立来源广泛的或为医疗或金融等特定领域进行调整的知识语料库，对沃森进行训练。语料库包括书中编写的知识、百科全书、研究文献以及本体知识。沃森系统能够在大量信息中搜集和分析数据，提供有置信度评级的准确的答案。IBM 现在正在将沃森系统应用到多种行业中，比如医疗、金融和零售业。

第 10 章　建立认知应用的过程

许多不同行业的组织都处在开发认知应用的初期阶段。从医疗组织到制造工厂再到政府机构，决策者都需要迅速了解大量的、不同种类的数据的含义。解决问题时通常需要集合众多不相关的数据源，包括内部数据和外部数据的结合。而且，解决问题或者获得新见解所需的数据越来越可能是非结构化的，比如文本、视频、图像、声音或传感器数据。有价值的见解可能深藏在数据中，这是因为数据的数量、种类和速度都很难管理。各组织机构已经开始意识到利用认知应用发现数据中的模式来改善结果的潜在价值。

第 11 章到第 13 章提供了在不同领域中新兴的认知计算应用的例子。虽然这些章节中的领域和应用不同，但是它们有一些共同的特性，使它们适合于认知应用。实施认知应用的组织机构通常在数据和决策过程方面会遭遇相似挑战，比如：

- 需要分析大量非结构化数据来做出好的决策；
- 相关领域的大部分知识是通过指导和训练过程由资深专家传给新手的；
- 决策需要依据不断变化的数据，如新的数据源和新形式的数据；
- 决策的制定需要分析一个问题的不同种类的解决方案。通常需要快速权衡每个方案的利弊，然后依据自身判断而非客观确定性来做出决定。

本章介绍设计典型认知应用的七个关键步骤：

1. 明确目标

2. 明确领域

3. 了解适用对象和它们的属性
4. 定义问题，探索见解
5. 获得相关的数据源
6. 建立和改善语料库
7. 训练与测试

10.1 新兴的认知平台

绝大多数早期认知应用是由供应商在客户的帮助下从零开始建立的。供应商和客户共同实验，共同进步。随着开发和部署中的认知应用数量的增长，供应商根据他们的经验来编写封装服务（packaged services）和应用程序编程接口（API），并提供模板来帮助客户独立迅速地建立认知应用。现在许多认知应用建立在基于云的认知引擎上，认知引擎能提供扩展运算能力、存储器容量和内存容量。而且，客户能获取定义完善的基础服务来快速开发认知应用。这些基础服务可能包括语料库服务、分析服务、数据引擎服务（比如图形数据库、训练服务、显示及可视化服务等）。现有的期望是未来认知应用可以建立在引擎和完善定义的 API 上来提供一部分或全部基础服务。

在过去许多年间，供应商在早期的开发认知应用的合作中所起的作用很像系统集成商。供应商负责开发认知引擎，但是大部分相关工具和服务的开发是根据合作方的需求与之协作完成的。合作方首先致力于为他们的认知应用明确领域、收集数据并去粗取精，了解用户可能感兴趣的问题和信息。通常，模型的开发（包括训练和测试过程）是在提供商提供的认知平台上完成的。

每个认知应用的开发阶段都是极为费时的，并且需要领域专家及终端用户的投入。初期的许多工作需要大量的人工介入，比如说建立和改善语料库以及训练和测试系统。一旦认知应用被广泛接受并在许多领域发挥价值，供应商就需要提供包和工具，以便用户建立新的应用并快速运行。建立认知应用最费时的地方之一是为语料库选择、访问获取和准备数据。所以，供应商开始提供语料库服务，提供针对特定产业事先提取、去粗取精的数据。例如，在医疗产业，这些数据源可能包括疾病代号和症状的分类和诊断。训练是认知应用成功的关键且很费时。供应商为认知应用提供特定领域事先训练好的数据集。API 的广泛使用使得开发和维护认知应用中一些具有挑战性的过程抽象化。例如，API 可以简化数据导入实现可视化呈现，或者简化从数据中提取关系的过程。

10.2 明确对象

建立一个认知应用与建立任何企业应用有很多相似之处。比如必须知道应用程序的目标，以及如何实现这个目标。所以，开发认知应用的第一步是了解认知应用要解决的问题类型。你的对象需要考虑用户类型、受众范围、用户兴趣和用户需知。认知应用和传统应用最大不同之一是，用户不只会得到质询的答案。认知应用不仅需要提供问题的答案，而且要更加深入探索问题发生的原因。

建立传统应用通常从商业流程开始。而对于认知应用，首先需要根据知识和数据建立目标。所以，在设计过程中需要为语料库中各种关键的知识类型设置表征重要性的参数。换句话说，该目标要集中在一个产业中的一个部分，而不是试图解决一个特定产业中的所有问题。如下是关于认知医疗应用的目标的几个例子。

- 提供个性化信息和社会保障信息以帮助个体最大限度优化健康状态。
- 帮助人们更加关注自己及亲友的健康。
- 帮助决定病人的治疗方案是否最优、最省钱。
- 为医学院学生提供更多的知识，以支持他们专科轮换期间的学习。

认知应用也可以给客服代表和销售人员提供帮助。想象一个零售企业拥有众多素质参差不齐的销售员。该企业只有少数销售员有多年经验且熟悉公司产品。如果顾客有特定需求或要求帮忙比货选择，这些资深销售员可以为顾客解惑并达成交易。然而，公司也有大量流动人员，而新手销售员没有足够的能力为顾客服务。公司可以引入认知应用，使所有销售员都能提供达到资深员工水平的服务。

10.3 明确领域

第二步是为认知应用指定专业范围或者领域。明确领域是决定为认知应用获取哪方面数据源的先决条件。表 10-1 提供关于认知应用领域、数据源范例、行业领域专家的若干例子。如前所述，明确对象有利于缩小领域范围。为培训医学生所建的认知应用以医学为领域，而帮助临床医生为乳腺癌患者选择最佳治疗方案而建立的认知应用的领域是乳腺肿瘤学。医学领域包括全面、广泛的医学分类法和本体论，而乳腺肿瘤学领域只包括医学肿瘤学的一部分及该特定领域的数据。

表 10-1　认知应用领域的例子

领域	精选数据要求	行业领域专家
医学	国际疾病分类（ICD）码、电子病历（EMR）以及研究期刊	医药和其他重要专业的资深医师
飞行器制造与维修	完整零件清单、每架飞机的维修报告、备件库存	能够预测故障并进行有效修理的机械师和有经验的飞行员
零售	客户与产品数据	有经验的销售助理

虽然明确领域可以帮助我们明确所需的数据源，但是我们也可能需要和该领域没有直接关联的数据源，这是因为认知系统支持问题解决的方式和传统系统不一样。认知应用擅长于帮助用户快速有效地吸收知识。这些知识是在特定数据源中发现的，但也整合了本来应该通过经验得到的信息。认知应用的一个优点是，它能给用户提供商业实践经验和资深领域专家熟知的特定产业知识。认知系统最大的价值在于，它能把产业数据源的信息和与资深专家交流测试和修正所得信息相结合。譬如，当遇到一个棘手问题时，有 30 年工作经验的飞机机械师可能会回忆起过去出现的类似情况，并给出这样的建议："这个问题可能是 A 或 B，可以采取这样五个步骤来获得最好的结果"。

10.4　了解适用对象并明确它们的属性

我们需要了解使用认知应用的用户类型。对用户与系统交互的预期会影响语料库的开发、用户接口的设计和系统的训练方法。认知应用的精确水平取决于目标用户的情况。譬如，科学家在回答与更换零件相关的问题时所需的精确水平比客服高。但是，提前推测用户会问的所有问题和使用认知应用的所有方式是没有必要且不明智的。认知应用认为，当新数据源被发现并加入时，数据就会增加并更新。并且，机器学习算法会不断修正问题分析和解决的方式。认知应用应具有灵活性，这样用户需求改变时，认知应用能随之改变。认知应用的学习过程是持续的，故使用次数越多，它就会变得越智能、越有价值。

以下实践经验可以保证应用系统具有足够的灵活性。

- **了解你的用户对该领域的认识水平**。你的认知应用的受众是普通消费者还是领域专家？你的用户是否通晓专业术语？你的认知系统是否用于在特定领域培训用户？
- **为各式问题和分析做好准备**。你的认知应用是否覆盖不同专业水平背景的用户？例如，普通消费者和领域专家在提问时的措辞完全不同。虽然这些用户在相似的话题上寻求有用的见解，但他们对得到的问题答案水准的要求不一样。消费者可能只要找到专业名词的解释定义即可，而领域专家则想要比较复杂问题的不同解决方案。
- **拓展你的认知应用的宽度来支持不同类型用户**。如果你定义的领域太明确、范围太窄，则有些专业范围可能没在语料库中被充分覆盖。语料库的范围过广的危害远不及过窄，因为当语料库过大时，在认知应用被不断使用的过程中，语料库会不断缩小并修正成合适的大小。

10.5 明确问题并探索见解

我们在第 1 章“认知计算的基础”中讨论过，认知系统提供基于对不同种类、数量、速度的数据训练和观察得到的关于某个领域、话题、事件的有用见解。认知系统需要通过在领域内建模、提出假设并验证假设来解决问题或提供见解。为了确保认知系统提供用户所需见解，你需要先推测用户可能的问题类型。使用完善定义、妥善训练的认知系统的用户可以从多方面获益。其中最显著的益处是用户能获得问题的基于不同置信水平的不同答案，这需要在语料库中导入合适的数据集并进行合理的训练和测试。但训练系统前需要考虑用户的问题类型和所寻求的有用的信息类型。

许多早期认知应用主要有两类：用户参与型和发现探索型。用户参与型利用先进问答系统。认知应用中用户问题的答案有很多选择，每个选择都有相应的置信水平。而发现探索型首先要进行数据分析而不是提出问题。用户事先不知道具体的问题和将得到什么样的答案。发现探索型用于基因探索、安全性分析以及威胁防护。在这些情况下认知应用通常首先寻找数据的模式和异常。

用户参与型要求更严谨的结构来获悉用户问题，该过程如下所述。提出的问题应该适合于循证分析，但问题不一定由用户提出。事实上，认知应用的本质特征之一是用户能与系统交互。在预知系统（anticipatory system）中，无需用户提出特定问题，应用系统就能分析数据并提出建议。这样用户在系统分析过程中不用事先进行预期，就可以在与认知应用的交互中获得新的见解。认知系统可以在问题、答案和内容中建立联系，来帮助用户更加深入地理解领域问题。用户的问题可粗略分为两类。

- **问答对**——问题的答案可以在数据源中找到。数据源中可能会有相矛盾的答案，认知系统将会提供基于不同置信水平的不同答案。
- **预知分析**——用户参与系统的交互。用户提出部分而非全部问题。认知应用使用预测模型推测用户下一个或下一连串的问题。

10.5.1 典型问答对

问答型认知应用的开发者发现他们需要从1000～2000个问答对开始。在创建问答对时要时刻牢记已明确的用户类型。你的用户会怎么提问？不仅要考虑问题内容，而且要考虑提问方式。问题必须像是终端用户提出来的一样。他们的语言风格会是怎样的？他们想知道哪些专业术语？同一问题的提问方式有很多种，所以在设计这些初始问题时需要考虑不同的提问方式。虽然答案的语言风格必须通俗易懂，但答案内容必须由相关领域专家审查。

表10-2举了两个针对医用认知应用可能提出的关于粉碎器的问题，分别由医疗消费者和妇科医生提出。医疗消费者寻求专业名词的解释，而妇科专家寻求更多关于流程中的风险和益处的细节。在认知系统中，这两种用户都可以参与提供有关话题更细分信息的对话。

表 10-2 不同用户类型的问答对

问题	答案
医疗消费者：什么是粉碎器？	粉粹器是带有旋转刀的仪器，通过女性腹部的切口切除子宫肌瘤。仪器的力量和速度可能导致子宫肌瘤中的细胞颗粒在腹部扩散
妇科医生：在治疗子宫肌瘤手术过程中使用粉碎器的风险和益处？	风险包括隐匿性子宫肉瘤的扩散。益处包括创口小、失血少、痊愈快

在选择建立语料库的数据源之前，要先明确一组样本问题。根据回答样本问题所需信息选取信息源，这样系统就可以回答同一领域中的相似问题。相反，如果先建立语料库，你可能会为训练和测试已有的信息而削足适履地设计你的问题。这样，当认知系统投入使用后，系统可能无法回答用户的问题。从原则上讲，语料库在训练和操作过程中可以被持续更新，但我们最好在一开始时就包含尽可能全的数据源来提供正确的见解。

10.5.2 预知系统

如果用户在使用认知应用中没有特定的问题怎么办？在这种情况下可以使用预知系统，因为在一些情况下有很多未知因素，导致用户无从提问。例如，在军事和安全分析中，我们无从得知未来的事件何时发生或何种事件将会发生。我们必须在不知道具体的寻找目标的情况下，仔细观察数据寻找模式。观察分析所用的数据可能未经清理，它们基于不同定义、不同度量、不同测量地点和时间。但用于认知应用时，这些数据为预测事件的发生提供有价值的线索。数据中的异常值可以用来建模以预测变化，及时识别出安全威胁以及军事事件以采取妥善措施。

认知应用中的预知分析也可以用来掌握个人需求以帮助他们做出正确决定。为了使用户无需提问就能得到认知应用提供的推荐，认知应用的开发者需要关注不同的个人状况，观察是否有需要认知应用提供帮助的地方。例如，认知助手可以监测用户的时间表，当有航班或火车延误时对用户加以提醒。通过监测用户医疗设备，认知助手可以对可能要生病的用户加以提醒，或者帮助用户调整饮食。目前，用户通过各种仪器设备越来越多地分享个人信息，从健康监控设备到电子邮件、旅行和日程表应用程序等。可以通过训练认知应用，整合这些信息来全方面了解用户。而且，认知应用通过定位、旅行和医疗等应用程序，可以知道用户周围世界所发生的事。因此，了解你的地理位置、医疗健康状况，以及你的问题的上下文的认知应用可以提供个性化的建议。总之，预知型认知应用系统无需用户提问，就可以利用这些数据使个性化任务变得简单易行。

认知商务

认知商务是指从零售和商业角度预测用户需求的认知应用。电子商务网站公司总是想优化自己的网站来增加销量。通过使用户更快地找到所需商品，这些企业可以更快地达到销售目标。例如，提供流媒体娱乐内容的公司可以建造一个认知应用来帮助用户更快找地到想看的电影，这样用户就可以更方便地在手机终端观看。

认知能力可以建立在已有的商业应用软件或其他环境中。用户已经事先授权，这样认知应用可以获取用户个人信息（比如医疗数据、行程路线、运动记录）。这样，无需用户提问，认知应用就可以提供建议和信息。

具有商业能力的认知应用的开发者需要事先考虑用户可能会问的问题，以及为增加销量认知应用可能需要何种能力。例如，你得考虑到用户在购买物品时可能会问：“有 29 号的深色水洗 XBrand 牛仔裤吗？”你也得考虑到更开放性的问题，比如“我在‘ABC’时装秀中看到‘X’穿的一条好看的‘Y’色丝裙，能帮我找一条类似的 4 号大小的裙子吗？”用户可能提交裙子的图片，让系统定位找出不同颜色和大小的商品。认知商业应用可以处理复杂的用户提问方式，帮助用户快速找到想购买的商品。并且，通过了解你的个人信息，认知商业系统可以预测下次你想购买的物品。

10.5.3 获得相关数据源

建立语料库时必须明确最相关的数据源。这是极具挑战性的，因为用户需求是不断变化的，你不知道用户具体想要获得什么样的信息。但是花时间评估手头已有的数据或者想要获取的数据是值得的。内部数据源为认知系统所用可以获得新的见解。在认知系统中可能也会加入社交媒体数据或其他外部数据源。认知应用提供使用数据源的新方式。建立语料库之前，需要了解对各种内部和外部数据源的需求。在测试结束后，认知应用投入使用，我们要不断增加数据源，因为应用范围是不断扩展的。

10.5.3.1　利用结构化数据源的重要性

认知计算主要关注非结构化数据。认知应用需要从现有的顾客中获取信息，故我们需要考虑哪些内部数据是有用的。例如，在和旅游有关的认知应用中，企业需要关于顾客和旅行地点的内部数据。与零售业有关的认知应用需要关于订购商品、销售产品和购买者的数据源。医院医疗认知应用需要患者状况、疾病历史及就医记录的数据。制造工厂的认知应用需要生产区的感应器活动报告。这些数据极有可能以结构化数据形式存储在关系数据库中，包括顾客关系管理系统中的顾客数据、电子病历中的患者数据，或传感器网络中的流数据源。

10.5.3.2　分析暗数据

暗数据是指归档闲置几年甚至几十年的数据。这些数据大多数在存储之前没有被分析过。譬如，企业 10 年股票的状况或在安全漏洞期间存储的数据都可能是暗数据。利用认知系统，使暗数据为分析事物变化提供基准。运用机器学习寻找多年收集的数据中的模式，可以提供新的见解。鉴于分析技术的发展，这些暗数据将成为重要的内部数据。

10.5.3.3　利用外部数据

什么样的外部数据将为用户提供支持？外部数据可能是任何数据，包括从特定行业的致力于新的研究发现的技术期刊到行业中的分类学和本体论。例如在医学研究中，临床试验结果数据可能有利于了解药物相互作用。很多行业有包含结构化数据或非结构化数据的第三方数据库。并且，越来越多的视频、图像和声音数据存储引起了特定行业和技术科学的特殊兴趣。

许多产业有编号的分类学和本体论，由产业协会进行管理和更新。建立语料库时这些数据源是至关重要的。但我们或许只需要其中一部分数据。这些数据通常有分层次的实体或概念分类，这对明确数据内容和意义来说非常重要。表 10-3 提供特定产业的分类学和本体论的例子。

外部数据要谨慎使用。例如，数据的来源是什么？数据源归谁所有？它是何时产生、如何产生的？更重要的是，谁负责更新数据？同样重要的是数据源的安全和管理，包含隐私信息的数据源需在严格的管理条例下使用。如果这些数据遗失，会对企业产生严重伤害。

表 10-3　特定产业分类学和本体论

产业	分类学/本体论	发布者	描述
医疗	国际疾病分类（ICD）	世界卫生组织	国际疾病分类码、疾病症状、疾病的医疗发现
医疗	医疗系统的语义分类学	由企业制定，如Healthline公司	将网上的医疗信息分类，建立用户与临床术语的映射关系
建筑	国际建筑规范（IBC）	国际建筑师会议（ICBO）	国际建筑标准和遵循条例
金融	美国GAAP财务分类	财务会计准则委员会（FASB）	财务会计及报表的美国标准
信息技术	NIST云计算分类	美国国家技术标准研究所（NIST）	和NIST云计算参考架构互为补充，目标是帮助云架构产品和组件进行通信

10.6　建立和更新语料库

建立语料库需要技术团队和业务专家的通力协作。其中第一步包括为认知应用明确目标和用户期望，这需要大量行业或领域专家。接下来的一系列步骤更多地依靠技术团队。真正的语料库建立、模型的发展、系统的训练和测试需要诸如软件开发、机器学习和数据挖掘方面的技巧。

语料库的建立不是一劳永逸的。最初的语料库包括所选数据源。但是，数据源需要不断被评估，观察是否需要加入新的数据源，或者是否需要加强已有数据源来改善认知应用的结果。我们必须了解数据源的生命周期，这是因为许多数据源是定期更新的，故需要在合适地方设置适当程序确保数据源的及时更新。

虽然认知应用主要利用语料库中的数据，但并不是系统所用的所有数据源都要导入语料库。一些数据被称作“基于云的服务”，无需导入语料库就可以为认知应用所用。认知应用可能与多种数据管理系统交互，比如 Hadoop、列存储数据库、图数据库。

语料库的建立过程包括数据准备、数据导入、数据更新，以及在数据整个生命周期进行数据管理。下面详细介绍这些步骤。

10.6.1 准备数据

所有需要被导入语料库的数据都要先进行验证，以确保数据的可读性、可搜索性、可理解性。前面部分详细介绍过，语料库中可能包含结构化、半结构化和非结构化的数据。在导入语料库之前，所有数据都要进行评估，看是否需要数据变形或改善。你的基于文本的资源，诸如期刊文章、教科书、研究文献是否带有标题作为注释以便认知应用使用？标签可以帮助系统对文章进行内容识别和分类。而且标签可以确保认知系统内不同类型的数据间能快速建立联系。

转变数据结构的要求因不同的认知平台而异。早期认知系统的语料库中数据都是非结构化并基于文本的内容。所以，复杂的结构化数据资源需要先转化为非结构化内容才能导入语料库。过去这些转化是费时的。如今已经发展了加快转化数据结构过程的服务。供应商不断改善数据准备服务，使在认知系统内自动转化结构化数据成为可能。这些转化和其他数据准备服务对提高认知应用的采用率有积极作用。由于业务用户越来越多地使用认知应用，结构化数据源如关系管理系统或其他数据库应用中的数据必须能够快速导入系统。一成不变地导入完整的数据库是没有必要的。事实上，只需要一部分已有数据源就能达到领域要求的情况是很常见的。

10.6.2 导入数据

有效导入数据是成功建立认知系统的关键。在发展认知系统的过程中，导入数据不是一劳永逸的。已有数据源需要不断更新修改以确保精确性和时效性。训练和测试的结果可能会暴露出语料库中的薄弱点或局限处，据此我们可以对数据源进行增加和修改。而且，用户期待的变化会导致语料库需要添加新的数据源。延迟更新语料库会减小系统的效率和精确性。为保持系统的可用性，数据源需近乎实时地导入语料库。通常，我们需要一系列特定设计的服务使导入过程又快又灵活。虽然这过程需要一些人为编程，但是导入服务包括连接器和各种工具的使用使得这一过程接近无缝。

在传统数据管理中，我们需要适当的控制和支持来维持管理、进行预测和修正错误。例如，数据导入过程需要融入实时回溯性。导入过程中若有错误导致意外的中断，我们必须回溯来了解问题发生的原因和导入过程中的哪一步导致中断。这被称作检查点。你可以利用这个信息来正确重启导入过程。在导入过程中也需要监视器来删除不必要数据，以满足安全要求。

10.6.3 修改和扩展语料库

如前所述，语料库必须不断修改来确保认知应用提供精确的和具有正确水平的信息。虽然我们已经为语料库导入数据做好充分准备，但在一开始就预测到所需的所有数据源还是极其困难的。

在训练过程早期，我们会发现特定问题的答案的精确度低于可接受的门限值。通过为认知领域范围内的特定话题不断增加数据，可以提高精确度。训练、观察结果、更新数据要求、导入语料库的这一过程需要不断迭代进行。认知应用投入使用后，这一过程在测试阶段需要不断进行。我们可以设计算法决定哪些信息加入语料库后可以填补缺口或润色细节。有时我们需要通过查询有关顾客的详细信息或专业数据的定义，来增加数据。

10.6.4 管理数据

认知应用中的语料库包括范围广泛的数据源。这些数据可能与你的企业中其他系统中的数据遵循相同的数据隐私条例。语料库中的数据的使用可能受管理条例的限制。语料库中的部分数据可能是带版权的图片或内容。所以必须确保拥有这部分数据的使用权。医疗系统中的患者隐私条例规定个人信息都需要匿名。零售业认知系统不能暴露用户的信用卡信息。如果语料库包含社交媒体数据，要确保没有违反这些网站的用户隐私。譬如，用户有时不授权系统获取地址定位信息。一些国家对顾客数据的存储地点有限制规定。认知应用对管理力度和安全性能的要求很高，因为随时间推移会出现敏感数据。所以，设计和操作认知系统时，管理和安全不能是事后添加的。

10.7　训练和测试

通过不断发展、分析、测试模型，认知系统才能展开学习。只有设计一个可扩展的训练和测试策略，才能确保认知应用投入使用后能正常工作。通过度量用户的反应情况来确定可接受的最小精确度。训练过程结束后，可以开始建立已经标定的数据（ground truth），这些已标定的数据是模型准确性的黄金标准。我们可能需要尝试其他的数据集以确保测试的客观公正性。已经标定的数据组成认知系统的知识基础。在问答型认知系统中，通过一系列问答对来建立已经标定的数据。问答对中的问题是用户可能会问的问题的代表。这些问题的答案是精确的，由领域专家认证。这些问答对集中在某个话题周围，以方便机器学习的过程。通过设计在这些问答对中寻找关联和模式的算法，认知系统可以进行学习。在训练和测试策略中，需要把新的分析与已正确标定的数据作比较，当需要增加系统的精确度时，把新的分析加入标定的数据中。这是一个不断迭代的过程，数据每训练一次，认知应用的精确度都会有所增加。

认知应用在失败中学习，在反馈中改进。认知应用提供的带有高置信水平的答案可能是错误的。作为训练过程的一部分，你必须分析为什么系统会出错。虽然系统的训练在原则上是一个自动的过程，但是有一些部分需要人为的、特别是领域专家的干预。表 10-1 列出帮助分析错误原因并采取正确措施来改善未来精确性的步骤。这些错误参考了一些监控认知系统性能的关键指标，如召回率、精确率、正确率。

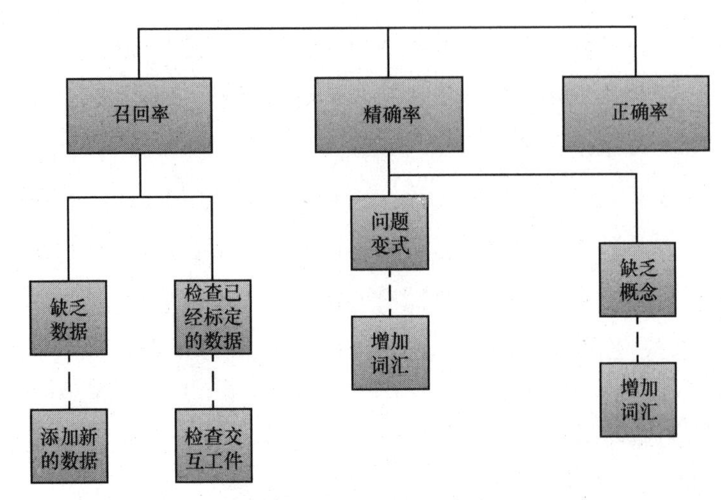

图 10-1　提高模型的正确性

“建立和更新语料库”部分详细阐述增加和更新数据，可以确保语料库能支持系统。但是缺乏数据并不是系统提供不正确答案的唯一原因。领域专家需要检查已经标定的数据并对答案进行相应调整。一些错误发生的原因是模型不能掌握相似数据源的细微差距。一个解决办法是增加词汇本体来帮助系统理解关键概念。

训练和测试数据是建立认知系统中最耗时的部分。领域范围越小，建立语料库、找到合适的训练数据就越容易，从而确保信息能回答问题并随着时间的推移进行学习。在这种情况下，应选取能代表所解决问题的样本数据集。如果领域稍大且复杂，就需要更多的样本数据。在很多情况下，你可以选择直接适用于问题的数据。比如，关于糖尿病治疗的用户问题是容易解决的。但在有些情况下，你对结果可能不是那么有把握。比如，想要理解大城市中交通管理的相关数据，就需要大量传感器数据。我们选择的数据集可能不是代表想解决问题的正确数据集。正如我们所见，训练测试结果会因范围和规模问题变得复杂。

训练过程最重要的部分是有足够的数据源来进行假设验证。通常第一轮训练的结果是混合的。这意味着需要修正假设或提供更多数据。这个过程很像学习一门新学科，开始时只有在不完善的信息基础上的猜想。随着学习的深入，你会发现需要更多的数据。当从数据中获得更多的有用信息时，你的猜想会改变。这时候你需要检验你对领域的认识，来看看是否已拥有足够的知识；还需要收集更多的数据进行学习。这就是在设计认知系统时自动发生的事。

10.8　总结

实现认知系统是个多步骤的过程，首先从明确产品的目标开始：包括领域和用户关键属性。我们还需要明确用户可能会问的问题类型和用户所寻求的信息。我们还需要明确并找到内部和外部的相关数据源。这些步骤完成后，就可以建立和改善语料库了。最后一步是训练和测试过程。但要记住这不是按部就班的过程。建立语料库是重复迭代的过程，因为数据及用户的性质和属性是不断变化的。设计完善的认知系统可以成为获得商业知识和有用信息的新模型。

第 11 章 建立认知医疗系统

医疗产业是个庞大而复杂的系统，它包括很多改善患者健康并支持患者治疗的组织机构。这个系统范围很广，有很多方面的角色，包括：

- 医疗服务提供者
- 医疗服务支付者
- 医疗设备制造商
- 制药公司
- 独立的研究实验室
- 医疗信息提供者
- 政府监管机构

虽然有很多技术进步能帮助组织机构改善患者的健康状况，但技术创新的需求已经到了一个转折点。医疗系统中每个部分以独立的方式管理医疗信息，导致在众多利益相关者中分享患者信息和医疗研究信息变得困难。需要管理、分析、分享、保护的数据数量和种类飞速增长。就算以上不同角色为了共同利益分享信息，数据也是不一致和分散的。这会导致医疗研究进程的减缓，甚至出现临床错误，使患者有生命危险。根据医疗过失评估的方法，在美国，可预防的致命伤害可能是仅次于心脏病和癌症的第三大致死原因，或是次于意外事故且先于阿尔茨海默症的第六大原因。

本章着眼于一些医疗组织，在这些医疗组织中，专家处于建立认知应用的早期阶段，认知应用可以帮助他们用新的方法解决常见的医疗问题，并开始探索解决原先不可能解决的问题。医疗系统中的利益相关者开始使用认知系统来帮助他们发现数据中的模式和异常值，从而发现新的治疗方法，提高效率，高效地治疗患者。

11.1 医疗认知计算基础

医疗系统产生并管理大量数据，比如 CT 扫描和核磁共振成像的图片、患者医疗记录、临床试验结果、支付记录。这些数据有各种不同形式，从人工纸质记录、电子数据表到不同系统所管理的非结构化数据、结构化数据、数据流。这些系统有一些是完整的，但大多数却不是。故医疗产业中在大量数据的产生和分析时呈现很大的差异。当组织机构发现管理和分享数据的新方法，它们就有很好的机会改善医疗结果。例如，医疗服务提供者建立电子病历（EMR）系统来管理综合的、一致的、精确的患者记录，以便在医疗团队中共享。虽然 EMR 还在建设中，但是拥有完整的、精确的、最新的问题和治疗方法有很多益处。如果医疗信息一致且精确，治疗方法的制定可以用更高的置信值，而且可以更快速。

医疗组织的一个持续存在的挑战是发现结构化或非结构化数据中的模式和异常值，以帮助改善患者治疗。如图 11-1 所示，医疗系统中的数据管理正从以文档为中心的单一型数据，向包含结构化数据和非结构化数据的综合的知识系统演进。

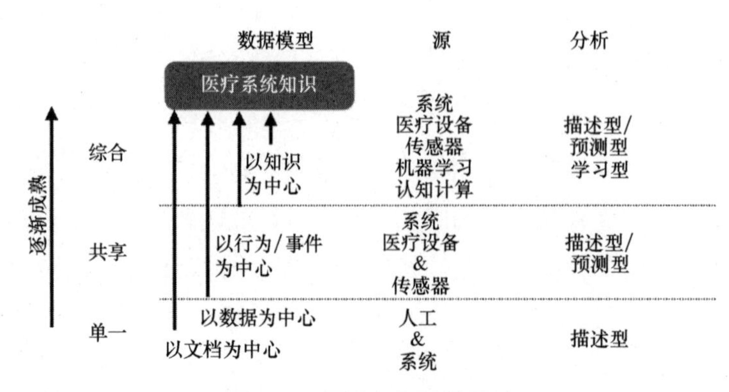

图 11-1 医疗认知计算基础

医疗数据的管理开始采用基于标准化的方法，以便在合适的地方进行数据分享。医疗设备和感应器可以产生有关患者情况的有价值的数据，但这些数据并不总是被充分理解。通过使用数据流的预测分析模型，可以改善患者的筛查方法，预测身体状况的变化。认知系统可以获取并整合这些新产生的基于传感器的数据，以整个医疗研究的历史记录和自然语言文本中记录的临床结果形成语料库。认知系统从语料库的经验中学习，从而显著改善医疗结果。

例如，多伦多医院的新生儿科医生开发出一个分析模型，可以提前 24 小时对可能发生致命感染的新生儿进行告警。晚发性新生儿败血症是一种可能发生在新生儿中的血液感染。在 Health Informatics 公司（总部位于加拿大安大略理工学院）的首席科学家 Carolyn McGregor 医生的分析研究之前，新生儿重症监护室收集婴儿的生命体征，但是只存储 24 小时。从监视器中收集数据，信息处理小组设计算法来分析随时间变化的数据。这些算法寻找感染前的模式，医生应用这些新系统，得到了关于呼吸率、心率、血压、血氧饱和度的电子记录，实时监视婴儿的生命体征，观察他们身体状况的变化。

11.2　医疗生态系统的组成

医疗系统已然发展成为包含各种组织机构的复杂系统，这些组织机构负责进行治疗信息、治疗过程和治疗产品的发展、筹资或交付。如图 11-2 所示，医疗服务提供者、医药生产公司可以获得不同的相关医疗数据源。政府机构、甚至是患者都在决定数据受众方面发挥着重要作用。一些数据是共享的，但大多数为规范或安全条例所约束。在数据分享中，不同组成成分的关系是复杂且不断变化的。现在医疗系统知识包括更多预测型分析和机器学习结果，为了得到更加综合的方法来获取医疗保健知识，所分享的数据的一致性需要改善。

医疗系统中的数据为不同组成成分所管理和使用，包括以下几个方面。

- **患者**——患者产生个人可识别信息，包括家族病史、生活习惯及检查结果，授权后这些信息可能被匿名地集合起来，然后指导有相同状况的患者的治疗；

- **数据提供者**——包含一系列非结构化或结构化数据。包括患者医疗信息（EMR、诊室记录或实验数据）、感应器或医疗设备数据、医学教材、期刊文章、临床研究、定期报告、账单数据和手术费用数据；
- **制药公司**——支持制药研究的数据。包括临床试验、药品效果、竞争性数据、医药生产者的药品描述；
- **医疗服务支付者**——包括账单数据和医疗费使用检查数据；
- **政府机构**——监管数据；
- **数据服务提供者**——包括处方药使用和效果数据、医疗术语分类法、分析医疗数据的软件解决方案。

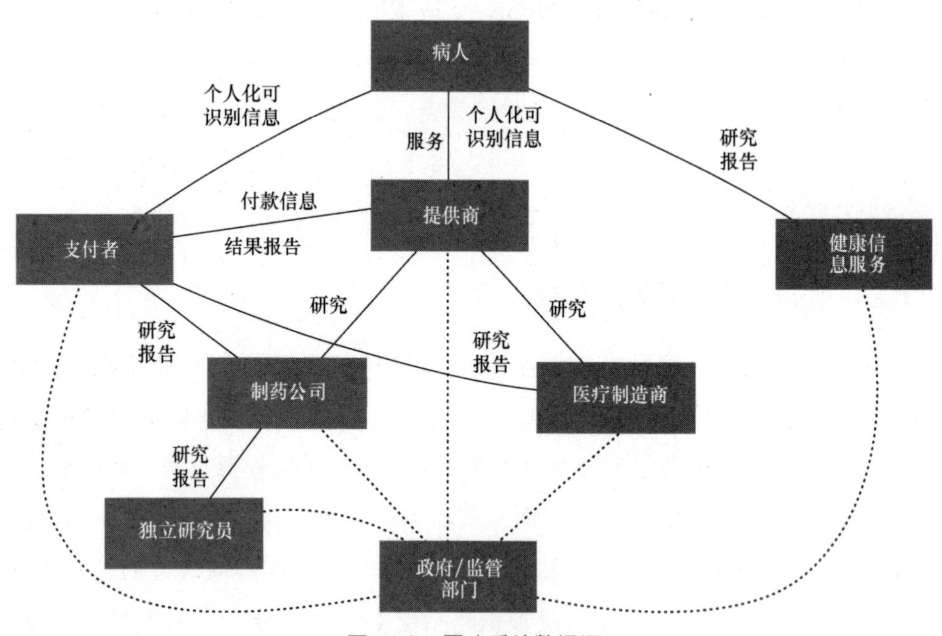

图 11-2　医疗系统数据源

11.3　从医疗数据模式中学习

认知计算的优点是医疗专家可以从所需的各种数据中获得见解，使行动更具说服力、决策更为优化。在医疗领域中找不到数据中正确的关系或模式所带来风险是很高的。如果重要的信息被忽略或误解，患者可能受到长期伤害甚至死亡。通过融合各种技术，如机器学习、人工智能或自然语言处理，认知计算可以帮助医疗专家在数据的模式和关系中学习。认知系统中固有的人机合作提供了使医疗机构从数据中获得更多价值和解决复杂问题的最佳实践方式。

从数据中获得更多价值是一个多层面的过程，它对技术和知识都有要求。获得正确数据是首要的。相关数据要是精确的、可信的、一致的、可快速获取的。但是，拥有精确数据只是改善患者医疗结果的基础。医师需要技巧和经验来理解症状和诊断结果的复杂集合。他们必须吸收最佳实践经验，这样才能问出正确的问题并倾听患者的回答。患者问题的解决方法在医学实验室的结果和图表中通常不是那么明显。通过类似“连接离散的点”的最佳实践方法，可以帮助医生、研究者或医疗系统中的其他人找到正确的解决方法。

从数据的模式中学习，可以帮助医疗组织解决一些具有挑战性的问题。例如，爱荷华临床医学院（University of Iowa Hospitals and Clinics）从外科手术病人人群中发现模式从而改善外科手术质量。医院根据再次住院的数据、手术切口感染的数据，以及其他类医院获得性感染的数据建立模型。模型可以在手术进行时就预测何种患者更容易切口感染并采取相应措施。

其他医院用预测型模型来减少昂贵又危险的再次住院的比率。从成千上万的医院记录中发现的模式可以用来建立模型分析患者的医疗记录，计算出院后又重新发病的危险系数。预测型分析模型被用来观察许多不同因素，并决定哪个是影响再次住院率的最主要因素。从表 11-1 可以看出，这些因素包括患者和医生两个方面。

表 11-1　预测模型中分析再次住院的考虑因素

患者特征	吸烟、吸毒、酗酒、独居、饮食不规律
社会经济因素	教育水平、经济水平
医生因素	不正确的药方、忽略患者的重要信息

充分理解危险系数可以帮助医院改善医疗结果，采取正确措施降低再次住院率。预测型模型可以基于每个案例提供建议，决定每个患者是否需要强化出院后的护理。

11.4 建立大数据分析的基础

虽然有很多有趣和令人激动的医疗认知系统的例子，但这些实践都处于早期阶段。然而对认知计算和大数据分析来说，这些医疗机构不是从零开始的。有许多备受瞩目的在医疗环境中分析数据、融合机器学习的例子。这些医疗平台的下一代将建立在强大的大数据分析基础上。医疗信息容量已经逐渐成熟到能融合到认知系统中。但是医疗组织的总体目标还是保持一致，即提供高质量的患者护理，在考虑成本的条件下持续不断改善医疗选择和结果。

医疗信息技术的研究大多集中在开发更多综合系统上，这样医疗信息可以被安全存储、按需取得，以方便研究及患者的护理。例如，医疗提供者建立电子病历（EMR）来为每一个患者提供统一的医疗数据记录。许多与患者有关的数据是非结构化的，这些数据大量来自电子图片、实验室化验结果、病理报告和医师报告。如上一部分所述，医疗机构不断发现许多新的方法来获得数据中的价值。使用 EMR 和其他针对特定病人的数据可以为每个病人做出最适合的决定。除此之外，利用大量患者群得到的数据可以建立预测模型，从而改善患者群的医疗结果。但是在这个过程中，必须确保不违反安全和隐私条例，要去除数据中的个人身份信息。

大数据分析飞速发展的其中一个医疗领域是生物制药领域。DNA 序列技术的革命性进展可以保证采集足够多的基因信息以供研究。为了跟上研究的需求，序列数据存储、处理和分析的技术不断发展。寻找新的数值计算方法来存储和分析基因数据刻不容缓。先进的算法、方法和工具能让科学家有效理解基因分析产生的数据，并回答重要的生物学问题。先进的建模方法正取代传统运用于基因数据分析的人工方法。

11.5 医疗系统的认知应用

许多医疗专家正基于他们在大数据和分析计划中取得的成果，将机器学习与认知计算结合起来，目标是优化医疗研究、临床诊断和治疗结果。该结果的速度、创新性、质量取决于人如何与技术和数据交互。在医疗领域，有经验的专家把实践经验付诸行动，并把经验与年轻一代医疗专家分享是十分重要的。知识传承过程是通过医学生的培训和实习项目以及研究实验室的辅助和指导项目实现的。建立认知系统来帮助医疗专家的学习过程可以推动知识的传承过程。而今认知计算的应用正处于早期阶段，然而，认知应用有望在下一个十年融入更多医疗过程。

11.5.1　新兴的认知医疗应用的两种不同方法

认知医疗系统的建立有两个不同的方法：用户参与型应用和发现型应用。用户参与型应用用于发现问题的个性化答案。例如，很多新兴公司发展的认知应用能为用户提供如何管理自身健康的答案。其他认知系统可以为医疗服务支付者的服务代理提供帮助。通过一个包含远远多于人类可能吸收的相关信息的语料库，系统可以回答相关问题，提供关于用户健康的新的有用信息。发现型应用用于新药物的发现以及发现治疗患者的最佳方式。在这两种情况中，医疗系统都要首先明确系统的用户、用户可能会问的问题，以及回答问题所需的知识基础。认知系统用于理解数据的关系、发现数据模式，以改善医疗结果。

你必须了解哪些用户会使用你的认知系统，以及用户的医疗背景和专业知识如何。例如，用户是医学生，还是有多年实践经验的医师？或是医疗和健康方面的消费者？用户与系统交互的期望不同对建立语料库、用户接口的设计、系统的训练有重要影响。用户类型对系统提供答案的置信水平和精确水准也有显著影响。用户的要求随着时间变化，而这些变化必须融入认知系统的开发过程中。认知系统的学习过程是持续的，系统在这个过程中变得更智能，能为用户提供更多价值。

11.5.2　认知应用中医疗分类学和本体论的作用

医疗分类学和本体论是医疗术语和术语间关系的一个编号系统或语义网络，它对认知医疗应用语料库的发展十分重要。这些分类学和本体论用于拥有相似意义的术语之间建立关系。很多分类学和本体论已经广泛用于医疗系统，来组织在医疗条件、医药治疗、诊断结果、临床药物的成分和剂量、药物并发症等方面的术语。医疗分类学和本体论的其中一个例子是国际疾病分类（ICD）。ICD-10是国际卫生组织批准的当前版本。但是，它并没有成为所有国家的标准。在2015年10月1日后，ICD-10就成为了北美标准。ICD包括疾病编码、疾病症状和疾病的医药发现。ICD只是医疗领域现行的分类学和本体论之一。为了建设一个有效的语料库，必须有一套共同语言，以保证来自不同源的数据可以被融合并共享。如果没有分类学中的术语，认知系统不能快速学习，这将导致结果精确度的不足。系统将会错过很多术语的同义词，从而错过很多信息。

Healthline公司为医疗系统建立了最大的语义分类。它把医疗消费者与临床应用联系起来。算法可以借鉴它来更深入理解用户的问题内容。通过参考综合精确的分类学和本体论，认知医疗系统可以在医学概念间建立更精确的联系。

11.6 开始建立认知医疗系统

早期的医疗认知应用建立在认知引擎或平台上。建立认知应用先要明确目标终端用户，然后训练认知系统来满足这些用户的基础需求。认知应用的大体领域范围是什么？用户对领域的认知水平是什么？用户对认知系统的期望和要求是什么？

认知系统首先需要系统基本的信息，从这些信息中可以发现联系和模式，系统才能从中学习。虽然学习过程从问题开始，但一个训练过的系统不仅仅能为问题提供答案。认知系统可以在问题、答案和内容中建立联系，以帮助用户更深入地了解领域中的问题。建立认知医疗系统的基本步骤见下文。

11.6.1 明确用户可能会问的问题

首先，我们需要从一组用户代表中收集问题类型。这个步骤完成后，可以收集一些用于回答问题和训练系统的基础知识。虽然你可能会想检查分析已有的数据库，以便建立系统的知识基础和语料库，但是最佳实践经验指导我们后退一步，先明确总体应用策略。一开始就建立语料库的风险在于你可能使你的问题只针对于手头的数据源。如果一开始就建立语料库，系统投入使用后可能无法满足用户需求。

这些初始的问题要能代表用户可能会问的问题。用户可能会问什么问题，会以什么方式问这些问题？你所建立的以顾客为中心的应用为普通用户所用，还是为技术专家所用？获得正确问题是认知应用未来性能的关键。我们必须用足够的问答对初始化认知系统，来开始机器学习过程。通常 1000 ～ 2000 个问答对可以用来启动这个过程。问题必须像是由用户提出的，回答必须由领域专家认证。

11.6.2　导入内容来建立语料库

语料库提供认知应用回答问题所需的基础知识。认知系统所要存取的文件必须包括在语料库内。创建的问答对将对数据内容的收集过程有所帮助。从问题开始，你对建立语料库所需的内容有一个更好的认识。你需要什么内容才能准确回答问题？你必须明确手头已有资源，并判断需要哪些资源来提供正确的知识基础。这些内容包括医学课本、健康方面的背景知识，如制药研究、临床研究和营养学、医学期刊杂志、患者记录，以及分类学和本体论。

所选内容必须通过验证确保其可读性和可理解性。在内容中添加元标签有助于建立文件之间的联系。例如，可以使用标签确认一篇文章是关于特定医学领域的，如糖尿病。而且，文章还需要有分节和标题为认知应用提供线索。必要时应优化数据源的格式以确保能够被识别和搜索。例如，结构化数据，如综合营养表，在导入语料库之前需要被转化为非结构化数据。认知系统可以识别简单的表，但是复杂的嵌套的表需要先转化为非结构化数据。为确保语料库正确运行，数据转化过程是必要的。

我们要了解要导入文件的生命周期以适当安排更新。另外，你可能需要建立一个过程，以便有新的内容更新时被告知。在应用的生命周期中，语料库需要持续不断被更新以确保可用性。

11.6.3 训练认知系统

训练过程是如何开始的？认知系统在分析和训练中学习（参见第 1 章“认知计算的基础”中不同种类机器学习的讨论，以及第 3 章“自然语言处理支持下的认知系统”）。思考你学习新学科的过程。首先你有一连串问题，然后你开始阅读；当你对这个学科的认识加深时，你的问题内容和范围开始发生改变。随着阅读和理解的深入，你的问题越来越少。认知系统的相似之处在于，分析的问答对越多，系统的学习和理解越深入。

分析问答对是训练过程的关键部分。用户代表产生问题这一过程很重要，专家回答问题来结束问答对也很关键。问题要与用户的知识水平一致。专家需要确保问题的正确性，并和语料库的内容一致。据表 11-2 所示，可能会有一些内容重叠的问题和问题簇。这些问题要么用不同的措辞来问同一个问题，要么从不同角度问问题，要么除了有的问题用了缩写外基本一致。认知系统从以下的问题簇中学习。

表 11-2 用于训练认知医疗系统的问题

问题1	全脂牛奶和脱脂牛奶有什么不同？
问题2	低脂牛奶不同于全脂牛奶吗？
问题3	脱脂牛奶比全脂牛奶好吗？

11.6.4 丰富问题并加入语料库

训练的目的是确保认知应用投入使用后能如期运行。刚开始，这个过程需要使用到训练数据、测试数据、盲测数据，并重复很多次。每次测试结束后，把新内容加入语料库中信息不足的地方。

认知应用投入使用后，也要做好持续不断进行训练过程的准备，这样使更新问答对和加入新内容到语料库可以持续进行。扩展算法可以决定加入什么数据最能为语料库数据填补空白、增加细节。

11.7　使用认知应用来改善健康状况

患者（或医疗消费者）是医疗系统的中心。这个复杂系统产生大量数据描述系统中每个个体的健康状况。管理医疗消费者的很多组织已经建立许多项目来改善群体的整体健康水平。现存的一个巨大挑战是，这些项目不能提供个性化的响应和激励举措，使用户改变行为以优化健康行为。对个人来说，减轻体重、加强运动、合理饮食、停止吸烟等健康的选择带来的好处是巨大的。由于整体健康水平会得到提升，个人也更加注重管理先前诊断的症状，医疗服务消费者、政府和组织机构都能获益。由 Office of Surgen General（美国）、Office of Disease Prevention and Health Promotion（美国）、Centers for Disease Control and Prevention（美国）、National Institute of Health（美国）、Rockville（马里兰州，美国）Office of Surgen General（美国）于 2001 创建的列表表明，很多医疗状况与疾病及体重的增加有关。面临这些问题时，人们也很难为自己的身体状况做出积极的改变。这些医疗状况和疾病包括：

- 过早死亡
- II 型糖尿病
- 心脏病
- 中风
- 高血压
- 胆囊疾病
- 关节炎
- 睡眠呼吸中止症
- 哮喘以及其他呼吸性疾病
- 某几种癌症
- 高胆固醇

找到提高个人与医疗系统联系的方法是某些新兴公司的首要任务。一些比较出名公司的如下。

11.7.1 Welltok

Welltok，总部在丹佛，通过 CaféWell 健康优化平台提供个人化信息和社会知识，来帮助用户优化自身健康。Welltok 和人群健康管理者（比如医疗支付者）合作，通过建立平台来提供人们改变行为、改善健康战况所需的支持、教育和刺激举措（如礼品卡、保险金回扣等），从而降低医疗费用。

11.7.1.1 Welltok 解决方案概述

Welltok 的 CaféWell Concierge 旨在帮助个人通过关联合适的资源和项目，优化自身健康。它把飞速增长的各种健康和身体状况管理项目和资源，比如跟踪装置、手机 APP 以及社区组织起来，并为每个用户制定个人化、自适应的方案。

Welltok 和 IBM 沃森合作开发 CaféWell Concierge 手机应用，它利用认知技术与用户交互，为它们提供个性化指导以优化它们的健康状况。大量内部和外部数据用于建立语料库以组成系统的知识基础。CaféWell Concierge 利用自然语言处理、机器学习和分析来提供个性化信息和精确的建议，以及回答医疗服务消费者提出的问题。

作为一款手机应用，CaféWell Concierge 可以在医疗服务消费者方便的时间和地点与其交互。每个人都能收到他们根据医疗福利金、健康状况、爱好、人口统计学以及其他因素所制定的智能健康计划。它是个人行为计划，包括资源、体育活动、健康的含义内容以及健康状况管理项目。例如，有可控疾病如糖尿病和哮喘的用户能每天收到的智能健康计划就包含健康教育信息，以及为他们量身定制的帮助他们做出健康选择的指导。

Welltok 的合作者包括医疗服务支付者，使这款 APP 可以为用户免费提供。医疗服务支付者通常提供刺激和奖励，类似完成培训会议能获得礼物卡的抽奖机会，或者降低改善体重指数（BMI）时的医疗费用。CaféWell 利用先进的分析算法使行动和行为与正确的刺激和奖励结合，以激励用户关注自身健康。随着时间推移，它还会学习关于用户的反应以及何种刺激适用于目标用户。

利用自然语言处理，用户可以与应用交互，询问关于健康的问题。Welltok

通过前面所述的步骤来建立认知应用，以便在几秒钟的时间内处理大量个性化信息和回答开放性问题。CaféWell 中的问答对的训练过程的结构和数据流如图 11-3 所示。

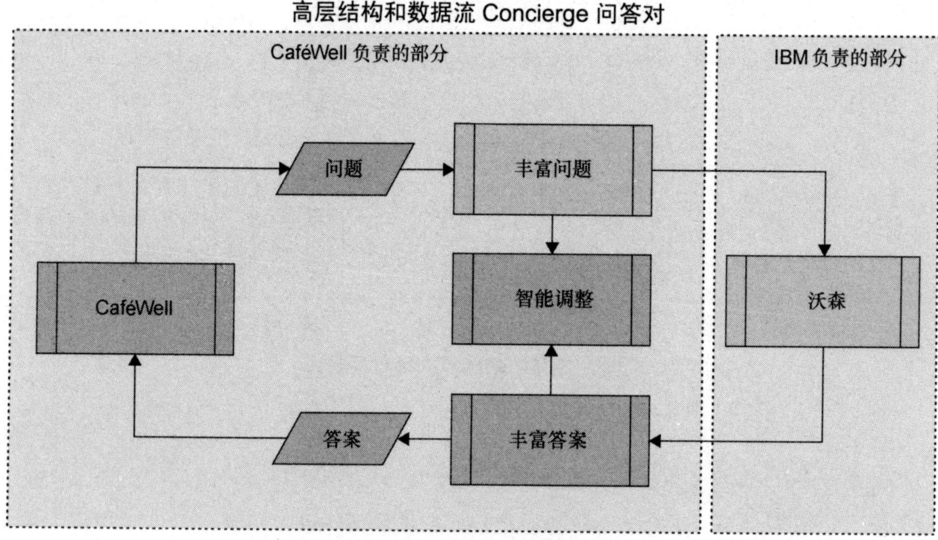

图 11-3　Welltok 训练架构

为了建立问答对，Welltok 收集用户的输入，这些输入反映用户兴趣，使领域专家能够有条理地、精确地回答问题。表 11-3 显示 Welltok 公司为开始 CaféWell Concierge 训练过程而产生的 1000 个问答对的样本。在明确问答对的初始集合后，Welltok 为应用建立语料库（以及本体论），给沃森提供信息源的获取权。Welltok 收集第三方非结构化信息以获得语料库所需的所有信息。

表 11-3　Welltok 问答对样本

如果我有高血压需要做哪些生活方式的转变？	转变生活方式和吃药一样重要。减重10磅（约合4.5千克）就足以减低你的血压。减重可以增强高血压药的药效，减少患其他病的风险，如糖尿病和高胆固醇
怎么计算身体消耗的卡路里？	基础代谢率通常用Harris-Benedict公式计算。这个公式计算基础代谢率以3个变量为基础：体重、身高和年龄。用这种方法，总能量消耗可以由基础代谢率获得 基础代谢率方程（适用于男性）：BMR=88.362+（13.397×体重（kg））+（4.799×身高（cm））-（5.677×年龄）

续表

我的营养需求在人生不同阶段会变化吗？	营养需求在人生不同阶段是变化的。从人的婴儿时期到成年时期，良好的营养是成长的关键，也是晚年时期得以保持健康的关键
为什么我需要读包装食品上的标签？	大多数包装食品有标签列出营养表和成分清单。在美国，食品和药物管理局（FDA）负责营养表的要求和设计的监管。营养表的目的是帮助消费者快速地做出有利于健康饮食的食品选择。如果想要保持低盐饮食，就必须查看营养表来降低盐分摄取
如果我有谷物过敏，应该避开什么样的食物？什么样的食物是谷物？	由小麦、大米、燕麦、大麦或者其他谷粒制成的食品都是谷物制品。面包、面团、早餐麦片、玉米粉圆饼、粗玉米粉都属于谷物制品。全谷类包含谷粒，通过加工去除麸皮和胚芽的是细粮。多吃谷物有益健康

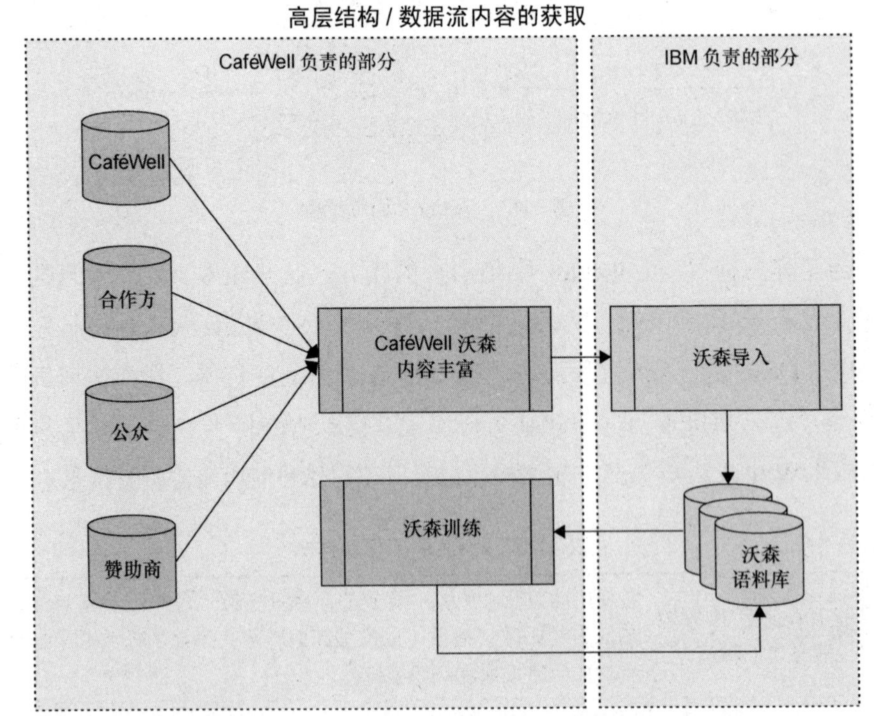

图 11-4　Welltok 水平体系架构和数据流：数据流内容的获取

Welltok 和 IBM 紧密合作，并为 CaféWell Concierge 训练沃森。不断导入数据以建立语料库、丰富内容、提高认知系统的智能性的过程如表 11-4 所示。利用沃森的认知能力，CaféWell 可以理解数据内容，学习有关用户的健康问题、目标和爱好的内容。沃森有几十个不同的语料库，遍及有关健康的方方面面，包括医疗保险金、营养学和健身。这些语料库连同个人信息一起，被用于支持先进分析算法以提供个性化推荐。应用不仅仅提供搜索结果，它还和用户建立关系，了解他们，提供个性化推荐，引领他们优化健康水平。

利用沃森的机器学习能力，CaféWell Concierge 在每次与用户的交互中都能改善答案的质量。例如，它能根据你的地理位置和特定饮食和营养要求推荐去哪里吃以及吃什么。

11.7.1.2 投入使用的 Café Well Concierge

CaféWell Concierge 旨在帮助个人了解自己的健康状况，获得个性化指导，以帮助他们达到健康目标，并获得奖励。下面例子说明个人刚被诊断为新症状后如何从与 CaféWell Concierge 的交互中获益。

假设你刚被医生诊断为糖尿病前期。上周你看了医生，他为你做了检查后，做了一些化验。今天，你接到电话被告知你患了糖尿病，并被建议改变饮食、减重 20 磅、加强运动。但是，你经常出差，所以总是在饭店里吃饭，而且总是没空去健身房。接下来你会怎么做？

没有认知计算的帮助，你可能会上网查很多关于 II 型糖尿病的资料，并感到越发困惑和害怕。虽然很多应用可以为你提供营养信息，监督你减重、多运动，但这些应用只提供关于糖尿病前期的总体信息。认知应用可以给你提供更有用的见解以及个性化的高质量支持。CaféWell Concierge 为你制定了智能健康计划，它包括各种活动和资源，如关于营养学的视频培训、当地饭店的食物选择、设定目标步数的健康跟踪装置以降低 BMI，以及提供额外支持的社团。

11.7.2 GenieMD

GenieMD 也是致力于为消费者提供认知医疗应用。该企业的任务是帮助用户更好地与医疗服务支付者进行交流。GenieMD 的总体目标在于帮助用户更加积极地管理自身的健康和亲友的健康。用户可以用自然语言提问，并获得个性化建议。用户可以通过手机应用使用 GenieMD。GenieMD 期望用户可以改善自身健康，同时医疗费用有所下降。GenieMD 从很多不同的数据源中获取医疗数据，并使这些信息可以付诸行动。GenieMD 由 IBM 公司沃森助力，与 Welltok 的开发流程相似。

11.7.3 用户健康数据平台

谷歌、苹果和三星都在发展以用户为中心的健康数据平台。这些平台处于早期阶段，所搜集数据的种类比先前讨论的认知应用要少得多。谷歌有一系列 Google Fit API，帮助开发者管理并融合不同种类的健康数据。现阶段，它们所收集的健康数据基本来源于可穿戴设备，如 FitBit、Nike Fuel Band，以及其他可检测生物计量信息的医疗感应器。这些数据包括心率、步数、血糖水平。Nike Fuel Band 可以把收集到的用户健康数据传给 Google Fit API。

11.8 利用认知应用改善电子病历

电子病历（EMR）是医疗信息提供者（独立医师或拥有一个医师群体的大型医疗中心）跟踪的每个患者的医疗和临床数据的电子记录。通常 EMR 用来存储和检索患者数据以用于诊断和治疗。它有一些基本的报告能力，比如基于已有准则为实验室测试结果标记“高”或“低”。EMR 被认为具有三大主要功能：思考、记录和行动。如今，EMR 能够记录患者数据，支持医生采取行动。但 EMR 在“思考”层面上，即在决定如何最好地护理病人时没有充分发挥作用。通过在 EMR 中融入机器学习、分析和认知能力，可以帮助医生了解如何得到诊断结果，以及有关治疗方案的问题。总体来说，医疗组织可以从 EMR 中获得更多价值，改善医疗系统中不同角色之间的合作，为患者提供更加个性化的高质量的信息。

Epic Systems，提供 EMR 软件的医疗软件公司，拥有全美约 50% 的医疗记录。该公司与 IBM 合作，为 EMR 加入内容分析能力。这使医生能够直接使用以文本为基础的信息，这些信息是电子病历的一部分。IBM 的自然语言处理软件 IBM Content Analytics，可以使医生实时从非结构化文本中提取信息。EMR 可以与认知系统一起使用，帮助医生得到关于患者诊断和治疗的复杂问题的答案。EMR 中存储的数据可以融入认知系统的语料库，或者作为认知系统的分析引擎的一部分。Epic 分析医生对患者情况的文本型记录，并把它转换格式，使之能导入患者记录。它通过自动运用行业标准的诊断和治疗编号，精确度和效率可以大大提高。

日立正与医疗组织进行许多咨询项目，致力于增强 EMR 的商业价值。在其中一个项目中，日立与一家医院和 EMR 提供商业合作，来判断患者的治疗方案是否最佳、最省钱。日立提供一家临床信息库，包括分析引擎和数据库导出工具。它的目的在于从非结构化的内容中获得价值。

克利夫兰诊所与 IBM 的沃森合作，致力于重新思考 EMR 的能力。怎么使 EMR 更加精确，使它可以帮助医师了解临床决定背后的思考过程。克利夫兰诊所的 Martin Harries 医生解释了为所有病人建立统一精确的问题列表的重要性。一个病人可能为了四种疾病而看了四名医生。为了病人的利益着想，需要有一个包含病人所有医疗信息的问题列表。EMR 信息中的任何一处省略都会导致对患者信息的不正确的认知，对患者造成的危害不可估量。

虽然 EMR 可能会丢失一部分重要信息，但通常在每个患者的档案中都有很多信息可以回顾。如果 EMR 中没有任何信息删减，发现想要寻找的信息将会十分困难。如果患者有复杂的医疗情况，EMR 中的记录可能会达 200 页或更多。鉴于 EMR 中患者的信息量，一些医生觉得这比传统纸质记录还麻烦。

克利夫兰诊所利用 IBM 的沃森建立综合知识系统，能用于测试遗漏，以提高 EMR 的精确度。克利夫兰诊所把 EMR 中的信息导入认知应用，同时导入的还有非结构化数据，包括医师记录和住院记录。当非结构化数据与 EMR 的问题清单做比较时，经常能检测到非结构化数据的遗漏。利用认知应用来提问，让医生确保能在需要分析时提取有关患者的信息。该项目的目标是建立的 EMR 助手能提供患者健康状况的概况总结。用户可以通过输入关键字来获得这些信息，这些信息可以帮助研究患者的医疗记录和改善决策。

11.9 利用认知应用改善临床教学

医疗中心富有经验的医师有义务把有关临床诊断和治疗的知识传授给医学

生和实习生。大型医疗中心的资深临床医师和研究员需要和小型社区医院的医生分享知识。癌症等领域的研究进展十分迅速，以至于大型医疗中心的专家表示，最新的治疗方案可能需要几年的时间才能为社区医院所采用。在医疗领域，需要终身学习。医学中每个专科都有大型会议，会议中会展示最新研究成果，分享最新医学知识。许多医生使用的一项服务是 UpToDate，它能提供最新医学信息的总结概况，以及基于证据的治疗方案推荐，来支持临床决定的制定。但是即使有这些资源，要跟上最新药物发现和治疗方案的进度仍十分困难。

资深医疗团队成员的一个非常重要的任务是培训下一代医师。许多著名医疗研究院的首席医师正在建立认知系统，帮助完成传承最佳实践经验和诊断技巧的复杂任务。这些新的认知系统与传统的医疗教育中心的个人指导相辅相成。向资深专家学习的医师们获得的知识伴随他们整个事业生涯。波士顿教学医院的资深神经科医生把自己的角色描述为“为学生树立如何治疗患者的榜样”。在传授过程中，有一大队医学生和实习生跟着他在医院各处奔走。学生需要接触各个专科内不同的疾病，学习怎么根据症状做出不同诊断。但是，他的教学远不止于了解疾病症状和治疗方案。他要求学生和实习生学习该问什么样的问题，以及提问的技巧，来获得提供最佳治疗方案所需的信息。

克利夫兰诊所和 IBM 合作，发展出一款认知系统，即沃森 Paths，它能帮助医学生在不同专科知识外学习额外知识。通常，学生在一系列专科中轮换学习，在每个专科中学习一个月或更长一些的时间。学生的不同的临床经验取决于在医院专科轮换学习时接触的案例。认知系统被充分训练，能治疗不同种类的疾病，并改变对医学生的教学方式。

如果医学生在专科轮换之前就接触到认知系统，那么整个训练过程就会变得更加可靠和深入。如果学生对一些常见症状的诊断有深入理解，就可以把精力集中于少见症状。学生的主要精力要集中于收集尽可能多的信息来做出正确诊断。鉴于 ICD-9 中大约有 13 000 个诊断编号，ICD-10 中有 68 000 个诊断编号，医学生需要学习的内容很多。优秀的实习生需要了解约 600 种疾病诊断，专科专家需要深入了解 60 种诊断。幸运的是，认知系统可以大量导入信息。训练后的认知应用可以为最常见的 600 种疾病提供诊断方案，指导医学生一步步学习如何做出诊断。认知应用可以为支持他们的推断和结论提供证据，并为诊断决定提供一个置信水平。

医学生可以和沃森 Paths 交互，学习治疗患者的不同方法。系统提供参考图片，以及医生和病人采取不同治疗方案的概率，使学生可以和系统交互。沃森 Paths 致力于以经验为中心的学习：验证和修正所选治疗方案的影响。系统会标记每个决定，以帮助医学生学习关于他们的决定的影响。机器学习能力的结果是，越多的人和沃森 Paths 交互，系统的精确度就越高。

斯隆・凯德琳癌症纪念研究中心（MSK）也和 IBM 合作开发医疗认知系统。MSK 是世界上最好的癌症研究和治疗中心之一，MSK 的医生们关心要用多久才能使最新研究在非大型癌症中心的外科肿瘤医师中间普及。MSK 认为对癌症诊断和治疗的医学信息的分享是一个重要的任务。该医疗中心有 30 个医师正致力于从大型患者数据库中导入数据、训练沃森。

治疗一个特定的癌症病人通常有不止一种方法。MSK 帮助训练沃森，这样每个医生都可以评估使用不同方法的潜在后果。MSK 希望肿瘤认知系统可以提高新治疗方法传播的速度。沃森可以支持医生为患者做出最合适的治疗决定。

11.10 总结

我们在这一章一开始就说了，现在还处于认知医疗应用的初级阶段。预测这些应用会以多快的速度发展变化，以及以多快的速度融入医疗系统的实践当中是很困难的。但是，医疗专家和技术领导的日渐紧密合作可以表明发展速度的显著增长。增加发展认知医疗应用的时间和金钱的投资有很多原因。但最主要的驱动源于从大量快速增长的医疗系统的结构化和非结构化数据中获得有用信息越来越具有挑战性。医疗系统中有很多未被整合、未被分享的数据。

许多最初的医疗认知计算系统集中在患者如何与自己的数据交互的问题上。Welltok 的 CaféWell Concierge 和 GenieMD 是这类认知应用的绝佳例子。这些认知应用关注患者如何与医疗服务提供者交流，通过有意义的方式获得与他们的医疗情况有关的信息。这些认知应用是实用的，能帮助用户通过调整饮食、增加锻炼来改善总体健康。另一种有意思的认知应用致力于从最佳医疗实践中学习。临床医师和研究员每天做出的决定对病人的生命安全有重要影响。通常这些决定是在没有对最佳实践有综合认识的情况下做出的。现在很多认知医疗应用的目标是确保所有医生都有机会在与认知应用的合作中评估自己的临床诊断及治疗方案。

第12章 智慧城市：政府管理中的认知计算

21世纪最大的挑战之一是如何利用技术来解决伴随着全球城市化趋势的诸多问题。在各地的城市中，日益增长的人口密度给城市系统和资源带来了压力。对于每个功能单元，个人系统已经被发展来收集和管理数据。当特定的信息不能通过特定的服务来分享时，管理者就无法预测安全性问题或是可以优化服务的机会。

认知计算使得城市区域能够利用数据发展得更加智能，并且能够有效应对可预知的和不可预知的事件。因此，认知计算的目标在于用学习数据的经验和模式来逐步改进城市运行的方式。这一章会讨论城市遇到的一些问题，并展示认知计算如何有潜力改变城市运行的方式。

12.1 城市如何运行

一座城市不止包括道路、建筑、桥梁、公园，以及在它范围内的民众。世界各地的城市在过去的几个世纪中都在以相似的方式演进——随着形势和技术的发展建立不同的为民众服务的机构。这些机构通过收集正确数据，并利用这些数据来帮助它们的委托人证明它们存在的合理性。例如高人口密度使得疾病的快速扩散成为一个公共的健康问题，这为公众健康数据的追踪提供了需求。新的交通模式，如汽车和飞机，使得需要收集更多数据的新交通管理部门变得十分必要。

在整个历史上，这些机构建立了纸面记录，作为城市管理的主要方式。纸面记录的问题显而易见：它们存储昂贵，不利于检索，遇到水、火甚至啮齿类动物时容易损坏或遗失。即使光学字符识别可以扫描纸质文件使得寻找文本变得容易，它也不能完全解决问题，仍然没有能够得到这些文件的历史、意义和来龙去脉的方式。最基本的问题在于文件包含了深层的结构，在这些文件结构里包含的无形的知识不能被明确地捕捉。

当所有文件都是手工建立并通过纸质文件进行管理时，认知不同系统间的关联和依存关系是困难甚至不可能的。比如教育和卫生、卫生和疾病、犯罪和贫穷的关系，现在对我们而言是显而易见的。但是，由于没有分析不同机构数据的方式来得到不同系统间的关联和依存关系，它们依靠的是没有数据支持的观点和假设。随着城市和部门的筒仓式发展，通过观察跨部门数据来设置预算优先级变得越来越困难。由于没有系统地将文件碎片整合并得出经验的方式，信息的真正价值只存在于这些人的脑海中。

不断改进技术提供更有效的方式来收集、管理和分析数据，使系统理解并描述场景和预测结果的能力显著提升。在过去几十年里，数据导向的城市管理有了巨大的发展。为了支持不断变化的需求，数据库中的简单数据管理需要更加有效率，使分析工具能够对该数据进行更好的决策。

如图 12-1 所示，数据管理正在从以文件为中心的筒仓存储转变为标准化和非标准化的结构化数据的整体存储。从人工系统到新一代基于传感器的系统，这一进程是引人注目的，并创造了使系统能够从自身数据和经验中学习的机会。

例如，现代交通系统能够利用传感器或者变换器、闭路电视系统（CCTV）来获取视频图像，也可能利用移动手机信号塔的延迟来更准确地获得某一地点在某一时间段内经过的车辆数。这些系统能够准确地追踪数据的来源和去向。知道“谁”比知道“多少”对于计划和预算来说更有价值。当采用机械或者人工方式进行交通统计时，交通管理者只能知道多少辆车经过了。有了关于“谁”（即使是匿名的）、“从何处来”和“到何处去”的更多细节，管理者就可以建立比仿真更加准确的车流预测模型，再将其与机器学习算法结合，甚至使管理者可以根据实际情况调整交通信号，控制车流。

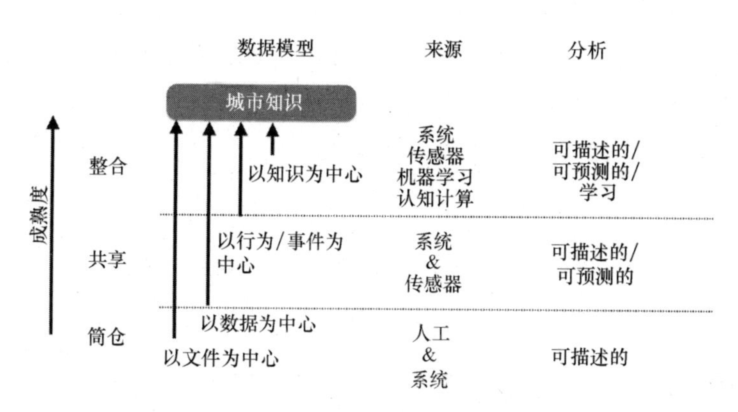

图 12-1　智慧城市认知计算的基础

对于从健康到安全再到教育等其他领域内的机构，数据收集有着相似的发展历程，因此数据分析的创新与进步机会不断涌现。也因为这些跨部门的、结构的和非结构的数据不断被收集，并被利用到促进完整共享的标准形式中，城市变成了利于发展智能应用的数据充足的理想环境。

12.2　智慧城市的特点

如前文所述，城市最好被理解为由诸多相互合作的复杂系统组成的集合——有时被称作一个系统的系统。这是使得城市难以管理的原因。以典型的大城市纽约和东京为例。这些城市包括了道路和桥梁、商业和住宅建筑、公共交通系统、私人交通、供水系统、学校和公共安全基础设施。尽管这些系统都自成体系，但是它们之间也是相互依赖的。从运转角度来说，城市依赖智慧城市的管理者来确定管理和改善城市的最佳途径。但是随着城市的发展，智慧城市的管理者不再能系统地处理以数据为驱动的问题。

如果收集、分析和管理足够的数据来进行特定的改进，城市就能够变得更智慧。使城市变得智慧是什么意思呢？它意味着城市的管理者从不同的来源收集正确的数据建立一个统一的语料库，这一数据集能够决定城市基础设施的组成。

图 12-2 展示了城市机构的典型设置，包括了从基本应急服务、公共事业、公共健康、交通到人力资本管理的若干机构。因为越来越多的市民个体拥有持

续或移动的网络接入，并且习惯于通过特定的方式与政府相互影响，你也可以将公众参与看作一个城市和其他行政区的功能单元和潜在区分者。在这之后的章节会根据任务对这些功能单元进行拆分。

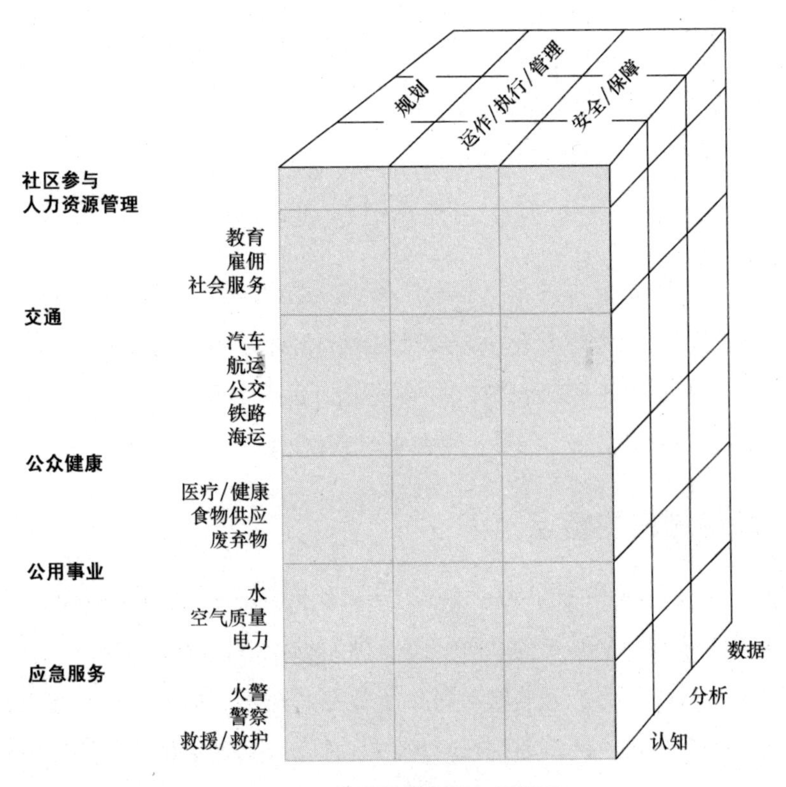

图 12-2 城市的数据和知识管理

12.2.1 为规划收集数据

城市中的各个机构都为了不间断的规划、运行和安全保障活动收集数据。向更智慧城市的发展包含了每一阶段内更好的数据收集和分析技术。

城市规划需要管理部门着眼于大范围内的活动来获得发展。这一发展需要与支撑这一发展的操作行为相协调。与此同时，城市的发展也必须经过统筹规划，以改善和保障市民的生活质量。规划者评估不同的选项并将其在政策中体现出来。城市规划要求管理者能够利用他们的直觉和可获得的数据对未来进行决策。最好的决策者是那些拥有丰富经验、能够预测到哪些政策会有效而哪些可能出现问题的人。然而，即使是知识最渊博的管理者也可以从分析更透彻的数据中获益。极端天气的趋势是怎样的？正发生在这一区域的哪些事件可能会导致时局动荡、农业灾害或是大规模的人口迁移？工业的收入变化是怎样的？工资会怎样变化？这些因素会对有效管理城市的方式产生怎样的影响？如果这些被专业管理的城市能够应用针对不同场景和异常的分析，它们就能够更好地为变化做准备。

认知计算的应用非常适合作为动态规划的辅助工具。感知计划系统的关键技术包括假设的生成和评估、机器学习和预测分析。一些系统通过参阅大量非结构性自然语言进行相关事件和趋势分析的能力，可以使各规划者的工作更有效率。认知系统不只从过去的事件中分析数据，它还会从所有影响城市运作的事情中收集数据。这一系统着眼于背景信息和各数据元素间的关系，并从所有被获取和管理的数据中学习。

12.2.2　运作管理

在满足政策的前提下，各机构需要管理日常事务。当然，数据的使用和简单分析会改变大多数部门的运行方式。公共部门建立的“公开数据”资源库提高了政府运作的透明度，同时加强了公众的参与。与此同时，这一公开进程使通过数据分析提高其商业价值或是单纯地改进将数据呈现给公众的方式成为可能。

从内部来讲，由于它们能使基于预测分析的系统更加有效率，这些新数据对于城市管理人员来说更有价值。城市管理者和规划者一直在试图预测基础设施的老化，并试图在不提升预算的情况下提高服务质量。认知计算很快会成为城市管理的支柱，因为这些系统在学习政策规则的同时能够意识到现实的界限，跳出固有模式进行思考。时至今日，复杂和昂贵设备的制造商们，如飞机制造商，已经使用了机器学习来预测设备的老化，并在适当的时间进行零件更换。在未来，所有的现代城市都会使用智能管理系统进行城市维修和维护，如在结冰路面上撒盐。

12.2.3 安全和威胁管理

实际上，所有城市都对公众的人身和财产安全负有一定责任。除了紧急服务之外，自然和人为灾害情况下的安全保障也是始终需要考虑的问题。为了监测到几乎没有预兆的潜在威胁（如燃气管道泄漏或爆炸、龙卷风灾害等），内部和外部的威胁都必须被监测、评估、缓冲，或是提供其他应对方案。认知系统使用非机构性的文件资源和来自传感器、社交媒体和社交场合的数据来预测发生的事件和趋势。所有的这些数据都是必需的，从而可以更加有效和精确地掌握安全主动权。

12.2.4 市民产生的文件和数据的管理

对于所有主要部门，如交通、公共健康和紧急服务、基础技术和认知负荷（见第 2 章“认知系统的设计原则”图 2-1）。在与管理部门交互的过程中，市民会获取大量的数据。对于所有生成的和获得的数据（参见图 12-1），包括基本结构的和非结构化数据的管理工作，对于先进系统来说都是必需的。在更高层次，各部门的高级管理系统需要参与规划和管理。通过利用能够帮助生成和评估假设的认知辅助工具，管理者能够更快地了解事情的来龙去脉并进行正确的应对。这些智慧来自于经验，一旦被作为工作的必要条件编入各部门的语料库，就能使各级人员更高效地工作。

所有从公众获得资料或是对其居民提供帮助的系统都能够从自然语言进程（NLP）接口获益。然而，如前文所述，其所创造的最主要的价值是系统从经验中学习，因为它们能够根据城市居民和雇员的使用和越来越多的传感器数据建立语料库。例如，相对于缺少下列任意一个组成部分的系统，一个能够从传感器或来自市民的自然语言信息中实时接收路况信息和交通流量，并且连接到交通设备维护时间管理系统的公共交通系统，能够更有效地在恰当的时间调度恰当的设备进行修理、预防性保养甚至是调度系统升级。所有认知计算方案的标志特点——从经验中学习是提升这一性能的关键。

12.2.5 跨政府部门的数据一体化

各部门间相互合作的重要性不言而喻。如果水、电力或是燃机管道正在被更换或者维护，那么其他领域的所有基础设施也会受到重大影响。例如，更换燃气管道可能意味着一个城市需要重新调整交通线路，甚至是重新铺设主要高速公路。为了使影响最小化并使公众有所准备，其他设施管理部门需要与交通管理部门共享特定信息。提前预测重大事件并为其设计替代路线能够帮助城市应对变化。重申一下，从自身经验中学习的系统能够更好地共享信息，从而使整个系统更有效率。在一个大城市，没有管理者能够深入了解所有的已规划和未规划事件。但是一个拥有从各部门收集数据和知识的常规语料库的完整认知计算系统可以做到这一点，并与相关部门共享必要信息。

第 3 章“自然语言处理支持下的认知系统”（图 3-1）讨论了自学习系统的基础，以及快思考和慢思考的比较。快思考工作需要凭直觉做决策，在这一决策过程中的管理者可能并不会进行透彻的分析——比如在应对一位市民的抱怨或为即将到来的天气事件发出警告时。与之相对，慢思考需要深入的思索、分析和判断。在城市系统中，快思考工作可以被自动化处理，使管理部门能够更有效地为公众提供确定性的答案。这类系统或是需要获得在美国城市中广泛使用的 311 信息系统的访问权；或是以事件为基础，例如依照给定的参数在发生气体泄漏时向群众发送撤离警告，在应急警务发生时让群众留在原地。这些回应和通知能够以认知计算系统内的资料为基础，因为系统可以理解诸如事件、群众、系统等元素间的联系。这类认知系统是用来理清关系和模式的。

对于需要考虑多场景的慢思考问题或没有单一正确答案的情形，认知系统可以采用基于概率的应答。重申关于用户 (雇员或居民) 的资料能够使得答案更加确切。对于试图决定采取何种措施来应对可能的感染病爆发的公共安全管理者来说，信任加权的替代方案如第 11 章“建立认知医疗系统”讨论的那样，可以帮助确定应用何种疫苗或者治疗是合理的。将这一系统与教育系统整合，可能会在公交规划方面产生连锁反应，这反过来可能在交通后勤系统产生连锁反应。在一个城市中，所有事情都是相互联系、相互依存的。统一认知计算应用、共享城市语料库并以公开数据作为支撑，可以使这些相互依存关系成为一种优势而不是劣势。

12.3 数据公开运动的兴起将会为认知城市提供动力

长久以来，在不危及到他们自身利益的情况下，国家会将有价值的数据公布给商人和其他个体。从 19 世纪的航海图到 20 世纪的 GPS 数据，数据默认公开的趋势逐渐加强。在 21 世纪，受益于更好的通信系统、标准和影响公开数据发布的规定，这一趋势在城市中得以加速发展。

2012 年 3 月，纽约市市长布隆伯格签署了纽约市公开数据协议（编号 29-A），并令 IT 通信部门为所有机构制定在线获取公众数据的标准。

这一举措的目标之一是，在 2018 年前使所有机构的公众数据都能够通过单一网站获得。迄今为止，已有超过 1000 个来自于各机构、委员会和其他群体的公众数据源可被获取，并能够用于各种私人或商业用途。

纽约市还有一个 BigApps 项目，用来帮助各团队提出新的或改进现有的解决城市问题并提升纽约人生活质量的项目。在争夺现金奖励（2014 年总奖金超过 10 万美元）的同时，各团队和社会组织会合作开发使用这些公开数据的应用。

数据的可获得性只是第一步，但是今日的问题不在于缺乏数据，而是获得数据。问题在于理解这些数据的深层价值的能力。通过使用部分新兴感知计算方案的基础技术，利用数据完善现代城市动态化管理的方式可能会发生革命性改变。

12.4 万物联网和更智慧城市

先前的章节探讨了使认知计算成为可能的技术。现在我们可以回答两个关于公众认知计算的关键问题，“数据从哪里来？”以及“价值如何被创造？”

首先解答第一个问题。在一个现代化智能城市或希望更加智能的城市中，数据可以通过系统和传感器从市民、政府和商业部门三个基本来源中获取。对于商业部门，大多数的信息来源于智能化建筑，这些建筑是由协调内部系统和传感器信息的主系统管理的。这些内部系统包括热力、换气、空调（这三项简写为 HVAC），以及供水、电力、交通（电梯和自动扶梯）和安保系统等。使用各种设备都能够接入互联网的标准使我们能够展望一个可联网之物皆联网的未来。为一台设备分配一个互联网地址（IP 地址），可以将其与世界中其他部分加以区分，并使其能够与互联网中的其他部分共享信息。计算机不再是互联网通信的唯一选择。逐渐地，会有更多连接各种传感器的设备诞生。在今天，包括从电冰箱到智能手表和衣服在内的设备拥有了机器与机器间的通信能力。在必要的时候，总结信息被提供给接收系统或是使用这些基于传感器系统的人。这一所谓的“物联网”（IoT）或“万物联网”（很快会被单纯地认识为互联网）使得商业部门和政府能够在人们进行日常活动时，暗中收集或得到关于他们的各种数据。而且大部分数据都是在人们自愿或是没有很多抵抗的情况下提供的。从检测家庭能源使用的仪表，到不需停留的收费亭的应答机，再到监控车辆加速度和位置、监控群体或个体动作的闭路电视系统（CCTV）的摄像机，数据源源不断地被生成。

当应用于强力的预测分析算法或用来建立认知计算方案的语料库时，这类以城市为中心的大数据能够提供大量的内部信息，而在数据被保存在部门的筒仓、却由不与其他部门共享数据的部门分析的情况下，这些信息是不可能被及时提供以产生价值的。正是这些数据的完整性为在未来十年更智慧的城市中使用认知计算应用提供了可能。

12.5 理解数据的所有权和价值

在新的认知应用时代，类似于谁拥有这些数据、谁从中获益、谁将数据转变为知识和谁拥有这些知识的传统问题成为新的重要问题，因为这些数据间的相互联系创造了提升生活质量的新机会。然而，这一相互联系会对个人隐私甚至安全造成威胁。

图 12-3 展示了市民、商业机构、政府间的一些特定关系，这些关系使得知识创造成为良性循环。随着社交媒体的出现和公众对或明或暗的数据报告的更多参与，城市每天都在变得更加智能。明确的数据报告包括像波士顿的 Street Bump 一样的应用，这一移动端应用会通过监视用户的 GPS 和加速计，来收集有关城市街道的实时数据，以此来确定类似于道路坑洼的潜在问题。（Speed

Bump“知道”速度猛烈变化的位置，所以可以避免很多误报。）

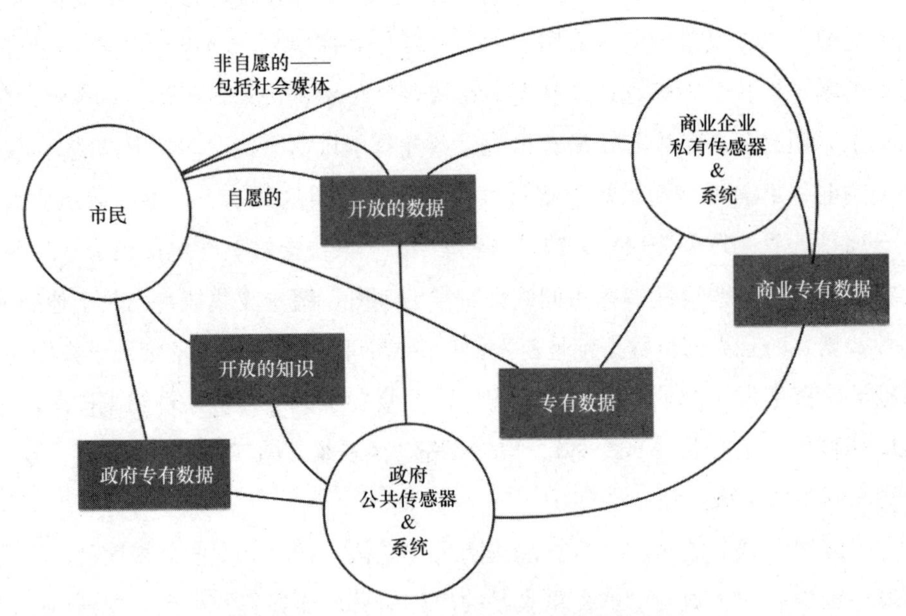

图 12-3　现代城市的数据来源和数据管理者

隐藏的数据报告包括类似在政府部门收集信息的社交媒体上发起有关政府活动的评论。这种报告方式还包括不加思考地收集潜在信息的系统或传感器，这些系统或传感器包括零售商的用户忠诚计划和应用于公众场合的闭路电视（CCTV）面部识别系统。

12.6　如今城市在主要功能中使用更智能的科技

这一部分会简要描述在一些城市中已经和供应商取得合作来实施认知和预认知方案的项目（这些方案以类似预测分析等基本技术作为基础，这些基本技术是未来认知计算技术的先锋）。因为认知计算领域还处于走向成熟的早期阶段，这些技术还在不断进步并不断被城市和供应商根据他们的经验进行修正。采用典型的城市组织架构（参见图 12-2），你可以聚焦于少量可能成为未来的完整认知计算方案的基础的项目。确切来说，你可以考虑通过分析和经验学习网络来提高生活质量的各种机会。

12.6.1　用认知方法管理执法问题

智慧城市最可能的应用机会之一是在执法领域，这一点并不让人惊讶。执法领域拥有大量的不同类型的需要管理和分析的数据。这也是模式和异常能够对解决和预防犯罪行为起到重要作用的领域。采用认知方式不仅有益于警察部门，而且有提供可广泛使用、可重复的最佳方案的可能。

12.6.1.1　相关犯罪数据的问题

城市区域警察机关面临的最大问题是将来使源于成百上千信息源的相关数据相互关联十分困难。警察部门经常会访问收集本地、区域性和国家性的逮捕、犯罪和其他被记录事件报告的大型数据库。这些数据源经常被存储在与其相关联的数据库中。其他的信息源是非结构的并且被存于事件报告、纸质文档、目击者采访中。图像、视频和声音数据也需要被分析。此外，还有大量来自公共或私人摄像机的日常数据。手动控制声音检测监视器是不可能的。然而，最近面部识别算法的发展（基于面部组成的识别以及它们的空间关系和颜色）推进了这一工作的自动化进程。尽管如此，对监控进行实时分析仍然是一个难题。大数据提供了新的机会，但是很多工作仍然需要大量的人力劳动。

因此，各部门需要足够的时间和技巧来将数据碎片整合以解决犯罪问题。这是复杂的，因为人工进行数据关联不总是可行的。一位有经验的侦探会知道如何分析数据，并由点及面地了解整个事件。此外，很多犯罪调查会产生成百上千的新报告、图片、旁观者拍的视频和需要被关注的账户，但是其中的哪些是非结构化的自然语言音频或文本？数量巨大且复杂度高的数据可能会难以被处理。即使“答案”就在这些数据中，如果只能采用人工的方式从数据源中寻找相关模式，想及时地找到这些答案来阻止以后的犯罪也是不可能的。

12.6.1.2　COPLink 计划

COPLink 是美国亚利桑那州图森市警察部门和亚利桑那大学的研究者们开发的执法信息管理系统，这个系统由 IBM 的子公司 i2 进行了商用，并被部署在全美 4500 多个执法机构中。这一定制系统现在变成了 IBM 沃森从属的一个可复制的认知方案。

COPLink 使各个体、部门和机关能够收集、分享和分析以前和现在的犯罪信息。使用者可以通过电脑或者移动设备，从本地或者遍及各地的国家数据库来提升雇员的效率。COPLink 支持生成可拓展标示语言（XML）和其他在执法中的常用格式，如逻辑实体交换规范搜索和检索（LEXS-SR）的数据，来简化与其他应用整合的过程并提高数据共享度。

自适应分析架构（A3）使用户能够在不将数据永久取出的情况下做出策略跟进。COPLink 同时能够提供警报，使得工作人员能够知道与当前类似的搜索的发生，以帮助建立协作。

COPLink 通过分析来建立基于警示目的的可疑行为报告，并可以将这些报告共享给相关司法机构。通过简化搜索并提供这一级别的完整数据库，部门雇员的工作效率会得到提升。通过不断地监控新数据和事件，提升通信能力可以提高他们的效率。

有很多可以为这些法律执行应用提供认知扩展的方式，包括：

- 在非结构性报告生成时为其提供 NLP 分析；
- 将假设生成和评估技术应用于从沃森（一个由 IBM 开发的认知系统）到增加当前由员工手工处理的引导生成案例；
- 将本地生成的数据库作为语料库的基础，使得到的语料库可以与认知操作系统相结合，来规划和管理紧急事件中的员工和物资（COPLink 使用分析来预测犯罪热点地区，但是通过规划工具来完善它的语料库——包括使用假设检验的方式来从经验中学习新知识——可以使部门管理者从实际经验中获益）；
- 整合来自于智能交通系统的（近似）实时传感器数据，来支持对于单独看来可能无关紧要的活动的连续监测，但是这些活动可能是容易被忽视的一部分场景。

12.6.2 智能能源管理：从形象化到分布式

可视化报告的重要性在于它可以帮助人们从讨论的复杂数据关系中发现一些情况。复杂系统描述的可视化呈现还可以被用来在业务系统中作为保密措施，并在异常发生时采用人工方式干预管理进程。例如，通过为智能电网分配电力生产源，或基于对预测分析的需求变化的响应，可能从运营商干预中获益。可视化的抽象概念将操作者从设备屏幕上滚过的一行行的数据中解放出来，使场景的监测更加简单。随着电力系统整合具有不同特性和能量来源的子系统，可视化接口是呈现所有持续信息流的唯一可行方式。这就像汽车仪表盘将不同信息抽象为简单的颜色图像一样——红色代表危险，黄色代表警告，绿色代表正常运行——并提供了一些更具体的功能，如剩余可行驶里程数的估算。在一个平衡水力发电、风力发电、核能发电、电池或超级电容器的太阳能储存的简单系统中，可视化是帮助用户理解什么是在系统检测到它的时候就需要关注的关键。

12.6.2.1　整合区域性使用管理行为的问题

日本的柏市正在建立一座新的智能城市，该城市由公众机关和私人企业共建，其三个建造目标分别是：环境共生、健康和长寿保障以及建立新工业。通过设计来建设一座新城市，这为建设以不受老化系统影响的最新技术为基础的公共基础设施提供了机会。

12.6.2.2　区域能源管理方案

日本柏市的区域能源管理方案（AEMS）通过高级分析方法为能源的生产、配置和优化提供全面完整的解决方案。AEMS 的设计和制造由日立咨询公司领导。作为 900 亿美元的全球技术和服务提供商，日立集团在更智慧的城市运动中处于领导地位。在其以“社会创新：我们的未来”命名的 2014 年年度报告中，日立集团勾画出了基于建筑和利用技术解决社会挑战的蓝图，其中包括三个城市规划者关注的问题：水资源、能源、食物的保护，老化基础设施的更换，交通系统的改善。

AEMS 计划聚焦于通过分析来管理能源（包括电力、水、气体和其他最终被柏市采用的生产技术），这一管理过程依托于根据城市各处的传感器报告信号得到的预测需求和动态配置。通过建立一个将各种可再生能源（太阳能和风能）和常规能源融合，并能够在电池中存储剩余供应的方案，系统能够将生产安排到适合且性价比高的时间（白天分配给太阳能，有中到大风时分配给风力涡轮机组），并且能够将电力直接或者从存储过去过剩产量的电池中输送给需要的电网。

AEMS 通过分析来预测最大负荷并评估分流的替代方案（来自建筑间能源共享，类似于基于云模型的物理资源分享）。

通过对整体能源系统的规划，而不是单独发展水力、太阳能和其他数据管理系统，开发者设计了利用从各个子系统中得到的数据的系统，该系统能够通过分析均衡整个系统的负载，据此有效地预测需求、提供资源和分配能源。AEMS 与商业、政府和民用设施的能源管理系统建设共享信息。

12.6.2.3 认知计算的机会

从柏市已出台的计划和报告的项目来看，很显然，计划者想要利用一切可以在他们的新家园中使用的智慧城市产品和方案。柏市有望成为当前正在出现的认知技术的模版或实验地。对本章所讨论的所有主要设施的进一步的整合将会成为系统设计的基石，并为合作提供机会。尽管日立 AEMS 是全新的，但是有望逐渐与柏市的其他智能系统相融合。例如与柏市的交通管理系统甚至是天气预报和监控系统的融合，这一融合能够通过共享机器学习得到的新模式来提升所有系统的性能。假设某一天预报的天气是风和日丽，然而实际天气却是反常的潮湿和寒冷。一个从共享的经验中学习的融合系统可能能够预料到交通形势的改变，并预料到因此产生的公共交通系统的电力需求变化。在这一场景中 AEMS 可能能够预料到在家工作人数的增长，并基于居民行为为电力的重新分配做准备，而不是依照预设的消费模型工作。这些系统间算法和数据的整合能够使用实时或适时的传感器数据，解决预期和实际天气的差异，以此来“知道”电力需求需要及时改变来适应生产或分配模式。

12.6.3 利用机器学习保护电网

在美国，电网属于关键基础设施的能源部门，根据 2014 年的《国家网络安全和关键基础设施保护行为》，这一部门必须被保护免受网络攻击影响，这要求国土安全部长采取措施来“预防、阻止、缓和、响应、修复网络事故”。能源公司使用机器学习算法处理必须持续监测的海量数据，以此降低风险并保证不会违反日益严格的条例。得克萨斯州奥斯丁市的一个叫做 Spark Cognition 的新兴软件公司开发了一个旨在帮助保护电网等物联网的环境安全的软件。

12.6.3.1　从新场景中识别威胁的问题

电网是蓄意破坏和恐怖袭击等许多物理威胁的重要目标。然而，越来越多的威胁来自于试图使服务瘫痪的网络攻击。物理基础设施的规模及其连接与从属的复杂性使得威胁和破坏的自动检测十分重要，使潜在威胁检测成为必需。因为新的威胁和弱点的出现，设备在被实体化之前必须设计好应对方法。

12.6.3.2　电网网络安全分析项目

C3 能源（C3）是由希柏系统软件创始人建立的能源信息管理公司，该公司旨在通过分析使能源系统更加有效、更加安全。C3 与来自加州大学和一个叫做 TRUST 的美国国家科学基金会网络安全中心的研究机构合作，开发了电网网络安全分析（GCA）——一个通过机器学习来识别并监测潜在威胁的智能电网分析应用。GCA 旨在了解正常运转的特点（信息交流水平、设备活动等），并识别出潜在的异常和威胁活动。通过每小时扫描最多 65 亿条记录并提供拍字节（Petabyte，2 的 50 次方）量级的分析，机器学习算法使得 GCA 在威胁形成或发生变化时能识别并适应它们。这一性能水平对于服务城市的大型电网来说是必需的。

12.6.3.3　认知计算的机遇

电网网络安全分析系统已经利用机器学习算法和威胁评估及威胁响应领域的最新研究成果。将这一应用扩展至电网安全以外的领域需要以数据和经验利用为中心，这些数据和经验是系统从桥梁、隧道和信息网络等其他重要基础设施的潜在攻击威胁中获得的。为了通过将数据共享给提供威胁警示的个体或组织来阻止或是减轻攻击的威胁，人们设想了一个将类似 GCA 的系统与类似 COPLink 的系统和基于传感器的智能监控系统进行数据共享的场景。更通用的场景是将底层的分析平台与资源管理系统的语料库进行共享，这种语料库可以与更好的能源管理相结合，或是与推行电动汽车的规划系统相结合。

12.6.4　通过认知社区服务提升公众健康水平

城市公众健康与养生及医疗水平密切相关。养生包括信息的获取、预防性保健、影响健康行为的反馈和在预防不足时提供全面的医疗。在一定情况下，养生还可能包括食品供应安全的管理与监控及垃圾处理，这些都是能够影响整体健康水平的因素。一些认知计算技术的初期采纳者中就包括提供个人营养和运动建议，并推行良好健康习惯的商业性健康管理公司。然而在城市中有很多因素——例如限制食物中钠元素含量或限制软饮料的尺寸——采用了对所有人“一刀切”的办法。作为能够为个人诊断和保健方案提供合适的见解和建议的技术，认知计算技术就成为下一个逻辑步骤。

12.7 预防性保健更智能化的方法

在现有的很多城市中，预防性保健被看作是提供给经济能力不足的市民的社会服务，或是雇佣方保险政策中的特殊待遇。因为很多免费或是价格低廉的在线教育资源的出现，及基于传感器的健康状况反馈设备的使用，使个人健康监测花费明显降低。因此，政府能够为根据分析来提供个人保健指导的社区型健康服务正名。

城镇健康站计划

日本柏市与研究所（东京大学）和企业（三井不动产）合作，开发了基于认知计算方案的最新型社区健康保障系统，意在提高预防性保健的水平。柏市的城镇健康站是可以被世界效仿的公众健康保障的典范。这一项目的设计源于互联网和对持续健康信息源的应用，这些信息源包括个人设备如手机和运动手环、工作或居住地的感应器的输出等。健康站是柏市政府、东京大学老年学研究所、千叶大学预防性医疗中心和居民合作的中心，这一合作旨在提升居民长期健康水平。

认知计算的机会

城镇健康站计划（和附属的类似社区锻炼活动的项目）已经形成了一个语料库，这一语料库由从传感器和专业人员处获得的包括个人和社区的数据组成，同时能够与其他社区共享来提升所有社区的健康保障水平。作为一个规划良好的智慧城市，柏市利用分析来管理交通，甚至本着新兴的全球经济共享的精神规划共享交通资源。将这些系统融入一个从经验及居民行为中学习的常规语料库，这对于柏市来说是很自然的演进，也保证了柏市能够在更智能的城市中处于领先地位。与日立的 AEMS 方案的完整设想类似，城镇健康站的学习系统在将新知识共享给城镇、研究机构和医学界的同时，也会将匿名的非结构化的健康和保健数据与能够使用它来改善性能的每一个系统共享。

12.8　建立更智能的交通基础设施

从许多方面看来，城际交通管理比区域和国家级的交通管理更加困难，原因在于其更高的人口和设备密度。随着城市的兴建，通过更好地运用信息来管理交通越来越重要。当新建道路和铁路等增加基础设施的方式变得非常昂贵且具有破坏性时，为了更加智能地知晓何人何时会去往何地，认知计算方案成为城市的不二选择。

12.8.1　发展中城市的交通管理

在各地的城市中，交通拥塞使得司机们倍感焦虑；人们在去工作和购物的路程中花费更多时间开车和停车，这也使商业更加低效，并过度消耗能源。此外，需要有专门的资金来管理平时车流量很小而高峰期车流量巨大的路段。几乎所有改变交通情况的措施都需要权衡给商业带来的影响和给人们带来的不便，以及降低紧急事件的响应速度的可能。2014 年，因为美国两个城市间桥梁车道的关闭，医护人员用了两倍于平常的时间来处理一起多伤员的事故，这就是一个政治丑闻。

12.8.2　适应性交通信号灯控制计划

加拿大多伦多市采用了名为“多代理强化学习”的自适应交通信号控制器集成网络（MARLIN-ATSC）的智能交通管理系统，取得了显著的效果。多伦多市的报告指出，单凭使交通信号灯更加有效率，市中心的拥堵时间就平均减少了 40%。该系统由摄像头图像和机器学习芯片组成，并经市值超过 230 亿美元的信息和文件管理公司 Xerox 与多伦多大学智能交通中心合作开发和部署。该系统的机器学习芯片使得交通信号灯之间能够进行信息传递，来检测当前场景并动态调整时间。芬兰首都赫尔辛基也有由 Xerox 部署的类似交通方案，得到了类似的结果和可扩大为认知计算方案的机会。随着 Xerox 持续从依赖于制造的业务中脱身进行业务转型，它通过类似 MARLIN-ATSC 的项目在更智慧城市的专业服务中得到认可并完善自身。

MARLIN-ATSC 已经是机器学习和适应性综合化设备的范例。在接下来的数年中，还会出现如将认知计算操作管理系统与现有系统融合的机会，并能够依据从外部系统，如车辆本身获得的信息来提升系统的能力。

例如，美国交通部正在开发“车联网”来提升车载的无线设备的作用，这些设备能够彼此互联，并与交通信号系统互联，像 MARLIN-ATSC 一样提升交通系统的效率。除了个人隐私和安全保障这些明显的问题，这一项目还需要经过多年的测试，并需要政府颁布的在新车上进行设备安装的法律许可。目前只能说“车联网”在技术上是可行的。

交通管理是分析和认知计算发展最完善的领域之一。部分来讲，这是缘于用来收集和共享数据的传感器系统的可用性。基本交通系统的每一部分都有义务对包括汽车、巴士、飞机、火车、船舶以及作为支持设施的高速公路和港口在内的设备进行测量。将这类信号管理得到的数据与闭路电视和转换器得到的数据相结合——即使是匿名的——也可以在保障输入源安全的情况下进一步改善拥堵情况。将交通管理与如 COPLink 的安全保障系统结合，来识别犯罪事件发生后的形势，能够帮助提升执法机构预测未来犯罪的能力。与如电网网络安全分析等系统结合可能会减少改进威胁的机会，但是能够为提高电动汽车的使用提供真实潜力。这一过程通过更好地总结电动汽车的使用模式来优化充电站的位置，并引入变量定价，以鼓励减少基础设施需求的使用模式。

这一类的融合还可以通过改进非人工驾驶和人工驾驶汽车间的通信，实现技术平滑过渡，来促进自动驾驶汽车（自动驾驶的小轿车、巴士等）的使用。

12.9 利用分析来弥补员工技能的不足

城市人力资本管理需要对就业、教育和社会服务间大量相互依赖的信息进行管理。城市还需要降低失业率，因为失业率过高会导致犯罪行为的滋生并降低税收收入。高失业人口密度的居住区面临着额外的问题，因为低收入也会不成比例地影响小型商业和住宅的价值。随着雇佣方提高对雇员的技能和工作经验的要求，当新的机会出现时，关键在于新的工作者和失业者是否有足够的工作技能来谋得职位。

12.9.1　明确新兴技能要求和及时培训

世界最大的航空公司波音公司有一句名言，“我们不一定会遇到劳动力不足问题，我们遇到的是劳动力技能不足的问题”。尽管有上千候选人和上千职位空缺，波音公司的很多职位仍然没有合适人选。在用人需求出现之前就对合适的人选进行选拔和培训，需要通过分析获悉当前市场对技术人员的需求。对候选人中适宜之人进行适当的培训，是应用认知计算的一个绝佳机会。

12.9.2　数字化入口（DOR）计划

宾夕法尼亚州费城拥有约 150 万人口。该市的领导层意识到市民们已经在数字化普及和工业技术技巧方面落后了，需要采取一些重要措施来挽回这一点。2011 年的一项预测指出，到 2030 年，会有 60 万市民对产生的新职位缺乏竞争力。2011 年，只有 41% 的费城家庭接入了互联网，而日益增加的移动网络接入并没有被有效地用来提高居民培训和教育水平。通过从 IBM 取得更智慧城市挑战项目的授权合作并获得克林顿全球计划的支持，费城开发了数字化入口（DOR），一个学习型传递系统。这一系统根据预期行业需求、个人能力与学习风格制定真人教学和数字化教学规划。与第 12 章所讨论的电子健康记录（Electronic Health Records，EHR）类似，DOR 为每位学习者建立了一个统一的 ID 和“数字化记录存储器”，能够记录每个人的学校、所受培训和工作经验及成就。收集来的结构化的和非结构化的数据被放在每个人的私人文件集中，与咨询者的建议结合来指导学习者达成一个工作目标。现在，咨询由相关工作从业者提供，但是系统也使用描述性分析收集可用于评估进展的数据。当 DOR 的最后两个阶段——打造个人技能并将其与具体的工作和网络匹配——产生了足够的数据来为认知计算解决方案建立语料库时，这些数据很快就会作为预测性分析的输入而派上用场。

DOR 的早期结果表明，为未来工业需求创建私人化项目会是一个成功的做法，尽管这一建立过程需要利用很多不同的资源，包括免费图书馆、当地学校和企业慈善计划等。通过分析提升人类能力，费城获得了麦克阿瑟基金会的资助，来开发一个帮助雇主雇佣 DOR 项目毕业生的认证流程。

12.9.3 认知计算的机遇

一个有能力的工作者会吸引到能够提升其工作能力的公司，以此形成一个良性循环。DOR 起源于宾州费城，但是从一开始，费城就是其他遇到人员技术和工作职位不匹配问题的城市的榜样。将认知计算功能融入 DOR 中可以使其效果得以加强，这一效果的加强不光作用于该项目已有的使用者，还会作用于正在进行中的城市规划和管理行为。例如，在个人与系统的交互之间加入 NLP 功能，可以降低参与门槛并对使用者提供更合理的响应。

同样地，参与者的个人目标和经验（通过使用自然语言）与系统共享时感到更加自如。系统能够根据经验知道什么是有效的而什么是无效的（也就是自学习过程），并且如果系统检测到了雇佣环境的变化，它能够在中途修正时提供更好的建议和意见。通过参阅和理解全国乃至全世界非结构性文本中与劳动相关的统计数据、招聘广告和社论，这一系统能够为个体提供不间断的个性化引导，从而避免被使用者舍弃。

最后，随着新的工作机会遍布城市的每一个角落，一个能够共享所有主要城市系统数据的完整的认知计算环境可以利用 DOR 数据来改善交通规划和运营、公用设施需求预测和公众健康水平。

12.10 创建认知型社区基础设施

如你所看到的那样，随着假设的不断被证实和修正，认知计算从运行时得到的知识中获益。当自然社区——有着相同兴趣、经历或单单是地理位置相近的一群人——彼此交流时，它们创造了社区的集体智慧。通过认知计算解决方案进行交流的专业社区可以像医疗诊断那样加强这一学习过程。与之类似，实体社区，如城市居民区，也可以从基于认知计算的合作中受益。

12.10.1 新型智能连接型社区举措

在韩国新松岛市，韩国政府与私人工业企业合作建立了广泛使用传感器和分析的新型绿色智能城市。这一投入了 350 亿美元的项目是世界上投入最大的新型城市项目之一。有着 480 亿市值的全球网络和通信公司思科将新松岛市的每个家庭和商业场所都与视频屏幕和系统连接起来，来加强合作和社区数字化。截至 2016 年，一个基于实体社区的数字化社区会有 65 000 人口。这一新型智能连接型社区是思科和开发组织期望在亚洲设立的数十个社区中的第一个。思科是物联网设备提供商的领导者，同时是倡导连接世界概念的先锋。思科正在将新松岛市作为展示网络优势及远程控制住宅、商业能源管理和安全的好处的范例加以推行。这些系统会从一开始就进行融合，此外，机器学习工具如思科的认知威胁分析系统——在发现新威胁时进行学习和适应——将会在新松岛市被建设完成。

这一城市被规划于 2015 年开始运营，并在 2016 年成为韩国最高的摩天楼的所在地。该城市包括一座为各国企业主管的子女们提供教育的国际学校，该学校与位于美国加利福尼亚州的姊妹校完全对接。在规划中，广泛使用视频进行协作和交流，是为了在大众中发展出一个学习者社区。随着视频学习技术日益走向成熟，该技术会被整合来延续学习的自动化。

广泛使用远程呈现和传感器数据，为居民和商业点提供更多的个性化业务，这将在减少能源密集型旅行的同时鼓励交流。这与新松岛市建立世界级可持续发展城市的宗旨相符。

12.10.2 认知计算的机遇

从最开始，新松岛市就拥有现在城市所没有的许多优点——在人们搬入之前，初始布线就已经就位，来鼓励交流并获取基于传感器、视频和系统的信息。在社区共享的更上层，这些系统与交通、能源和水管理系统相融合，为认知计算技术支持和约束人口数量的城市提供前所未有的机遇。

12.11 认知型城市的下一发展阶段

随着越来越多的人口迁入城市区域，具有城市导向的认知计算的重要性会增加，对个人、公共事业机关和商业部门产生的大数据的更充分的应用会支持城市多元性，因为这些城市都争相吸引有价值的人才和商业投资，并为外来者提供更高的合作效率。

尽管如此，对数据和知识的私人所有制和公共所有制也会产生长期的竞争，因为日益增长的城市人口密度使得市场智能化的竞争更加激烈。这对于认知计算自身来说不是问题，反而反映了对于大量数据进行智能处理能够带来的巨大价值。

这一章中的大多数例子都来自对于分析和认知计算技术的介绍，来处理城市中物理及信息基础设施供应有限的问题。在可预见的未来这种状况仍将持续，但是城市化的需求也催生了许多新建城市。从弗吉尼亚州的 Reston 市到佛罗里达州的 Celebration 市，尽管它们是 20 世纪的社区，但都遵循建筑学和开放空间模式建造，这些模式来源于几世纪的城市发展规划研究。相比于城市广场的怀旧感，下一代的城市规划将会以对交流和合作的需求为基础，更适合于认知计算分析。

日本的柏市和韩国的新松岛市基本上就是不被过去的传统和先入之见影响的新型城市。随着在未来二十年里这两个城市日益成熟，以及其他类似城市的出现，这些城市展现出融合性分析和认知计算在促进地方自治中的价值。即使是最保守的城市也会逐渐适应认知计算或是被认知计算逐渐渗透。

12.12 总结

更加智慧的城市已经从单纯的收集汽车和动物注册信息及家庭税收等数据中更进一步。现在，城市管理者通过部门间的合作收集数据，并对结果进行优化。一些领导者已经任命了首席数据官（Chief Data Officer）来在新系统创建时寻找数据共享机会。例如，一个新的公共健康记录数据库可能被设计为收集可与教育数据库或安保数据库共享的数据。很多城市都在积极地使尽可能多的数据对公众或是具有创新精神的企业家开放，以此来提供新的基于这些数据的服务。这些数据的每一次共享使用或是商业使用都可能为居民们提供价值。

随着当选的官员和公务员等智慧城市的管理者们开始理解数据在改变城市生活中的强大作用，他们将高级分析方法和认知计算作为附加价值源加以接受。更加智慧的城市能够更好地利用自身的各种资源，而拥有了好的数据是更好地进行相关决策的核心。今天，能够产生这类数据的最好的系统就是新兴的认知计算系统。认知计算系统能够从自身经验中学习，并能够帮助使用者更好地决策和得到更好的结果。在未来，我们可以相信，认知计算能够使城市更加安全和高效，并能够预测居民们的需求。这一过程才刚刚起步，但是其益处已经十分明显。

第13章 新兴认知计算领域

认知计算正开始影响到许多不同的行业。最初，认知计算开始改变医疗行业，就像第11章“建立认知医疗系统”中讨论的那样。认知计算类的应用具有如下功能。

- 通过比任何医生都强大的研究和案例阅读能力，发现能预测特定疾病的各种症状。
- 帮助医学学生解释各种发现的结果，帮助他们提高自己的诊断能力。
- 让专业知识大众化，并且让那些很少见到这种症状和情况的人了解这些知识。

所有这些帮助推动认知计算应用于医疗行业的功能，将同样有应用于其他行业的潜能。例如，为疾病诊断找到类似样例，在复杂系统中，对一般问题的特殊情况的识别和补救措施做治疗建议。这种诊断问题的功能已经在生产机械等行业得到应用：从家用电器到石油钻井平台设备的维护与修理，以及呼叫中心的问题解决。这些基于证据的解释能够为职业化培训提供帮助，并且应用于任何充满大量复杂知识的领域。最后，几乎每个职业都有通过汇总和分析专业知识和包装、销售数据作为服务，以达到繁荣的潜力。在认知计算指南的帮助下，通过赋予新的专业人员和没有经验的用户利用这些知识的力量，律师、会计师和股票经纪人等专业人员可以变得更大众化。本章指出在其他行业的类似转换的问题的特点，并展示了一些贯穿所有行业的功能区域可以如何转变。

13.1 认知计算理想市场的特点

每一个认知系统的核心都是一个不断学习的引擎，它通过经验提高，并且当数据支持多个候选结果时，它能够返回可能的结果。

先进的系统利用自然语言处理（NLP）从出版物的上下文中获得意义和细节。此外，这些系统可以充分利用图片、手势和声音。该系统可以从可联网的传感器中捕获更多的数据流。将此功能映射到典型的业务工作负载中（行业内或跨行业的以数据为中心的工作），揭示了一些特性，这些特性使有些问题领域非常适合认知计算应用。

认知计算理想的应用场景包括以下内容。

- 领域内特定知识快速增长和迅速改变的产业，这些产业的特点使得售前建议对买家来说很有价值，但对卖家来说代价很高。这包括了一些领域，比如零售业，产品和出价持续发生变化；又比如旅游行业，选择和机会也在持续变化。
- 因为产品的复杂性，售后技术支持、诊断、专业服务成为主要花销或收入来源的行业。当员工流动很大而产品数据的变化需要持续对员工进行培训时，这一点尤为重要。事实上，从零售到企业的软件支持，这包括了目前使用呼叫中心的每一个行业。
- 以大量专业知识和经验集中于一小群专家为特点的行业。这包含许多专业和复杂的产品预售，在这里对配置的决策十分重要。
- 传统上遵循一个现代学徒或实习模式进行培训和认证的行业。这类行业包含大量的专业知识，比如法律、药物学和金融服务。
- 最佳的实行方法是已知或者可知的，领域内最好的和最差的实践者有很大差别的行业。（通过从他们的个人经历中吸取经验，或找出非熟练工人不懂或对其过于复杂的模式的能力，顶尖专家得以从普通从业者中脱颖而出。）这也包含了很多职业。
- 那些传感器数据突然出现的某些特性使得它们不能被传统方式处理的行业。这包括了从运输到健康护理的行业；只要传感器能采集到通过专业实时分析获得有价值的数据的行业，认知计算应用程序都有用武之地。

- 那些依赖大数据中的发现模式取得成功的行业，尤其是带有未结构化的自然语言文本的数据。只要行业中拥有大量的新型研究或者许多信息不能被实践者所理解，认知计算都可以被应用。其中包括了大部分的自然科学、制药以及很多行业。（世界上的新判例法以及不断改变的需求等）

一般来说，可以通过使顶级执行者更加有效率的方式引入认知计算系统，从而使一个组织变得更加智能。事实上，即使是最精良的专业人员也不完全知道一个领域中所有的新发现。认知系统能够防止有偏差的强制决定。经验丰富的专业人士根据自己的实践就选择一个方法，而不考虑那些他们没有见过的新数据，这是非常常见的。经验不足的专业人员却可以做得更好，因为它们可以受益于共享的知识。

认知系统不是一成不变的，它不断从新的数据以及成功和失败中获取信息。这种环境的动态特性有潜力提高整个组织的专业水平。

13.2 纵向市场和产业

本节着眼于一些已经通过使用先进的分析技术使其性能提高的市场部门，并且它们的领导人研究了认知计算的解决方案。这样做的目的是展示共同特点正在怎样推动它的应用，以及使人们意识到还有很多其他具有相似属性的领域和概念验证的项目正在进行，这些领域或项目将改变人们对认知计算的认识，并且使几乎各个领域对更智能的系统产生需求。

13.2.1 零售业

零售业是众所周知的竞争激烈的行业。为了生存和发展，零售商必须基于之前的趋势进行预测，决定购买什么产品。他们必须了解不断变化的经济、社会和人口因素的影响。零售商还必须确保他们的员工在代表公司形象方面和产品的销售方面做得很好。外部因素也会严重影响计划和预测。反常的天气、变化的天然气价格、波动的就业率，甚至动荡的政局也可能会影响购买行为。规模较大的公司已经运用预测分析和方案规划这样的工具长达数十年。这些公司优化了供应链，以减少订购的物品和交付之间的滞后（降低接收过时或不想要的商品的风险）。然而，太多的零售商忽略了市场的微妙变化，并且错过了超越其他竞争者的机会。认知系统的解决方案有着帮助零售商以创造性的方式充分利用知识的潜力。例如，一个典型的大零售商在很大程度上依赖于它的供应链的自动化，以解决客户的问题。当未预料到的问题出现时，这些系统就会显得无力。以创造性的方式来处理问题，才能使客户保持满意和忠实。

13.2.1.1　认知计算的机遇

许多零售商利用预测分析工具来发现有趣的联系，根据购物卡数据来得出结论。例如，这些分析帮助零售商认识到顾客变化的生活习惯、购买偏好，以及生活中的变化（结婚、怀孕等）。异常的和真正的购买偏好的改变是存在区别的。例如，因为一个事件，某个产品可能突然变得流行起来（在一个不常下雪的地方，一场突如其来的风暴让人们买了很多雪铲）。通过认知计算，这些变化可及早被发现，使零售商能够以创新的做法改变客户的体验。通过和高价值客户用自然语言交流，零售商可以和顾客有更好的互动。这些零售商将有能力通过从社交媒体以及客户呼叫中心互动收集到的信息进行学习。他们将汇集所有这些数据，以确保它从最成功的销售人员和最成功的销售活动中学习。处于这样的动态环境中，零售商可以发现新的售卖产品的方法，这种方法将改善零售商与客户的关系。即使是增加很小比例的回头客，也可以产生巨大的利润。

个性化的客户服务

在零售销售中，客户不断面临着新的选择、特色或时尚，他们必须决定买什么、什么时候买，以及向谁购买。虽说朋友对卖家与品牌的推荐对客户来说是非常重要的，但客户在商店或在网站上的体验可以使初步的兴趣和实际的购买产生差别。考虑到这一点，零售商经常纠结于对每个顾客应付出多少个性化关注的问题——有时会牺牲数量来获取更多利益。买家经常要选择是在拥有丰富经验的销售员的店里购买，还是在实体店或网店购买。对于高价格的商品，从奢侈品到复杂的家用电子产品，它们的价格会使用户在商店购买时产生一种压力，从而致使用户在网上购买。认知计算在这种情况下的作用是提供民主化的建议。这就要求零售商利用已有的关于产品的大量知识，根据买家的需求和欲望，为买家提供个性化的关注。此外，还要求零售商增加对顾客的理解，以至于能提出有意义的建议。利用这样一个系统，在分析和收集大量数据的基础上不断地学习和适应，对成败有着很大影响。

早期进入这个市场的是 Fluid，一家成立 15 年的公司，专注于帮零售商提供在线客户体验的工具。该公司与 IBM 合作（IBM 宣布对 Fluid 进行股权投资）构建了以沃森为基础的平台，使客户可以与在线零售网站进行交流，以提供个性化产品建议。这项服务的目标是通过一个对话框，模仿有导购参与的个人购物。Fluid 的第一个客户是 NorthFace，一个提供数百种户外产品的零售商，它也欢迎肯为质量付出额外费用的人。

基于沃森的平台可以使他们的客户输入一个自然语言描述的需求，比如“我需要一个为五月去阿根廷旅游而准备的睡袋”，或者“在一个有三个小孩子参加的露营活动中我要带什么？”通过和顾客对话，系统可以充分利用语言库中的每一个在库存中物品的信息，以及这个物品的应用场景（例如野营、远足）。通过这个交流的过程，系统根据匹配可行的内容与在对话中客户需要的知识，缩小建议的范围。该系统还存储以往同客户互动和客户进行查询的所有背景资料。该系统也可以从其他客户的查询中寻找类似的查询和结果。这不是一个简单的推荐可行选项的引擎。在沃森系统中，用户可以基于对系统包含知识深度的假设提出问题。由于系统收集有关消费者的信息随着时间的推移逐渐增多，做出这些建议的置信水平就会增加。会话之间保留的信息允许系统从每个互动中学习，并对相同或不相同的用户在后续会话中提供更好的建议。

13.2.1.2　零售员工的培训与支持

店内员工凭借产品知识和良好的交流技巧持续地提供良好的建议是非常重要的。但是，零售商的流动率很高，所以销售人员常常缺乏对自己产品的深入了解。英国零售技术公司 Red Ant 对 1000 个年龄在 18 ～ 55 岁的零售业工作人员进行了在线调查。结果如下。

- 50% 的人表示对产品知识的缺乏使他们感到很窘迫。
- 43% 的人表示由于对产品的不了解，他们每周都在向顾客撒谎。

- 73% 的人表示他们建议顾客去了另一家店。
- 57% 的人表示他们在帮助顾客前接受的培训时长不到两小时。

结果清楚地表明，员工有接受训练的迫切需要。员工需要了解他们销售的产品，并且需要知道产品最佳的用法。员工经常跳槽或者被解雇，导致他们不能在理想的条件下工作。很显然，Red Ant 有很好的机会运用一种认知方法，以提高零售业员工的表现。

通过分析客户和零售商的行为，Red Ant 致力于帮助零售商改进流程。因此，Red Ant 正在基于市场需求开发一款基于沃森平台的售货员培训程序。该产品的目的是帮助销售人员分析客户的人员统计和购买历史。在该程序中您可以访问产品信息和市场反馈的分析，以帮助售货员给客户做出更好的推荐。当客户在店里时，结合客户信息与产品信息，能够使用基于沃森的 NLP 实现一个更吸引人的会话，并将为消费者创造一个更个性化的购物体验。销售人员与客户的每一次交流都会被记录，并且可以与具有类似历史的交流进行比较。这个数据库旨在帮助预测最有效的策略，并且记录结果。销售人员可以通过定制屏幕上的提示得到最优的建议，并可以通过屏幕或者耳机用文本和语音消息的形式同客户分享。

13.2.2 旅游业

随着有关交通、住宿和休闲活动的价格和信息可以自由地在网上获得，旅游行业在过去 20 年里发生了翻天覆地的变化。自助预订网站可以让用户对多个站点的描述、价格进行搜索，之后自己做出预订，并且无需支付费用，还有些网站可以通过单一的搜索实现多个结果。这消除了个人与经验丰富的旅行社的接触。旅行社是通过提出适当的问题了解客户需求，为客户找到符合其需求的交通、住宿、体验等。

尽管系统在获取信息、根据预测分析和客户的历史记录对数据进行优化等方面已经取得了很多进展，但关于个性化行程规划以及根据经验提出与客户目标相符的建议等方面仍有很大不足。个人可能对休闲或商务旅行，以及对旅行的时间、地点、谁来付款甚至陪同的人都有不同的偏好，但是现在没有一家网站能够获取所有这些信息。

认知计算在旅游行业的机遇

过去，找一家了解个人喜好、留意个人新选择和新机会的旅行社是很常见的。如今，旅行者只是向他们用的网站提供大概的选择。但是，没有一家网站能基于可见的行为去做出推断。这就给予了认知计算型的旅游应用一个很好的机会去准确捕捉旅行者行为模式的信息。它也有潜力通过监测社交媒体去了解旅客。旅客也有机会通过 NLP 接口与系统进行交互。

你可以看这个例子，特里 • 琼斯是 TravelCity 的首席执行官，他早期曾是 Kayak 的董事长。WayBlazer 是融合了基于 IBM 沃森的认知计算服务的，是最初由琼斯创立的产品。WayBlazer 也是基于 Cognitive Scale 公司建立的云解决方案，这个公司提供认知转化服务的平台。该公司与奥斯汀、得克萨斯州会议及旅游局合作创建一个应用程序，将为个人提供个性化建议。随着时间的推移，公司打算扩大到对酒店和航空公司提供礼宾服务，改善整体用户体验，并提供给这个系统的合作伙伴额外收益的机会。WayBlazer 使用从沃森平台的 NLP 和生成及评估能力，评估来自于运输供应商和目的地的信息组成的数据库，但是这需要监视旅客的需求和意图，会有所争议。除了赚取交易中的传统费用，系统可以获取个体和群体行为。WayBlazer 将收集有价值的数据，这可以出售给供应商。旅游行业非常需要认知计算的方法。这个行业将会有很多有竞争力的服务，这些服务可以给旅客提供许多合理的建议。

13.2.3　运输与物流

运输和物流公司面临着激烈的竞争、监管的压力，以及人为和自然原因的风险，比如恐怖主义和龙卷风。保证基础设施安全是一个受持续关注的问题。此外，有必要确定客户的行为模式，这可能带来新的收入机会。物流企业首先需要做的是用一些方法去减少路线时间成本，比如减少在城市中左转的次数，用高度优化的中心和语音终端去提高收益。虽然传感器的技术和 GPS 工具很难进一步提高效率，但我们可以全面应用尖端的、更智能的认知计算技术。

认知计算在运输物流行业的机遇

许多技术的变化正在改变交通运输和物流行业，它们将帮助处理和管理复杂的数据。第一个变化是系统更多地使用传感器数据，这些数据需要被实时分析，以发现提高效率和安全性的机会。第二个变化是认知计算模型提供诊断和预防性维护建议能力的变化。这些建议将有助于使快速操作和维护更加有效。例如，这些建议将有助于管理者安排预防性维护，同时最大限度地减少中断。

CSX 是一个成立于 185 年前的运输和物流公司，总部设在佛罗里达州的杰克逊维尔，已经配备了认知计算系统。CSX 拥有超过 21 000mi（约合 33 796km）的铁路干线，连接美国几乎所有的人口和制造中心，连接超过 240 个短线铁路和 70 个港口。该公司取代了手动密集轨道检测系统，这种系统需要 600 个道路管理和跟踪检查人员在纸上记录道路信息。这些信息随后被手动输入系统并进行分析和报告。替代系统被称为“集成轨道检测系统（ITIS）”，由 CSX 运用 SAP 分析技术开发。ITIS 取代了手工系统，并且具有更多功能及移动性记录预测分析工具。

CSX 和 SAP 也正在开发使用互补的规划系统，它采用了自然语言处理和用于处理客户非结构化反馈的情感分析技术。将来自这个系统的汇总到单个语料库中的数据同道路模式相关的数据、销售数据相结合，可以使 CSX 在这种持续的学习环境中获得新的收益机会。如果 CSX 用传感器来提供实时数据，整合这些系统将创造更多的使线路更安全的机会，并且能不断从结果中学习。这样的学习将产生新的最佳化的效果，提高 CSX 的操作效率。

13.2.4 通信业

电信运营商的性能指标决定着公司的存活，它可以很容易衡量，但难以管理。这些运营商的客户往往是大公司，它们又把这些服务卖给服务管理的大公司。为了取得成功，他们必须提供理想的服务水平。他们经常需要提供服务级别协议（SLA），这个协议规定了服务交付所应达到的性能水平。如果电信运营商无法提供服务，就会有经济处罚。提供持续监控和管理性能符合 SLA 协议，并纠正一切欠佳的性能是运营商义不容辞的责任。电信运营商在提供语音通信通道、使用户接收相对静态的数据，以及可在家庭和移动设备上播放的流媒体、响应用户在最新的移动应用程序上的数据需求等方面十分成熟。电信运营商能提供的服务种类有所增加，用户需求的服务种类也变多了。

由于持续的性能监控的需求（比如某个命令的响应时间不能超过 1 秒），使可以提供客户实际服务水平的实时视图的传感器和网络边缘的探测器得到发展。需求可能会因为许多的事件而改变，这些事件涵盖了从日常维护到突发自然灾害等各种情况。

认知计算在通信业的应用

收集数据，即使是收集实时数据，也是比较容易的部分。困难的部分是及时确定可能使需求发生变化的情况，来重新配置或重新分配服务，以确保在弱信号情况下满足 SLA 协议。弱信号模式甚至经常被训练有素、经验丰富的网络工程师所忽视。这就是认知计算的优势开始发挥的地方。电信公司需要解决的问题是评估足够的历史数据，来发现和理解模式和因果关系，而环境中的关于即将发生事情的评估信号，可能引发需求的变化。

日立数据系统开发了一个解决方案，旨在帮助电信运营商通过将机器学习算法、专有软件和开源知识，以及融合 API 的第三方产品相结合，监控和管理实时数据。日立使用由客户的历史数据组成的内置元件库（包括时空事件检测、复杂事件处理、从非结构化数据中提取事件和根本原因分析）来增强机器学习算法。该系统持续监控当前性能并与历史性能进行比较。该系统还分析非结构化数据，如可能会影响网络状况的社会媒体流（突发天气情况或一个受欢迎的即将发生的电视活动）。通过结合实时数据和非结构化数据分析，系统可根据模式预见需求和变化。以不断的学习为核心，这样的认知计算解决方案可以使网络工程师发现潜在需求，甚至是动态地调节系统以预防危机的能力。

13.2.5　安全与威胁探测

如今，每个行业的商业网络的安全都关系到业务连续性和一般风险管理。网络、网站和应用程序都可能成为被攻击的目标。出于商业利益或通过探测漏洞来彰显攻击者能力的网络恐怖袭击正逐渐增多。即使是通过传统技术进行持续的保护，也不能防止攻击者用更复杂的方法来盗窃和破坏。

安全与威胁探测中认知计算的应用

以下是采取认知计算进行威胁探测的三大驱动力。

- 新的威胁发展的速度。
- 在被控制前攻击造成伤害的速度。
- 网络的复杂性逐渐超出了传统系统和网络管理人员可以维护的程度。

在过去，当检测到新的威胁时，新的方法就会被推广到网络管理员或个人订阅的安全和防病毒软件包中。检测和更新之间的延迟可以是几小时、几天或几周。

幸运的是，机器学习解决方案可以在监测异常时连续监测网络接入点，把当前的活动和历史活动做比较，并且无需被告知要寻找什么。该系统可以报告出不正常的活动模式，甚至采取措施，例如在操作员评估状况时隔离数据和网络段，而不是等待更新。对于误报（代表一个新的但安全的活动模式的异常），系统可以学习到新模式是良性的，并更新自己的知识，以便将来发生时可将其视为正常现象，而不是显示为威胁。

思科公司的认知威胁分析解决方案是较早投入市场的方案。它不关心攻击的方式，而是使用机器学习型的算法分析通过安全网关的流量并寻找异常行为。它消除了旧的需要用威胁辨识作为第一步的循环。思科可以通过分析单个用户的活动和较大的类似的用户群，建立一个正常行为模式的语料库。当一个意外的模式需要代表一个新的良性活动时，基于云服务，更新的语料库可以立即对所有用户可用。考虑网络中的行为，不带有基于先前的威胁构建成的规则上的偏见，可以使系统只根据相关的证据进行学习。

13.2.6 认知方法影响的其他领域

虽然前文已经提到认知计算可以对一些行业产生帮助，但是还有更多的候选行业。在一些领域，相关的项目已经在进行中。在未来几年内，其他市场将适应不断学习的解决方案。下一部分将说明哪些地方将被认知的方式影响。

13.2.6.1 呼叫中心

呼叫中心拥有跨行业的功能，它对一个组织的信誉和管理十分重要。呼叫中心的工作人员需要对产品和客户的问题有深刻的理解。然而，呼叫中心的人员流动性非常高。当高技能的工作人员离开时，他们的知识和实践能力也跟着他们离开了。了解错综复杂的产品细节和服务，通过提供“下次会更好的服务”

来留住客户并向客户销售其他产品和服务，这对员工来说是非常有压力的。此外，呼叫中心员工必须理解并遵守其行业的规定性要求。

13.2.6.2 认知计算的机遇

有相当数量的数据可用于为呼叫中心创建一个认知计算解决方案。结构化的数据存储于客户支持的数据库中。相当大量的数据可以以记录和文档的形式被获取，这些文档与对客户的互动和推荐相关，它们可以被添加到呼叫中心的应用程序语料库中。随着时间的推移，机器学习过程能为解决客户问题提供最佳实践指导。一个自然语言处理的界面可以让客户帮助员工来决定下一步的最佳行动。此外，客户可以用在线系统进行直接互动和确定解决方案，而不需要在电话前长时间等待。最后，许多客户输入的任务应该通过自然语言处理和假设生成进行自动化处理。精炼后的问题提交人工处理，或者直接由认知的呼叫中心应用程序处理。（该系统可通过询问或根据与以前相同或相似的客户互动的经验，确定呼叫者是否需要人工响应。）

13.2.6.3 其他领域的解决方案

其他一些领域已经开始创建认知计算解决方案。这些领域里存在着大量结构化和非结构化的数据。有前途的领域包括以下几个。

- **金融服务**——在数据丰富的环境中，对个人需求和最佳产品供应的理解需要得到提高，比如金融服务行业。数据将被运用在由大量来自各种客户的多样数据组成的环境中。认知系统可以学习成功的模式，以提供最佳的下一步行动。
- **法律应用**——法律行业在很大程度上集中于包括发现及合规的细节的非结构化文件。这些数据涵盖了从电子邮件到推特，再到临床试验结果的各种数据，它们必须被保存多年，并在需要时可用。这些法律活动通过公司内部律师执行或者外包，但它们都需要有电子证据。这往往需要大量的财力来查阅由非结构化自然语言组成的文件和档案。在持续学习系统中，先进的自然语言处理系统和模式非常适合于这些应用。今天，通常的做法是使用电子发现参考模型（EDRM，由律师、IT 经理，以及其他感兴趣的各方组成的联盟）。将来，使用认知计算系统可以简化处理过程，人们也可以接受培训，通过将公司语料库的信息与社会的媒体数据的分析，以及关于未被公布诉讼的新闻摘要相结合的方式，来提醒企业新的机遇（例如合适的投资）或风险（预知法律行动的方案）。

- **营销应用**——大多数营销应用都是为了得到现有活动的分析结果，或者使用预测分析技术来估计未来客户的需求。机会可以通过主动监视与客户及潜在客户互动的相关信息产生。在外发端，消息和价格可以被构造为一种假说，这种假说可以根据语料库中关于行业、企业、目前的客户、潜在客户和竞争对手的数据进行测试。一个训练有素的持续学习系统可以在早期过程中，通过询问客户正确的问题来评估可选方案，并帮助营销人员优化信息和定价。 运用自然语言处理技术，持续监控与更新相关社会媒体和新物品的语料库，将显著提高上述过程的收益和监控大众对品牌看法行为的价值。情绪分析技术已经在此环境中使用，这个认知系统的优势来源于智能假设和对持续学习的部分提出疑问。

13.3 总结

早期认知计算成功的领域（如医疗诊断、制造故障预测和医疗研究）令人信服地证明了持续学习系统的潜力，进而改变我们看待整个行业的方式。在未来十年，这些学习系统很可能会应用于每一个行业，或者应用于特定领域的知识快速增长或变化的商业功能区。这样的商业区汇集了一小群具有高度专业知识的、对广泛大众有很大价值的专家。这些学习系统还可能应用于正在经历巨大的不确定变化的领域。我们可以说，这个技术没有唯一的答案和固定的准则。

这些系统投入运作的成本将会降低，进而使部署成为可行，而不是使之成为所应用工程的首要花销和应用这个技术的障碍（例如认知服务提供的生态系统的收入分享模式）。使用技术的门槛将会降低，而使用量将会快速提升。将提供各种功能作为服务目标的趋势，已经改变了小型和中型商业市场领域，涵盖了从费用管理、生产力套件到客户关系管理应用的各个方面。下一波企业级的认知计算应用即将来临，认知计算能力作为服务功能的一部分的趋势也是不会落后的。

第14章 认知计算的未来应用

认知计算的发展正处于初期阶段，但创建这一新一代系统的构建模块已经就位。在未来的十年中，关乎到这一重要技术未来的软件与硬件都将会有许多进展。所以，认知计算的未来将会是演进与革命的结合。认知计算的演进方面涉及基础性技术，例如安全、数据可视化、机器学习、自然语言处理、数据清理、管理与治理。系统能力也将有革命性发展，以进一步改善人机交互。此外，一些最大的改革将出现在硬件创新的领域。

几十年来，芯片技术的进步基于提高元件密度和系统集成水平。尽管传统的架构将继续沿着这些线路提高，但从根本上不同的架构正在形成，它将会对认知计算的性能有更大的影响。神经形态结构是“大脑启发式”的，并且使用了模仿神经元的处理单元，它将对速度和可移植性产生深远的影响。特别是神经形态的硬件将使比例放大这一性能达到一个新水平，同时它将允许数据处理更接近源，包括直接在移动设备上进行处理。量子计算架构基于量子力学的特性，为经常出现在认知计算应用中的大数据集的快速处理提供了巨大潜力。这种新一代的芯片和系统将能够满足上下文感知计算的需求。本章展望了未来十年的趋势及可能性。

14.1 下一代的要求

共享知识一直是大小型组织的一项首要要求。数十年来，无数的尝试都希望能够建立一个学习系统，它能够使用一种不需要长期编码和软件开发的方式来进行知识编码。能够通过加速管理和解释数据的能力获得深刻见解的新兴技术正在涌现。一些重要的创新将改变组织将数据转化为动态的、可共享的和可预见的知识的方式。

14.1.1 利用认知计算提高可预测性

高级分析将与认知解决方案相集成。随着认知计算逐渐成熟，公司将能够寻找到更加自动化的方法捕捉和摄取大量数据来创建解决方案。当数据的语料库随着更多经验而扩大时，将有可能把高级分析算法加入到可用数据的语料库或子集中来进行分析，以确定下一个最佳行动或通过关联数据来找到隐藏的模式。这将需要一组工具，它同样也能够使审查数据源以确保数据质量的过程自动化。分析完成之后，其结果可以被迁移到认知系统中用于更新机器学习模型。这将是确保一个认知系统能充分利用专业知识来做出更好决策的过程的一部分。

14.1.2 知识管理的新生命周期

从某种意义上说，新的知识管理生命周期将会出现。从创建待解决问题的假设开始，随后你将摄取与这一问题领域相关的所有数据，然后审查数据源，使数据源得到清理及核实。你训练这些数据，运用自然语言处理和可视化技术，并且细化语料库。当系统投入使用之后，数据将被连续地使用预测分析算法来进行分析，以了解正在发生的变化。然后这一过程又将重新开始。这一生命周期来自于通过大数据分析得到的假设，它创造了一个复杂的、动态的学习环境（见图 14-1）。

14.1.3 创建直观的人机接口

在第一代认知系统中，最复杂的应用在很大程度上依赖于自然语言接口。自然语言处理将仍然是我们与认知系统交互的基础。然而，取决于任务的性质，将会有更多的接口可供使用。例如，有些时候接口上需要实现可视化，以使研究者能够确定一个需要额外探索的模式存在于何处。如果一个生物技术研究人员试图确定疾病分子和一个潜在的治疗法之间的匹配程度，视觉上的检测模式将能够加快开发潜在的强劲的新药物。其他接口也逐渐开始出现，例如，语音识别技术中的改进技术能够通过检测语音中展现出的犹豫检测到诸如恐惧之类的情绪，这对于引导一个用户和系统完成某个复杂的过程来说是有益的。当语音给出提示说指令不明确时，系统将会反馈出新的解释，随着时间的推移，系统将能够开始创建出对大部分用户来说是明确的新的指令集合。语音识别系统在帮助老人方面也是有益的，如果系统能够通过语言不清或其他线索检测出恐慌和中风的预兆，它就能够给独自生活的老人提供帮助。

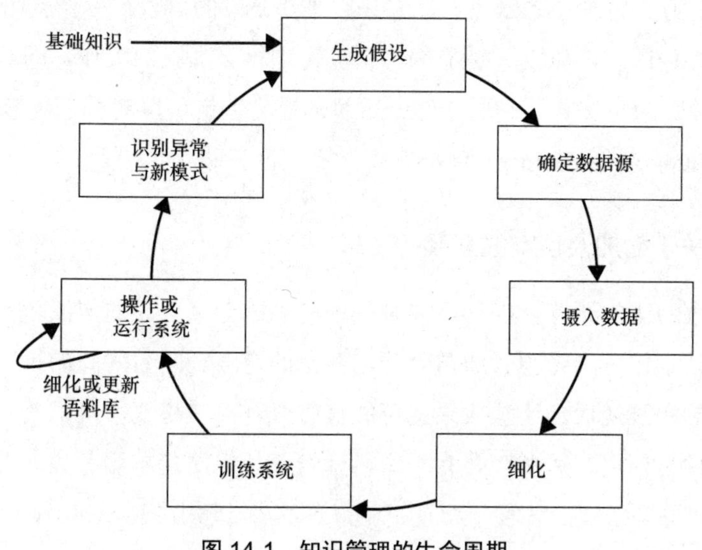

图 14-1　知识管理的生命周期

与可视化接口相关的最有趣的实验之一，是在奥克兰大学的动画技术实验室开发的一项名为“BabyX”的实验。据该大学的网站称，它正“通过将生物工程、计算和理论神经科学、人工智能与交互式计算机图形研究相结合来创造生动的关于脸和大脑的计算模型”（ http://www.abi.auckland.ac.nz/en/about/our-research/animate - technologies.html ）。该大学对 BabyX 项目的解释如下。

BabyX 是一个交互式的虚拟婴儿动画的原型。它是动画技术实验室正在开发的基于电脑生成的精神生物学的仿真体，并且它也是一个实验性的工具，包含了涉及到交互行为和学习的神经系统的计算模型。

这些模型通过关于婴儿脸部和上身的高级3D计算机图形模型来展示。系统能够实时地分析输入的视频与音频，以使用行为模型来对照观看者或同伴的行为做出反馈。

BabyX体现了诸多我们在实验室中正在研究的技术，并且它还在神经模型、传感系统以及实时计算机图形的真实感等方面继续发展。

该实验室的研究人员发明了一项可视化建模技术，使得程序员能够建立可视化模型，并且将神经系统进行动画化。正在开发的语言被称作脑语言（BL），通过使用这种语言，研究人员能够与仿真体进行交互式的工作，同时对新的行为进行建模。为了深入了解关于这一项目的潜力，您可以观看一些BabyX的视频资料（ http://vimeo.com/97186687 ）。

14.1.4 关于增加最佳实践封装的要求

大多数的认知计算应用程序都是基于与主题专家合作的定制项目。如同任何新兴的技术领域，先驱者通常会开创自己的道路。随着时间的推移，当有了越来越多的实践之后，这些成果就可能被整合进某些模式，可供其他要解决类似问题的项目使用。最初，会有一组供开发者使用的基本服务集。随后，将出现一组经过同类工业的各种组织使用验证过的封装服务集。从某种意义上来说，这是一个关于现有的封装应用的推论，区别在于，传统的封装应用是一个黑盒子，用户可以改变数据、增加规则和业务流程，但应用本身对用户来说还是封装的。

在封装的认知应用中，存在透明层。首先，非常关键的一点是要理解模型的内置假设和封装中的数据源。通过这种方式，用户在使用情况不同的时候将能够使用封装中的某个子集。一些普遍的最佳实践将被封装成为工业标准。这些封装的认知应用程序将会有各种各样的用途，例如在一个复杂的领域训练新的专业人员，或是在几个月而不是一年或更多的时间内创建出新的认知应用程序。

14.2 能够改变认知计算未来的技术进步

在本书中，我们已经明确了我们正处于认知计算发展和成熟的早期阶段。

许多基础技术已经就位，然而，我们仍然需要其他技术的演进，以便在进行处理时具有可预测性和可重复性，使得系统更加容易创建和管理。学习的速度可能是最需要创新的方面，实时处理是快速学习的关键。在软件方面，数据必须实时分析，特别是在数据量丰富的环境下处理信息时，例如视频、图像、语音和传感器信号，这些系统要求更高的辨认度，以及更快的信号含义识别过程。成功的关键是改善整体时间，而不仅仅是数据采集。例如，达到某种程度时系统能够足够快速地认知和理解视频中某个特定个人的行为，使得其在具有威胁因素的情况下依然能够响应，这将会带来更加有意义的结果。识别并实时地处理数据间的关系能够帮助建立语境。

软件和硬件未来的创新将会改变如今数据分析中复杂和耗时的部分。现今，为获得这一水平的专业知识需要大量的手工工作。未来，机器学习将会更加抽象化到发展环境中去。当一种模式或连接从数据中被检测到时，实时地与系统进行交互将会变成可能。在我们从数据到信息再到知识的迁移过程中，这一演进是必需的。我们能够越快地处理知识、理解模式和语境，我们就能够越早地开始改变创新步伐，越早地探索市场以及行业。

14.3 未来将如何

认知系统未来将会如何？发展认知系统所需要的技术改变不会一蹴而就。相反，有两个时间范围需要考虑：第一个五年和随后的长期一段时间，包括未来十年。有三个方面将定义认知计算的未来：软件创新、硬件改革和精确且可信的数据源的有效度，所有这些都是以各项标准的发展为基础的。在讨论未来将发挥作用的技术类型之前，我们先快速浏览一下接下来五年内的预期以及更遥远的未来。

14.3.1 未来五年

在未来的五年内将会出现相当大的变化。其中最显著的变化之一是已完善定义的基础的特定产业的元件数量的变化，这种元件是以基础的特定产业的元素为基础的。例如，将会出现这样一个服务，它能够基于对一个域中自然语言文本的深度分析来自动地建立本体论。现今，这一过程要求大量的人工干预和建立共识。虽然人们对于可预见的未来而言依旧有着一定的作用，但他们在这一过程中的参与度将随着本体建立软件的经验学习而逐渐减小。

在旅游业市场中，将会出现能够将建立目的地、预测天气模式和社交媒体数据之间关联的这一过程自动化的服务。随着接口的标准化，自动地将这些服务连接在一起将变成可能。这些功能性的服务将会被使用新兴的容器标准进行封装，以促进具有成本效益的云端部署。

一系列针对各类事情的定义完善的服务将会出现，它们包括摄取特定类型的数据、实时地分析数据，以及提供能够指明模式存在和含义的可视化接口。自然语言接口将允许用户选择最合适于当前分析类型的接口。一种有吸引力的较新的方法是使用叙述接口来传递一个能够解释数据的“故事”，而不是简单地报告或展示数据。基于期望的结果来叙述一个关于各数据元素间是如何关联的故事，在特定情况下将能够带来最清楚的阐释。现今，许多应用都是依赖于图形和图表来解释数据意义的。

在其他情况下，当顾客在零售网站上提问的时候，他们将会看到一组最佳匹配关键词的产品。但是，如果搜索引擎能够更好地理解包含顾客意图的语境呢？一个寻找睡袋的顾客也许准备给全家人都买睡袋。成功的网站将会基于你的需求、你的愿望甚至是你的经济条件来创造一个只属于你的故事。现在，你从被展示一件单一商品发展到被展示一个关于你未来将参与的事情的故事了。在露营的世界中有着很多细微的差别，并且可能存在着一些其他产品和服务，这些是聪明的零售商能够提供给顾客的。这种新型的系统将会达到尽你所允许的认知程度，顾客和零售商之间的信任和获得授权的能力将会是未来参与的关键。

想象一下这样的场景，旅行者装备了一个认知旅行系统，系统知晓你的目的地、你开车方式的偏好、沿途加油站的位置、你的汽车的状况、你对食物的偏好以及你喜欢的旅馆类型。在有了适当的输入以及考虑安全问题后，系统能够帮你进行预约，提前提醒你路线的变更，以及提醒你应该进行汽车维修。但是一个真正智能的系统可能建议你在没有汽车维修或保养办法的情况下不要进行这次旅行。系统也能够提示你哪里有你所需商品的商店，甚至帮你进行价格协商，并且提醒你取货时间。

你可以采用同样的方法来对待保险公司。你或许会根据你的个人习惯与保险公司进行某项协议的协商，这些个人习惯会通过某个你穿戴的设备来进行追踪（假设你已授权）。你所提供给保险公司的信息会和其他成千上万的保险客户提供的信息相汇总，用以了解风险的级别。这样，当保险公司对实际的风险有了更好的理解之后，成本就能够降低，或者能够为有着类似个人档案资料的客户创建一个经济共享池。同时，它也能够促使新的管理政策产生，因为针对人力资本管理的认知系统能够进行干预，以避免不予以保险带来的灾难性的损失，而这可能会导致混乱。因为在一个有着通信方式和认知工具的透明的互联社会中，这些事情是无法被隐藏住的。

14.3.2　放眼长期

随着之前已经讨论过的各种技术的不断成熟，我们将预见它们被运用到认知系统或认知平台中去，而不是从分散的单元中整合出来。学习将能够实时地进行，并且它将越来越多地受到手势、面部表情和那些看起来随意的评论的影响。因此，这些系统将能够自动地从昨天或 5 年前的事件和数据中理解语境，它们将会存储所有社会媒体历史并且持续地对其进行深度分析。具有这种分析水平之后，认知系统将会参与到你接下来可能要做的事情中去，并且理解原因。

请记住，在 10 年内，基于授权的互动将会成为规则。然而，同时还将出现更多自动化的技术，它们能够假定你的授权级别，然后向你请求确认。系统实际上是通过分析数百万甚至数亿的交互行为而建立起来的。在这种环境中，客户的授权级别将会决定交互行为和安全级别。最佳的系统将会在后台运行，在必要的时候提供建议或推荐采取的措施，而在大多数时间内都保持沉默。从本质上说，你将处理的是一个高级的自动化的代理，它将允许你为自己创建一个对你来说最合适的角色。依据你直接提供的数据，以及一个能够基于累积信息进行假设的学习系统，代理软件将逐渐了解你的偏好和个性。系统将基于使人机交互舒适的原则，根据一组规则和礼仪来设计。

从本质上说，这是新的认知时代的个人数字助理。与物理设备不同，它可能以云端的代表或个人代理的形式展现，在事件发生过程中提供多种类型的可用的适于语境的接口。它可能是你和你的个人互动，它也可能是你的洗衣机的接口。我们已经进入到了一个互联网普及的时代，在即将到来的新时代里，你将一直保持着连接状态，除非你自己选择断开连接。依据使用情况，接口可能是一种自然语言、一个手势或者一个物理动作。认知系统捕捉你交互行为的细微差别，并且根据你变化的需求和条件来改变它与你的交互。系统在后台将持续地学习你的行为以及活动，它依据学习的内容实时地改变行为。这一技术将被普及，涵盖各方面，从一个城市的交通模式到基础安全设施。

随着越来越多的具有嵌入式传感器的设备的普及，信息与行为量将会爆炸增长。专业的运动员将会配备传感器，它们能够在医生进行检查前就知晓运动员是否患有脑震荡。同一类型的基于传感器的设备能够警告建筑工人避开障碍物。

这些类型的认知系统具有打破人类壁垒的潜力。具有复杂接口的基于传感器的设备能够为在社交场合有着互动困难的人提供不同程度的交互。系统是非判断性的。自闭症人群也能够得到来自该系统的帮助，它能够学习与他们交互的最佳方式，并且具有开启被封闭的交流能力的潜力。认知系统能够调整沟通方式，使其对于不同患病人群来说都是最有效的。它对于患有老年痴呆症的老年人群也有帮助。

在未来 10 年中，最重大的变化将是认知计算会成为计算的一部分。因此，它将对许多产业及人类的作业产生深远的影响。机器学习和高级分析将会被运用到每一个应用中去。自然语言接口将仍然是我们与系统交互的基础。最终，自然语言处理将会成为一项公共服务，而不是一个独立的市场。

14.4 新兴的创新

从个人手工系统转变到这些技术都嵌入到你所使用的每件东西中，这将会带来什么呢？

一些有助于认知计算的现有技术将在未来 5 年内持续演进。这将提升创建具有更强能力解决复杂问题的系统的速度。本节将讨论一些核心技术。

14.4.1　深度问答与假设生成

现今，深度问答还极少投入实践，它可能需要一个系统来产生一系列需要人类来回答的探测性问题，以使得系统能够定义出不同层次的含义。在 IBM 的沃森系统中，它被用来以一种对话模式和专家进行交互，以完善他们寻求在复杂领域的可能的答案。例如，医生可以描述一组与病人相关的症状，沃森系统可以问一些问题来帮助缩小可能答案的范围，或者帮助确认一个或多个诊断，它可以询问某个特定的测试是否已经安排，或者询问更多关于家庭病史的细节。深度问答要求系统保持追踪所有信息，这些信息在先前的针对某个对话的答案中已经被提供，同时，系统在仅当人工回答能够改善其性能时才进行进一步的提问。它将对它可能给出的答案进行评估，并且评定一个置信水平，但是当考虑其他证据的时候，这一置信水平可能会改变，系统将以此来决定是否要求摄入更多的信息。

如果很多回答相关问题的系统的学习经验能够共享，那么这一过程中的知识体就能够成为在整个领域中可复用的模式。例如，在医疗中，可能有足够的深度问答分析用于发现某个特定类型皮肤癌的最佳疗法，因为当数据聚集的时候，会有足够多的关于这方面的资料，并且有足够多的由世界上最好的专家诊断出的关于这些数据的分析。随着时间的推移，一些假设将会被证实且被接受，所以，随着语料库的逐渐成熟，一些相同的问题就可能要求更少的分析和假设生成。要解决的问题也许永远不会穷尽，但是对于大部分问题来说，我们将会看到复杂领域的问题解决开始和认知计算结合起来。与科学方法指导自然科学领域的探索相类似，通过深度问答和假设生成的探索和测试将很有可能会成为许多专业学科的默认方法。

14.4.2　自然语言处理

IBM 的沃森系统在特定的困难条件下从非结构化的文本中提取含义的能力已经得到证明，近年来自然语言处理方面的进展是巨大的（《危机边缘》问答的形式表明“答案”可能不明确或者是需要上下文或熟悉惯用言语，参赛者在将最合适的问题选定为反馈之前，必须先明确答案的含义）。这种形式对很多人来说都是具有挑战性的，但是沃森系统能够轻易地找出相关含义，或者是当其答案的置信程度较低时能够识别它。沃森团队通过研究《危机边缘》编者已有的表达方式，为事件做好预先准备。当 IBM 和其他团队将自然语言处理技术扩展使用以处理更多一般情况下的俚语、俗语、区域对话、行业术语等时，这些经验将会十分宝贵。大量的训练都涉及到理解语言的语境。自然语言处理系统或服务必须能够理解可能事先设定好的状态和条件。

捕捉深层含义的自然语言间的自动翻译仍是自然语言处理的一个难点。在合理的精度条件下，词汇可以从一种语言映射到另一种语言（例如从英语到法语），但是自然语言交流涉及到一些嵌入到段落和故事中的字串和语句，这些字串和语句可能会明确地或隐含地引用其他字串、段落，甚至是历史参考展现的含义。有一个关键的自然语言处理创新方式，那就是假设语言中有一些共同的结构，它们被映射到相同的下层结构中去，这种方式可能成为人工处理方式的一种鉴定和仿真，专业翻译人员不自觉地使用这种人工处理方式来发现规律或得到启发。例如，分析不同的备受推崇的翻译类书籍，以辨明共性和各种不同的解释，这将能够使这些规则得到深入理解。现今，即使是一些浅层的语言分析都需要强大的处理器，以至于移动系统在给出响应之前都必须将语句或字串从设备终端发送到云端服务去处理。要实现在联机上的更加深层的翻译、而不仅仅是在移动设备上进行简单陈述，将需要突破上述的这些限制，或是需要在设备本身上增加更加强大的自然语言处理芯片。

14.4.3 认知训练工具

通过基于摄入的知识训练一个系统来建立一个语料库是一项乏味且耗时的工作，每一个新的语料库都会涉及到大量的试验、错误以及人工判断。当我们使用当代的认知计算系统来检验这一过程以构建更好的工具时，很多现有的要求大量人力的训练工作将能够实现自动化。与每一代高精密制造工具都是由上一代较不复杂的工具制造而成类似，认知计算技术将会被反复使用，以探索方式来改善建立认知计算解决方法的过程。

训练中的偏见是需要解决的重要问题之一。当有大量非结构化的数据，且没有标准来理解这些数据的时候，专家们就基于自己的经验来进行判断，这是带有偏见的，因为大多数人都不了解所有可能的解释（例如，即使是在范围较窄的医学学科，最有经验的医生也几乎不可能见过所有可能的症状或治疗效果）。然而，他们其实并没有意识到自己带有的偏见。未来，当认知工具逐渐强大且运用更多认知学习的时候，确定偏见源并将其指出给专家将会变得更加容易。

14.4.4　数据整合与表示

现今，连接器、适配器、封装与接口都被用来处理复杂的数据整合问题，虽然当你对数据源有了较好的认识，并且这些数据都已被审查过时，这些就足够了，但是当你要将成千上万的数据汇聚在一起的时候，将会出现困难。数据整合需要通过认知过程来实现自动化，使得系统能够开始在数据源中寻找模式，并且检测异常以确认它们是否表示我们之前尚未了解过的新的重要的关系，或者表示数据源不一致所导致的问题。

你可以看见，本体论能够编纂关于某个域内的复杂关系的共识，但是使用本体论其实是作为一个辅助。在完美的体系中，认知计算系统并不需要本体论，因为它可以通过对关系和上下文的理解来动态地建立自己的通用模型，然而这是仅当有足够的数据和经验，并且系统能够足够迅速地处理和理解时才能够实现。现今，我们创造本体论，目的是使得在当今系统限制之下的性能程度可被接受。如果你能够在联机上进行这一处理，你就不需要预先确定本体的内容，比起创造一个本体论，你其实可以发现一个本体论。有了足够强大的处理能力之后，本体论实际上会成为执行过程中的一个系统状态，它只会根据审查目的要求来建立，或许是用来理解一个决定或建议。

14.4.5　新兴的硬件结构

长期和短期内的硬件创新都将对认知计算的演进有重大的影响。现今，构建认知系统的还主要是传统的硬件系统。虽然并行结构已经被采用，但这些系统依然是通常意义上的冯 · 诺依曼结构的电脑。在这样的结构中，实际上所有的处理都是在中央处理单元（CPU）的寄存器中完成的（或者在辅助处理器中，例如图形处理单元［GPU］)。在未来几年内，实际的突破将包括芯片结构和编程模型的主要变化。

与在软件和数据结构方面的努力相互补，我们正目睹着硬件结构演进的两种不同的方式。其一是基于在硬件中直接对神经突触行为（大脑中神经元和突出的关系）进行建模。这些神经形态的芯片以诸多小型处理单元为特色，这些小型处理单元大多数都紧密地与相邻单元互联，与人类大脑神经元通过化学物质或电突触传递信号的方法相类似来进行通信。

第二个具有潜力的方式是量子计算，它基于量子力学（量子物理学）——物理学的一个分支，研究纳米尺度的物理特性。在传统的计算机中，存储和处理的基本单元是比特（二进制数字），它在任何给定的时间内都只能是 0 或 1；与此不同，量子计算机使用量子位（量子比特），它在任何给定的时间内都可能具有多于一种的状态。接下来的两节将探讨这些相互竞争的结构方法的前景。

14.4.5.1 神经突触结构

你为何要了解这种新一代的硬件结构呢？简单来说，在认知计算所要求的数据规模——即大数据的情况下，识别和管理数据元素之间的关系的复杂度要求十分庞大的计算资源。从根本上说，现今的挑战是有效地将数据分区，并注入到一个能够同时处理 64 位数据的结构中去。

例如，目前运用在酷睿 i7 处理器（可在很多笔记本电脑中找到）和至强系列处理器（使用在天河二号中，它是目前世界上最快的超级计算机）中的基本的英特尔微体系结构，它能够处理 64 位增量数据。在过去的几十年中，计算机科学家发明了许多精心的变通方法来弥补硬件的不足。例如，添加处理器到簇内或系统中是相对容易的。天河二号的单个处理器并没有比现代笔记本电脑中的那些更快，但它连接了 26 000 个这样的处理器来使得 3 120 000 个内核可以同时运作，难点在于有效地将工作分配到这些具有类似结构的处理器上去。一些认知计算技术天生就具有并行的特性，例如假设生成。基于这些数据，我们可以期望生成数百个假设，然后独立地在不同的处理器、内核或线程上处理它们。

另一项在认知计算应用中具有价值的任务是使用类似于人类视觉的方式进行实时的图像处理。这同时也需要映射数百万的字节信息来寻找模式，人类是并行完成这一过程的，而不是分解为一系列的任务。对于静态图像，这可能需要数千个处理器（在第 2 章中提到的谷歌实验“认知计算定义”，仅仅是识别猫就使用了 16 000 个处理器）。对于视频，这一问题更加严峻。高清摄像机通常在记录质量为 30fps 的视频时，每分钟将大约产生 5GB 的信息量。如果你想分析所有的图像，你将需要分析每一帧，并且将它与前一帧和后一帧进行比较来寻找模式。例如，当分析一个犯罪现场的视频时，侦探会寻找那些与其他人行为不同的人。当只有一个单独的视频时，人们能相对轻松地完成这项工作；但是当不同的视频流汇聚在一起的时候，这项工作将会变得很艰巨，但它能够通过使用具有足够强大处理能力的处理器来实现自动化。对于现今的大多数应用来说，大规模的假设生成和评估或者实时的视频分析都是不切实际的。

现在我们首先来对比看看神经突触硬件。目前这一领域的大规模领导者是 IBM 的 TrueNorth 芯片（由美国国防部先进研究项目局资助开发），它是一款神经突触芯片，有 100 万个神经元激发式的处理单元和 2.56 亿个突触（处理单元间的连接类似于计算机的总线，但功能更强大，速度更快）。比起通过添加额外的 64 位寄存器限制型机器的方式，这种硬件改善性能的方式是在并行中使用神经形态的芯片来进行扩展，因为当每一个神经处理单元执行一个单独的功能时，它都会与很多其他的单元进行通信。就像大脑中的神经元，它们的分布与连接都十分紧密，因此它们间的通信过程几乎是瞬时的。使用多种 TrueNorth 芯片构建的测试系统已经产生，它有着 1600 万神经元和 40 亿突触。

神经突触芯片的基本原理是赫布定律，它通常被简单地解释为“细胞同时燃烧，相互缠绕”，意思是同时燃烧（实际上是迅速地接连发生）的邻近神经元能够强化学习。这一假设在 Donald O. Hebb 于 1949 年撰写的《行为组织》一书中被提出，目前很多关于联想学习的理解和并行模式匹配算法的发展都是由这一假设奠定了基础。将人类大脑元素的行为映射到硬件结构中的基础构件上去，能够为我们看待问题的方式和处理问题的方式之间提供一个很好的衔接，这将给神经形态计算带来极大的吸引力（如同“脑激发式的”硬件）。在不远的未来，你将会看到每一个神经突触芯片都有着数十亿的处理单元和数万亿的突触。当这些芯片被组装到系统中去时，结果将会是出现一个可扩展并行机制的新标准，它对于认知计算系统中的模式匹配和学习都有着实际的应用。

这种结构的商业化需要一个新的编程模型、一个复杂的软件开发环境和一个供专业人士和企业创造关于这一模型新产业的生态系统。开发这些工具和技术的工作正在进行中，但是在不久的将来，你可能看见的是混合的解决方案，神经形态的方法将会与传统计算机相结合。现今，一般的电脑通常使用特殊的图形和声音处理器，与这种方式相类似，与传统系统相集成的神经形态芯片将能够让你充分利用传统的编程模型来完成很多必要的预处理。

为什么这种结构方式如此重要呢？这种新兴的结构使你能够让百万个神经元并行处理，而不是人为地将实际处理限制为 64 位带宽。当数据加载到这些神经元中后，芯片或系统能够实时地搜索模式。对于现今的传统系统来说不切实际的应用都将变成可能，比如，医学和科学探索中的大规模并行假设处理，或者是类似人类视觉的处理。无分划的并行对神经形态结构来说将是一个巨大的优势，分割和组装结果的工作耗费时间且增加了复杂度。虽然现在已经有了很多关于构建大规模神经突触芯片的研究工作，但模仿神经突触处理的方法还只是在移动设备中的小规模专用芯片组上进行了商用。高通有一个名为 Zeroth 的产品芯片组，它基于移动设备提供上下文感知服务来捕捉人类的行为模式，它计划于 2015 年进行生产。

这种结构能够有效地并行运作，因此它的一个单元的总耗能比基于寄存器的结构中的单元要低。这使得这一结构对于移动设备来说是十分具有吸引力的，并且能够降低数据中心的能量与空间需求。可伸缩性（扩展和缩小）和简单的结构化模型将会使采用神经形态芯片成为一些认知计算应用的必然选择。

14.4.5.2 量子结构

量子计算机背后的基本理念是超越二进制，从只具有两种状态（开和关，即 1 和 0）的原子处理单元到具有多状态的量子比特单元。依据量子力学的物理定义，量子比特能够具有多个状态，包括同时处于多个状态（叠加）。从概念上说，这是很难普及的，因为它超出了世界上大多数人的数学与科学知识以及经验范围，但它是运用量子算法来学习和探索的最自然的方式。量子计算机可以通过使用传统计算机将所有可能的状态映射到二进制来进行模拟，但是，毫无疑问，性能的开销将会是十分巨大的。例如，在一个单独的传统 64 位寄存器中，你可以表示 2^{64} 个值（从一个 64 位的全 0 序列到一个 64 位的全 1 序列，或者是 1.8×10^{19}）。在有着 3 个可能值（0、1，或者两者皆有）的量子比特中，64 量子比特能够表示 3^{64} 个值或者是 3.4×10^{30}，这比二进制下大 2000 亿倍，并且在传统的系统中不可能进行实时地处理。从理论上来说，量子计算机能够不受人工寄存器的限制而扩展或收缩，这使得它们对于大规模并行计算和量子算法的处理来说是很有吸引力的。如同神经形态计算，量子计算将需要截然不同的编程模型、技术和工具。

量子计算最大的障碍可能在于，它需要有实际中处于这些叠加状态的物理材料，这将使得处理单元需要在接近绝对零度的条件下进行运作。这使得任何在移动情况下的应用和安装中等规模的系统都变得不可能了，至少目前情况是这样的。然而，它的性能潜力却十分巨大，不容忽视。现今，我们可以看见，IBM、谷歌和 DWare（专注于研究量子计算）对量子计算正在进行大量的研究和投资。谷歌正在和加州大学的系统学术研究人员一起构建自己的量子计算机，用于人工智能的研究，同时继续支持 DWare 的独立研究。

能量、空间、冷却和数学技术的要求会阻碍量子计算成为未来十年的主流。虽然神经形态结构预计将迅速得到重视，并且在各个方面都比量子计算更加普及，但量子结构依然能够吸引研究工作，因为显而易见，少数的突破将会从根本上带来更快的超级计算机。

14.4.6　自然认知模型的可替代模型

虽然神经形态和量子计算架构是以已有的科学方法为基础的（前者基于神经科学，后者基于量子力学），这些已有的科学都已经有了活跃的研究社群，但它们正面临着由杰夫 · 霍金斯（Jeff Hawkins）开创的新方法带来的挑战。霍金斯曾经在引入 Palm Pilot 掌上电脑的时候改变了我们对移动设备的看法，他有着关于人类学习的另一种观点。2002 年，他创办了理论神经科学红木中心，以支持研究一个关于以大脑皮层运作为基础的学习方式的分层模型。基于他的关于大脑存储、处理和检索事件相关信息方式的理论，他的公司 Numenta 正在构建认知计算的应用与基础架构。他的方法的观点基础是，大脑皮层在人类记忆中的作用就如同计算机体系的中心组织原则，而不是神经元和突触。虽然评估这种方法的潜力还为时过早，但它的 Grok 分析机器学习异常检测产品已经证明，即使最终科学界不能大范围地接纳这种方法背后的理论，但它可能依然是有用的。

14.5 总结

未来，认知系统将被定义为一个集成的环境，这意味着，软件和硬件都会像一个单独的集成系统一样工作。这种新的架构将能够根据使用的情况来扩大和缩小。对于类似于智慧城市和智慧医疗的应用，高端架构将使机器学习能够接近实时。有了个人设备和基于传感器的助手，嵌入在终端的硬件将能够在源端进行处理。硬件、软件与连接之间的融合能够为大量的认知技术的新用途和应用提供一个平台。

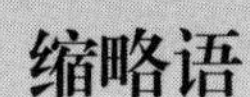

缩略语

本书中包含了许多易混淆的术语，即使对于最有经验的技术人员来说也是如此。本缩略语列表中包含了你可能不熟悉的一些术语。

abstraction：抽象概念

通过隐藏细节，只提供相关的信息而最小化某件事情的复杂度。它是关于提供事物如何运作的高层次的说明，而不深入讨论细节。比如，在云计算中，在一个基础设施即服务（IaaS）的传送模型中，基础设施就是从用户中抽象分离出来的。

advanced analytics：高级分析方法

关于结构化或非结构化数据复杂分析的算法。这个算法包括精细的统计模型、机器学习、神经网络、文本分析，以及其他的高级数据挖掘技术。高级分析方法不包括数据库查询、报告以及 OLAP 多维数据集。

algorithm：算法

对于一个特定的程序、过程或方法的分步描述。

Apache Spark：

一个确保用户在聚合的系统上运行大规模数据分析应用的开源并行处理框架。

Apache Software Foundation：Apache 软件基金会

一个非营利性的、由社区领导的组织，负责协调 150 多个开源软件项目的发展和发布。

API（application programming interface）：应用程序接口

程序、协议和方法的集合。它为软件组件定义了接口，允许外部的组件在不需要请求了解内部实施细节的情况下访问它的功能。

Big Data：大数据

这是一个相对的概念。它有三个属性：数量（有多少数据需要被处理）、种类（需要被处理数据的复杂性）、速度（数据产生的速度或数据到达以备处理的速度）中，其中有一个或多个属性有极端的值，因此难以用传统的技术处理。随着数据管理技术的提高，定义大数据的门槛也在提高。例如，一个慢速的太字节简单数据曾被认为是大数据，但今天这种数据可以被很简单地管理。未来，一个尧字节的数据集合或许能在台式机上被操作；但现在，因为它需要大量的计算能力来处理，因此它被视为是大数据。

business rules：业务规则

涉及真实商业世界的限制或行为，但可能需要被封装在服务管理或商业应用中。

business service：商业服务

直接被应用于商业中的单独的功能或活动。

cache：缓存

一种高效的内存管理方法，确保将来对先前已使用的数据的请求能够更快执行。缓存或许作为独立的高速内存组件被配置在硬件中或软件中（比如在网页浏览器的缓存中）。在两种情况下，缓存都会存储最经常使用的数据，并且是一个应用最先搜索的位置。

cloud computing：云计算

一种计算模型，使得 IT 资源，例如服务器、中间件，以及应用能够以一种自服务的方式作为服务被商业组织应用。

columnar or column-oriented database：列式或面向纵列的数据库

一个按列而非按行存储数据的数据库。这种数据库与按行存储数据的关系数据库正好相反。

construction grammar：构式语法

一种将“构造”（结构和意义配对）作为语言的基本单元的语言建模方法。在自然语言处理中，构式语法被用来搜索从语义上定义的深度结构。

corpus：语料库

一种使机器可读的对于某一事物或话题的复杂记录的陈述。

data at rest：静态数据

静态数据库被存储而不是实时使用。

data cleansing：数据清理

一个被用来识别潜在的数据质量问题的软件。如果一个用户因为名字的多种拼法而在用户数据库中被多次列出，那么数据清理软件将进行修正来帮助数据标准化。

data federation：数据联合

利用统一的能够确保所有的数据存储都能被视为单一资源的准则和定义，数据能够访问多个数据存储。

data in motion：动态数据

在实时处理中，数据能够在网络或内存中移动。

data mining：数据挖掘

探索和分析大量的数据来发现模式的过程。

data profiling：数据剖析

帮助你理解你的数据的内容、结构和关系的技术或过程。这个过程也帮助你验证数据是否符合技术和商业规范。

data quality：数据质量

数据的特征，例如一致性、精确性、可靠性、完整性、时间性、合理性以及有效性。数据质量软件确保数据元素在不同的数据存储或系统中以一致的方式表现，从而使商业中的数据更加的可靠。

data transformation：数据格式转换

改变数据格式使得数据能够被不同的应用使用的过程。

data warehouse：数据仓库

包含组织历史数据的大量数据存储，主要被用来做数据分析和数据挖掘。它是数据系统的记录。

database：数据库

以有组织的方式存储大量可靠信息的计算机系统。大多数的数据库为用户提供便捷的数据访问以及有帮助的搜索功能。

Database Management System（DBMS）：数据库管理系统

在一个数据库中控制对于主要的结构化的数据的存储、访问、删除、安全和保存的软件。

disambiguation：消歧

在自然语言处理中解决语言歧义性的一项技术。

distributed computing：分布式计算

在计算环境中，处理并且管理在不同节点间的算法处理过程的能力。

distributed filesystem：分布式文件系统

一个分布式文件系统管理结构化以及非结构化数据流的分解。

elasticity：伸缩性

基于测量一个集成环境对于一项业务的支持能力、实时的扩展或收缩计算资源的能力。

ETL（Extract, Transform, Load）：（数据）提取、转换、下载

实现定位功能以及从一个数据存储（数据提取）中访问数据的工具，能够更改数据的结构或格式，从而使其能被业务应用使用（数据转换），以及将数据发送给业务应用（数据下载）。

federation：联合

不同事物的组合，以使它们可以作为一个整体行动，正如在联合状态、数据或身份管理中那样，并且确保所有正确的准则能够被使用。

framework：框架

一种发展和管理软件的支撑结构。

graph database：图形数据库

利用节点和边的图形结构来管理和表示数据。不同于关系数据库，一个图形数据库不依赖于连接来联系数据源。

governance：治理

确保符合公司或政府的管理条例以及政策要求的过程。在计算环境中，治理经常与风险管理和安全活动相联系。

Hadoop：

源于 MapReduce 的一个 Apache 管理的软件框架。基于 MapReduce 的 Big Table Hadoop，确保应用能够在大规模的硬件设备集群上运行。设计 Hadoop 的目的在于在不同的计算节点间并行数据处理从而加速计算和隐藏时延。Hadoop 的两个主要的组件是一个大量的能够支持 PB 级数据的规模化分布式文件系统，以及一个大量的能够批量计算结果的规模化 MapReduce 引擎。

Hadoop Distributed File System（HDFS）：Hadoop 分布式文件系统

HDFS 是一个在大数据环境下管理文件的通用的适应性强的聚合方法。对于文件来说，HDFS 不是最终的目的。相反，当数据量以及速度很高时，它是一种提供一套独特功能需要的数据服务。

Hidden Markov Models（HMMs）：隐马尔可夫模型

基于可能的状态，被用来理解文字的噪声序列或短语的统计模型。

hybrid cloud：混合云

一种计算模型，包括使用旨在统一工作的公有和私有云服务。

information integration：信息集成

在创造更多可靠、一致以及可信赖的信息的统一目标下，利用软件来联系在不同部门或不同区域组织的数据源的过程。

infrastructure：基础设施

可以是硬件或软件，它们对于操作任何事物都是必要的，例如一个国家或一个 IT 部门。人们依赖的物理基础设施包括马路、电线以及供水系统。在 IT 中，基础设施包括基础的计算机硬件、网络、操作系统以及使应用可以在上面运行的软件。

Infrastructure as a Service（IaaS）：基础设施即服务

来自于云作为一种服务提供给企业的基础设施，包括管理接口以及相关的软件。

In-memory database：内存数据库

一个在内存而非磁盘上管理和处理信息的数据库结构。

latency：时延

确保在一个环境中执行服务的时间间隔。一些应用要求更短的时延并且需要近乎实时的回应。然而，其他的应用对时间不怎么敏感。

lexical analysis：词法分析

在语言处理中使用的一种技术，它将每个词语与对应的词典中的含义相联系。

machine learning：机器学习

计算机科学、统计学、心理学中的基础学科，它包括基于数据显示的模式来学习或提高性能的算法，而不是明确的程序编制。

markup language：标记语言

一种利用包含特殊标签，通常用尖括号限定（< 和 >）的简单文本来编码信息的方式。特定的标记语言通常基于 XML 创建，以标准化地在不同计算机系统和服务中交换的信息。

MapReduce：

由谷歌设计，在批量模式下，作为一种对大量数据高效执行一系列功能的方法。“map”组件将编程问题或任务分配到大量的系统中，并且以一种均衡负载和管理失败修复的方式处理任务的部署。当分布式计算完成，由另一个叫做“reduce”的功能聚合所有的元素来提供结果。

metadata：元数据

利用定义、映射以及其他的特征来描述如何发现、访问并且使用公司数据和软件组件。

metadata repository：元数据存储库

一个保存业务数据一致定义，以及在系统中将数据映射到它实际物理地址的规则的容器。

morphology： 词法

词语的结构。词法给予一个词的词干以及关于它的意义的其他元素。

multitenancy：多租户

是指一个应用在SaaS供应商的服务器上运行一次，但是为多个用户组织（租户）服务，同时保持他们的数据分离。在多租户结构下，一个软件应用分隔它的数据和配置，这样每个用户都有一个自定义的虚拟应用实现。

neural networks：神经网络

神经网络算法用于模仿人类或动物的大脑。神经网络包含输入节点、隐含层和输出节点，每个单元分配一个权重。利用迭代的方法，算法连续不断地调整权值，直到达到特定的停止目标。

neuromorphic：神经形态

模仿神经活动的元素或组件设计的硬件或软件结构。

neurosynaptic：神经突触

模仿神经元和突触活动的元素或组件设计的硬件或软件结构。（这是一个比神经状态限制性更强的术语。）

NoSQL （Not only SQL）：非关系型数据库

非关系型数据库是一组创建了一个广泛的数据库管理系统并且不同于关系数据库系统的技术。一个主要的差异就是SQL不再作为主要的查询语言被使用。这些数据库管理系统也是为分布式数据存储而设计的。

Ontology：本体论

一个包括它们的元素之间关系的特定的域，通常包括类别和标准之间的规则和关系。

phonology：音韵学

对语言的物理声音以及这些声音在一种特定的语言中是如何发出的研究。

Platform as a Service（PaaS）：平台即服务

一种抽象了计算服务的云服务，包括操作软件和开发、部署、管理生命周期。它位于基础设施即服务的顶层。

Pragmatics：语用学

从语言学的角度解决认知计算的一个基本要求：了解上下文如何使用单词的能力。

Process：进程

一个高水平的端到端结构，它能够用于做决策以及在一个公司或组织中规范任务如何完成。

predictive analytics：预测性分析

一种能够用于结构数据和非结构数据（同时或独立）获得未来输出的统计学或数据挖掘的解决方案。它能够用于预测、最优化、仿真以及很多其他的用途。

private cloud：私有云

不像为一般公众提供的公有云，私有云是一个用于企业内部并且只为这个企业服务的计算资源，但它还设置了一组管理自助服务选项。

provisioning：配置

为用户和软件提供资源。一个配置系统可以为用户提供应用，并为应用提供服务器资源。

public cloud：公有云

一个可以为任何消费者提供按次收费或免费服务的资源。

quantum computing：量子计算

一个基于量子力学性质计算的方法，特别是处理那些存在多个状态的基本单元（与二进制计算机不同，二进制计算机的基本单元总是处理成1或0）。

real time：实时

计算机系统同时接受和更新数据被称为实时处理，它能及时反馈影响数据源的结果。

registry：注册

一个所有元数据获取网络服务或软件组件所需要的单源。

reinforcement learning：强化学习

一种认知计算系统通过接收反馈来指导它实现目标或好的输出的监督学习特例。

repository：仓库

一个为软件和组件服务的强调版本控制和配置管理的数据库。

Relational Database Management System（RDBMS）：关系数据库管理系统

一个组织定义表中数据的数据库管理系统。

REST（Representational State Transfer）：表述性状态转移

表述性状态转移是为互联网特别设计的，它是连接一个网络资源（服务器）和另一个网络资源（客户端）最常用的机制。表述性状态转移的应用程序接口提供创建网络资源临时关系（也叫疏耦合）的标准化途径。

Scoring：评分

一个假设的置信水平的评价过程。

semantics：语义学

在计算机程序设计中，数据的意义与格式规则截然不同（语法）。

semi-structured data ：半结构化数据

半结构化数据有一些通常表现于图像和来自传感器的数据中的结构。

service：服务

为了达到一个已知目标而进行的有目的的活动。服务通常包括一系列的组件服务。服务总是通过传递一个输出来变换和完成某些事情。

service catalog：服务目录

一个提供企业 IT 服务的目录清单，包括的信息诸如服务描述、访问权限以及所有权。

SLA（service-level agreement）：服务级别协议

服务级别协议是一个了解服务用户和服务提供者之间的质量和及时性的文

档。它在某些情况下具有法律约束力。

service management：服务管理

监督和优化服务并且确认其达到顾客价值和利益相关者希望提供的关键输出的能力。

Silo：筒仓

在IT中，silo是一个具有单一关注点的应用、数据或者服务，例如不打算或不准备供他人使用的人力资源管理或者存货控制。

Software as a Service （SaaS）：软件即服务

软件即服务是互联网中计算机应用按每用户每月收取费用的服务。

Software Defined Environment（SDE）：软件定义环境

一个统一IaaS中虚拟化组件的抽象层，它使得组件能够以统一的方式被管理。

spatial database：空间数据库

空间数据库用来优化在给定空间中对象的相关数据。

SQL（Structured Query Language）：结构化查询语言

结构化查询语言是最流行的访问和操作数据库的计算机语言。

SSL （Secure Sockets Layer）：安全套接层

安全套接层是一种很流行的在互联网上进行安全连接的方法，由Netscape首次引入。

streaming data：数据流

一个专注于速度的分析计算平台。数据存储在磁盘之前在内存中被连续不断地分析和转换。这个平台允许大量的实时数据的分析。

structured data：结构化数据

长度和格式已被定义好的数据。结构化数据的例子包括数字、日期以及字符串（例如一个顾客的名字、地址等）。

supervised learning：监督学习

一种基于在样本数据训练过程中遇到的例子，教系统进行检测或匹配模式的方法。

Support Vector Machine（SVM）：支持向量机

一种根据最优化平面，由被标记训练数据得到输出结果的机器学习算法。超平面是一个维度为 -1 的子空间（即一个平面中的一条线）。

syntactical analysis：语法分析

通过分析如何在句子中使用这个词帮助系统理解上下文的意义。

taxonomy：分类学

在本体论中提供上下文信息。分类学用于捕获感兴趣的元素之间的层次关系。例如，一个美国的分类学公认会计原则代表捕获分层结构之间关系的会计标准。

text analytics：文本分析

分析非结构化文本、提取相关信息并且将其转化成为能够通过不同途径利用的结构化信息的过程。

unstructured data：非结构化数据

不遵循指定的数据格式的信息。非结构化数据可以是文本、视频、图像等。

unsupervised learning：无监督学习

一种利用推论统计建模算法，发现而不是检测数据中的模式或相似之处的机器学习方法。一个非监督学习系统可以辨别新的模式，而不是在训练的过程中匹配现有的模式集合。

Watson：沃森

沃森是一个由 IBM 开发的认知系统，它结合了自然语言处理、机器学习和分析的能力。

XML：可拓展标示语言

可拓展标示语言是一种用于创建人类和计算机可读文件的语言。它被万维网联盟（国际化标准组织）保护下的一系列规则正式定义为一种开放的标准。